Franz Brentano

Aristoteles Lehre vom Ursprung des menschlichen Geistes

Franz Brentano
Sämtliche veröffentlichte Schriften

Dritte Abteilung
Schriften zu Aristoteles

Herausgegeben von
Mauro Antonelli und Thomas Binder

Band VI

Franz Brentano

Aristoteles Lehre vom Ursprung des menschlichen Geistes

Mit einem Vorwort von Mauro Antonelli und Thomas Binder zur Ausgabe der veröffentlichten Schriften und einem einleitenden Essay von Ion Tănăsescu

Herausgegeben von
Mauro Antonelli und Thomas Binder

DE GRUYTER

ISBN 978-3-11-076088-0
e-ISBN (PDF) 978-3-11-076105-4
e-ISBN (EPUB) 978-3-11-076134-4

Library of Congress Control Number: 2023936593

Bibliografische Information der Deutschen Nationalbibliothek
Die Deutsche Nationalbibliothek verzeichnet diese Publikation in der Deutschen Nationalbibliografie; detaillierte bibliografische Daten sind im Internet über http://dnb.dnb.de abrufbar.

Druck und Bindung: CPI books GmbH, Leck

www.degruyter.com

Inhalt

Vorwort der Herausgeber

Die vorliegende Ausgabe von Brentanos Buch *Aristoteles Lehre vom Ursprung des menschlichen Geistes* ist der sechste Band der neuen Edition der Werke Franz Brentanos. Diese Edition unternimmt es zum ersten Mal, alle Schriften, die von Brentano selbst publiziert wurden, in einer handlichen, zehnbändigen Studienausgabe dem Leser zugänglich zu machen. Dazu gehören neben seinen bahnbrechenden systematischen Werken wie der *Psychologie vom empirischen Standpunkte* und *Vom Ursprung sittlicher Erkenntnis* auch seine wichtigen Studien zu Aristoteles, dem Brentano insgesamt vier Monographien widmete, sowie viele kleinere bedeutende Aufsätze zur Psychologie (und speziell zur Sinnespsychologie), zur Geschichte der Philosophie und zu anderen Themen. Die nicht-philosophischen Schriften Brentanos (darunter neben kirchengeschichtlichen und juristisch-politischen Werken auch Abhandlungen zur Schachtheorie, Rätsel und Lyrik) sollen in einem Ergänzungsband publiziert werden, um damit die Persönlichke t des großen Denkers abzurunden.

Auf eine Einschränkung sei hingewiesen: Diese Ausgabe vereint die Druckschriften, soweit sie den Herausgebern bekannt sind. Es kann nicht mit völliger Gewissheit ausgeschlossen werden, dass Brentano noch weitere Schriften veröffentlicht hat. Als Beispiel sei hier auf eine im Oktober 1876 in der Wiener *Neuen Freien Presse* von Brentano anonym publizierte Rezension hingewiesen, die den Herausgebern nur durch einen Zufall bekannt wurde und die im dritten Band erstmals als Werk Brentanos veröffentlicht wurde. Wenig wahrscheinlich ist es allerdings, dass es sich bei einem solchen „verschollenen" Werk um eine bedeutendere philosophische Schrift handelt; dass auch in Zukunft die eine oder andere bisher unbekannte Gedicht- oder Rätselpublikation Brentanos entdeckt werden könnte, ist aber durchaus vorstellbar.

Die Druckschriften werden wie folgt auf die zehn geplanten Bände verteilt, wobei die Texte in Sammelbänden chronologisch angeordnet sind (in Klammern werden jeweils die Erscheinungsjahre der bereits veröffentlichten Bände angeführt):

1. Band: *Psychologie vom empirischen Standpunkte*
   Von der Klassifikation der psychischen Phänomene (2008)
2. Band: *Schriften zur Sinnespsychologie* (2009)
3. Band: *Schriften zur Ethik und Ästhetik* (2011)
4. Band: *Von der mannigfachen Bedeutung des Seienden nach Aristoteles* (2014)

https://doi.org/10.1515/9783110761054-001

5. Band: *Die Psychologie des Aristoteles, insbesondere seine Lehre vom* ΝΟΥΣ ΠΟΙΗΤΙΚΟΣ
6. Band: *Aristoteles Lehre vom Ursprung des menschlichen Geistes* (2023)
7. Band: *Aristoteles und seine Weltanschauung* (2018)
8. Band: *Kleinere Schriften zu Aristoteles*
9. Band: *Vermischte Schriften* (2019)
10. Band: *Nicht-philosophische Schriften*

Die Neuausgabe der veröffentlichten Schriften basiert ausschließlich auf den Erstpublikationen. Bei Texten, die in inhaltlich wie auch immer veränderter Form wiederholt publiziert wurden, werden alle Varianten vollständig abgedruckt. Da es sich um keine Edition mit kritischem Anspruch handelt, wurde auf textkritische und erläuternde Anmerkungen weitgehend, wenn auch nicht vollständig, verzichtet (dass die Texte dennoch akribisch mit den Originaltexten verglichen wurden, versteht sich von selbst). Genauere editorische Hinweise zum Text finden sich in diesem Band wie üblich in einer separaten, dem Haupttext vorangestellten editorischen Vorbemerkung. Eine besondere Erwähnung verdient die Handhabung der Rechtschreibung. Da Brentanos Texte sowohl vor als auch nach der II. Berliner Orthographischen Konferenz von 1901 publiziert wurden, und da auch in den nachfolgenden Jahrzehnten die Rechtschreibung immer wieder „reformiert" wurde, schien es wenig sinnvoll, diese auf einem bestimmten Stand zu vereinheitlichen: Die Texte werden also allesamt in der historischen Form abgedruckt, in der sie ursprünglich publiziert wurden. Jedem Band wird eine Einleitung vorangestellt, die den aktuellen Stand der Forschung reflektiert; schließlich sollen ein Sach- und ein Personenregister den thematischen Zugang erleichtern.

Die Hauptmotivation für diese Edition liegt darin, dass diese sowohl für die Geschichte der Philosophie als auch für die systematische Forschung so wichtigen Schriften schon seit Jahren aus dem Buchhandel verschwunden und damit nur noch schwer zugänglich sind. Zum Teil sind sie seit ihrer Erstveröffentlichung nicht mehr verlegt worden, zum Teil liegen sie aber auch in Ausgaben vor, die weder zeitgemäßen editorischen Standards noch dem aktuellen Stand der philosophischen Forschung entsprechen. Da die Herausgeber der festen Überzeugung sind, dass das Studium der Philosophie Brentanos auch heute nicht nur wichtig, sondern außerordentlich lohnend ist, soll die Lücke mit dieser Ausgabe geschlossen werden. Selbstverständlich können die 10 Bände dieser Edition den Reichtum an Einzelfragen und Lösungsansätzen nicht präsentieren, die Brentanos Philosophieren in mehr als 50 Jahren intensiver Forschertätigkeit geprägt haben – diese Aufgabe muss einer kritischen Edition des äußerst umfangreichen Nachlasses vorbehalten bleiben, die aufgrund der damit verbundenen großen editorischen Herausforderungen bedauerlicherweise noch immer auf sich warten lässt. Bei den vorliegenden von Brentano selbst veröffentlichten Schriften handelt es sich dennoch um jene Werke, die seine Bedeutung für die Philosophie zuallererst begründet haben.

März 2023 Mauro Antonelli, Thomas Binder

Brentano und Zeller. Ihre Auffassungen von der Geschichte der Philosophie und dem aristotelischen Νοῦς Ποιητικός

Ion Tănăsescu

1. Einleitung

Die Debatte Brentano-Zeller hat eine lange Geschichte: Sie beginnt mit Brentanos zunächst neutralen (*MBS*, 76) und dann kritischen (*PsA*, 35f.) Äußerungen über Zeller in seinen frühen aristotelischen Schriften, nimmt an Fahrt auf mit Zellers Kritik an Brentanos Thesen über die Ableitung der aristotelischen Kategorien und den *νοῦς ποιητικός* in der dritten Auflage seiner *Philosophie der Griechen in ihrer geschichtlichen Entwicklung* (fortan ³*PhGE*), setzt sich fort mit Brentanos Erwiderungen darauf und mit Zellers erneuten Repliken, und schlägt weitere Wellen in der unmittelbaren und entfernteren Rezeption von Brentanos aristotelischen Schriften und seiner Auseinandersetzung mit Zeller. Unter diesen Umständen lassen sich zwei Rezeptionslinien unterscheiden: die der Aristoteles- und die der Brentano-Forschung. Was die Rezeption von Brentanos Schriften bei den Aristotelikern des 20. Jahrhunderts betrifft, lässt sich ganz allgemein erkennen, dass sie viel mehr als die Brentano-Forschung an der Art und Weise interessiert sind, in der Brentano die Theologie des Aristoteles interpretierte und ergänzte. Auch wenn keiner von ihnen Brentanos These über die schöpferische Tätigkeit des aristotelischen Gottes billigt (Ross 1914, 1923, 1924; Berti 2018; Barnes 2018), stimmen alle darin überein, dass Brentano einer der wichtigsten Aristoteles-Interpreten in seiner Zeit war, dessen Arbeiten weiter als Inspirationsquelle zum Verständnis des Denkens des Stagiriten dienen können (Ross 1914, 289f.; Berti 2018, 200f.; Barnes 2018, 103, 106f.). Brentanos Schrift über die Entstehung des Nous und seine Polemik mit Zeller wurde von nachfolgenden Aristoteles-Forschern schon früh rezipiert. So lässt etwa Ross[1] in seiner Ausgabe der aristotelischen

1 Ross hat Brentanos Auseinandersetzung mit Zeller genau verfolgt: Er schrieb 1914 eine Rezension zu dem hier neu herausgegebenen Buch, in der er die wichtigsten Argumente Brentanos gegen Zeller diskutiert und weitgehend zurückweist (Ross 1914, 289ff.). Er bezieht sich später auf diese Debatte sowohl in seinem Buch über Aristoteles (Ross 1923, 189ff.), als auch in der Einleitung zu seiner Ausgabe der aristotelischen Metaphysik (Ross 1924, 142, 149f.), wo er die

https://doi.org/10.1515/9783110761054-002

Metaphysik der Debatte Brentano-Zeller ihre gebührende geschichtliche Relevanz zukommen, indem er sie in die Geschichte der großen Tradition der Aristoteles-Kommentare einordnet. Vor allem diskutiert er Brentanos These von der schöpferischen Tätigkeit Gottes in Zusammenhang mit der katholischen Tradition eines Thomas von Aquin und weist sie ebenso wie Zeller zurück (Ross 1924, CXLIXf.).[2]

Die Rezeption von Brentanos aristotelischen Schriften in der Brentano-Forschung ist hingegen nicht so sehr an einem besseren Verständnis des Aristoteles aufgrund von Brentanos Interpretationen interessiert, sondern erfolgt in systematisch-rekonstruktiver Hinsicht: Wie baut Brentano die wichtigsten Thesen seiner Psychologie – die primäre und sekundäre Beziehung des psychischen Aktes, die Immanenz des Objekts im Bewusstsein, die Rolle der sinnlichen Vorstellung mit Bezug auf andere psychische Akte – auf aristotelischen Gedanken auf? Unter diesen Umständen ist es kein Wunder, dass Brentanos Auseinandersetzung mit Zeller hinsichtlich des aristotelischen Nous innerhalb dieser Rezeptionslinie eher einen marginalen Stellenwert einnimmt: Sie beschäftigt sich mit einem Problem, das metaphysisch-scholastisch stark belastet ist und unmittelbar auf Brentanos Katholizismus und sein früheres Priesteramt hinweist. Außer der kurzen und allgemeinen „Einleitung" Rolf Georges zur Meiner-Ausgabe von Brentanos Schrift (George 1980, VII–XIV) und seinen Ausführungen über Brentanos Interpretation des Aristoteles einschließlich der hier zur Debatte stehenden Problematik (George 1978, 1986; George und Koehn 2004, 37–40), gibt es nur eine einzige Arbeit, die Brentanos Verhältnis zu Zeller thematisiert (Münch 1995/96). Münch bezieht sich aber nicht auf Brentanos Schrift über den Kreatianismus des Aristoteles, sondern auf seine Habilitationsschrift, die als Antwort auf Zellers Interpretation derselben Frage gelesen wird. Georges Arbeiten stellen wertvolle Beiträge zur Erforschung des Themas dar, denn zum einem beleuchten sie auf aufschlussreiche Weise wichtige Aspekte der Ausein-

Argumente aus seinem Buch wieder aufnimmt. Im Grunde genommen lässt sich sagen, dass Ross' Interpretation in fast allen wesentlichen Punkten mit Zellers Position übereinstimmt.

2 Ross macht in seinem Kommentar auch auf die Veränderungen aufmerksam, denen die Eigenschaften des aristotelischen Gottes in der christlich-katholischen Tradition unterliegen, um den Ansprüchen des Glaubens gerecht zu werden (Ross 1924, CXLIII). Unter diesem Gesichtspunkt lässt sich Bertis Aufsatz als letzte Station der Rezeption von Brentanos aristotelischen Schriften seitens der Aristoteles-Exegeten betrachten. Darin hebt Berti nicht nur die Berechtigung von Zellers und Ross' Kritik an Brentano hervor, sondern auch Brentanos Argumente, die er weiter für gültig hält (Berti 2018, 200f.).

andersetzung Brentanos mit Zeller, zum andern analysiert George (genauso wie Berti 2018, 200f.) Brentanos Argumente gegen Zellers Kritik der aristotelischen Theologie unter dem Gesichtspunkt des heutigen Forschungsstandes und weist ausdrücklich auf ihre Erklärungskraft hin. Darüber hinaus kommt George der Verdienst zu, Brentanos Studien der aristotelischen Schriften in Beziehung zu seiner Theorie der vier Phasen der Philosophie gesetzt zu haben, um darauf anzuspielen, dass die Aufstiegsphase in Brentanos Vier-Phasen-Lehre von der Entwicklung der Philosophie nicht nur von zwei Merkmalen – dem rein theoretischen Interesse und der naturgemäßen Methode –, sondern darüber hinaus von einer dritten Eigentümlichkeit charakterisiert wird: der Wiederaufnahme der „zeitlosen Probleme" der früheren Aufstiegsphasen (George 1986, XIX). George wertet das als Indiz dafür, dass der Fortschritt des philosophischen Denkens bei Brentano als Fortschritt im Denken derselben ewigen Probleme betrachtet wird und damit dem Fortschritt in der Naturwissenschaft ähnlich ist (George 1978, 249, 263ff.; George und Koehn 2004, 40). Die Zweideutigkeit, die Brentanos rein theoretisches Interesse aufweist, wenn man es in Verbindung mit der Rolle des Staunens bei Aristoteles auffasst, bleibt jedoch auch bei ihm unerklärt. Darüber hinaus betrachtet auch George die hier analysierte Debatte nicht unter dem Gesichtspunkt der wichtigsten Gegenstände des theoretischen Interesses bei Brentano, wie ich es im Folgenden versuchen werde. Es kommt hinzu, dass Brentanos Polemik mit Zeller in der Brentano-Forschung nie als eine Gelegenheit wahrgenommen wurde, nicht nur die wichtigsten Aspekte ihrer Kontroverse darzustellen, sondern darüber hinaus einen breit angelegten Vergleich zwischen ihren Auffassungen vom geschichtlichen Gang der Philosophie aufzustellen. Immerhin ist Zeller einer der wichtigsten Historiker der Philosophie im 19. Jahrhundert, der eine eigene Ansicht sowohl über die Philosophie und ihren geschichtlichen Verlauf, als auch über die Art und Weise, in der darüber geschrieben werden sollte, entwikkelt hat. Auch hat er nicht nur eine monumentale Geschichte der griechischen Philosophie, sondern auch ein umfangreiches Werk über die deutsche Philosophie verfasst (Zeller 1873). Was Brentano betrifft, begann er 1867/68 seine Lehrtätigkeit an der Universität Würzburg ausgerechnet mit einer Vorlesung über die Geschichte der Philosophie, die er sowohl in seiner Würzburger als auch in seiner Wiener Zeit wiederholt gehalten hat (vgl. das Verzeichnis von Brentanos Vorlesungen in Antonelli 2001, 439–445). Unter den drei Teilen der Vorlesung: antike, mittelalterliche und neuzeitliche Philosophie, ist der den griechischen Denkern gewidmete Teil der ausführlichste (*GGPh*, *GMPh*, *GPhN*). Was die deutsche Philosophie betrifft, spielt der deutsche Idealismus bei Brentano eine besondere Rolle, weil er ihn als die letzte Abstiegsphase der modernen Philosophie betrachtet. Darauf sollte eine Übergangszeit folgen, in der Brentano selbst sich die Aufgabe stellte, die Philosophie auf den Weg in ein neues fortschrittliches Stadium zu bringen.

Damit kommen wir zu Brentanos Lehre vom geschichtlichen Verlauf der Philosophie und von den Aufgaben, die der aufsteigenden Phase jeder neuen geschichtlichen Epoche zukommen sollte. Dass sich Brentanos Kontroverse mit Zeller unter dem Gesichtspunkt seiner Vier-Phasen-Lehre interpretieren lässt, und dass die Art und Weise, in der er das „rein theoretisches Interesse" auffasst, eines der wichtigsten Motive ist, an dem sich seine Polemik mit Zeller entzündete, stellt sich als ein Problem dar, das in der einschlägigen Literatur bis jetzt noch nicht behandelt wurde. Schon am Beginn seiner Abhandlung über den Ursprung des menschlichen Geistes bei Aristoteles behauptet Brentano, dass es sich dabei „um die wichtigsten Fragen handelt", deren Klärung im Sinne der von ihm vorgeschlagenen Lösung „eines allgemeinen Interesses nicht entbehren würde" (*ALU*, 3). Wenn wir dies in einen Zusammenhang mit seiner Aussage über die Wichtigkeit dieses Problems für die Psychologie und Metaphysik im *Offenen Brief an Herrn Professor Dr. Eduard Zeller* (fortan *OB*, 7f.) und mit seiner Behauptung bringen, es gebe „Fragen, auf deren Beantwortung [...], im Interesse des Menschheit, nicht verzichtet werden kann" (*ZPh*, 98), dann zeichnet sich hier ein Weg ab, der für Brentanos Selbstverständnis als Philosoph einer Übergangszeit wichtig war, den wir aber heute nicht mehr bereit sind auch nur wahrzunehmen oder ihm gar zu folgen. Aus diesem Grund werde ich weiter versuchen, zu zeigen, was für eine Verbindung zwischen den eben erwähnten „wichtigsten Fragen" Brentanos, seinem „rein theoretischen Interesse" und seiner Vier-Phasen-Lehre einerseits und seiner Kontroverse mit Zeller andererseits besteht. Die Idee, die mich dabei leiten wird, ist die folgende: Die Art und Weise, in der Brentano die aristotelische Lehre vom *νοῦς ποιητικός* auslegt und dabei die Theologie des Aristoteles „ergänzt", stellt nicht nur einen Beitrag zum Verständnis von Aristoteles' Philosophie dar, wie die erwähnten Aristoteliker des 20. Jahrhunderts glaubten, sondern ist zugleich einer der wichtigsten eigenen Beiträgen Brentanos zur Erneuerung der Philosophie am Beginn ihrer vierten Aufstiegsphase in der zweiten Hälfte des 19. und am Anfang des 20. Jahrhunderts. Um das zu belegen, werde ich Zellers und Brentanos Auffassungen des geschichtlichen Verlaufs der Philosophie und der Aufgaben der Philosophiegeschichtsschreibung vergleichen, um mich danach der Frage nach dem aristotelischen Kreatianismus bei den beiden Autoren zu widmen.

2. Brentano und Zeller. Ihre Auffassungen vom geschichtlichen Gang der Philosophie

Brentanos frühen Aufzeichnungen gemäß ist die Philosophie eine empirische, induktive Wissenschaft, die zwei Hauptzweige hat: Metaphysik und Psychologie (*GPhN*, XIII, 10f., 77; 103, *GGPh*, 13; Hedwig 1987, XVf.).[3] Sie ist

> die Wissenschaft, welche von dem Seienden und seinen Eigentümlichkeiten handelt, insofern es unter Begriffe fällt, welche durch innere Erfahrung gegeben sind, sei es daß sie nur durch sie gewonnen werden, oder doch nicht der äußeren Wahrnehmung ausschließlich angehören. (*GPhN*, XV; vgl. auch 306 Anm. 43)

Diese Charakterisierung, die aristotelisch klingt, aber durch ihren Bezug auf die innere Erfahrung moderner cartesischer Prägung ist, spielt schon auf Brentanos Bestreben an, Themen der altehrwürdigen, aristotelisch-scholastischen Tradition im Einklang mit der modernen Auffassung von Erfahrung und Wissenschaft bei Autoren wie Comte und Mill zu behandeln.[4]

Es ist auch bekannt, dass Brentanos vierte Habilitationsthesis lautet: „Die wahre Methode der Philosophie ist keine andere als die der Naturwissenschaften" (*ZPh*, 137). Diese These hat auf seine Schüler eine bleibende Wirkung ausgeübt – Husserl veröffentlichte noch 1911 eine Schrift unter dem Titel *Philosophie als strenge Wissenschaft* (Husserl 1919, 53ff.) – und viele Autoren interpretieren sie als Zeichen dafür, dass Brentano von Anfang an ein Vertreter der von der Wissenschaft seiner Zeit inspirierten Weltanschauung war. Es kommt hinzu, dass diese These nicht selten in Verbindung mit seiner Vier-Phasen-Lehre in dem Sinne gebracht wird, dass das rein theoretische Interesse bei Brentano als rein wissenschaftliches und nicht als metaphysisches Interesse auszudeuten ist.

Was nun Brentanos Auffassung vom geschichtlichen Gang der Philosophie betrifft, unterscheidet er einen objektiven und einen subjektiven Sinn des Terminus „Geschichte". Im objektiven Sinn bedeutet er das philosophisch-geschichtlich Geschehene, das Brentano in seiner Vier-Phasen-Lehre behandelt (*GPhN*, 2).[5] Laut dieser Lehre ist die geschichtliche Entwicklung der

---

3 Ich lasse mich hier nicht auf die Einzelheiten dieser Frage ein, die ich ausführlich in Tănăsescu 2021, 248–262, behandelt habe.

4 Brentano bezieht sich im Text ausdrücklich auf Mill (*GPhN*, XIV).

5 Ich werde mich mit dem subjektiven Sinn des Terminus weiter unten beschäftigen. Vgl. auch Tănăsescu 2021, 164f.

Philosophie einem allgemeinen Gesetz unterworfen, nach dem sie in allen geschichtlichen Epochen (Antike, Mittelalter und Neuzeit) einen Zyklus durchläuft, der mit einer aufsteigenden Phase beginnt, auf die gesetzmäßig drei absteigende Phasen folgen.[6]

Das erste Entwicklungsstadium ist dadurch gekennzeichnet, dass in der Philosophie ein *„reines theoretisches Interesse“* und eine *„naturgemäße Methode“* vorherrscht.[7] Brentanos Gesetz zufolge lässt das theoretische Interesse in der ersten Abstiegsphase nach und die Forschung wird zunehmend von praktischen Motiven geleitet.[8] Aus der Abnahme des theoretischen Interesses ergibt sich das zweite Stadium des Verfalls, die Skepsis, die den Verlust des Vertrauens in die Fähigkeit des Menschen bewirkt, sichere Erkenntnisse zu erlangen. Das skeptische Misstrauen ist psychologisch jedoch unbefriedigend, weil es dem menschlichen Bedürfnis nach Erkenntnis und Wahrheit nicht nachkommt. Aus der Reaktion darauf resultiert das letzte, „äußerste“ Verfallsstadium, in dem versucht wird, das Bedürfnis nach Erkenntnis und Wahrheit durch eine unnatürliche Erkenntnis zu befriedigen, die Spekulation. Dabei „erdichtet man sich ganz unnatürliche Erkenntnisweisen, Prinzipien, die ohne alle Einsicht sind, geniale unmittelbar intuitive Kräfte“, denen jede wirkliche Basis fehle.[9]

---

6 *VPhPh*, 7ff.; *GGPh*, 14f., 20, 25; *GPhN*, 193ff.; in *DG* arbeitet Brentano nicht mit einer Drei- (Mezei und Smith 1998, 13f.), sondern schon mit einer Vier-Phasen-Theorie (*DG*, 85f.).

7 *VPhPh*, 8. Die Psychologie und Metaphysik als philosophische Grunddisziplinen sind die Hauptträgerinnen des „reinen theoretischen Interesses“ bei Brentano (*GGPh*, 310; in anderen Zusammenhängen spricht er von „rein theoretische[m] Interesse“ (*GPhN*, 286)). Die Kennzeichnung „naturgemäß“ ist bei Brentano nicht ohne Weiteres mit „empirisch“ oder „auf Erfahrung begründet“ gleichzusetzen. Überdies fällt es auf, dass die Methode nur bei der Charakterisierung der aufsteigenden Phase und des letzten Verfallsstadiums der Philosophie thematisiert wird.

8 *VPhPh*, 7ff. Mezei und Smith (1998, 30–33) liefern eine aufschlussreiche Charakterisierung der Verfallsphasen in Brentanos Theorie. Im Folgenden wird gezeigt, dass dem rein theoretischen Interesse Brentanos die Suche nach den Ursachen und Gründen der Dinge und letzten Endes der ersten Ursache der Welt, also Gottes, wesentlich ist. Unter diesen Umständen besagt die Abschwächung des theoretischen Interesses, dass sich der forschende Blick von diesen Ursachen und Gründen ab- und praktischen Fragen zuwendet.

9 Für die Geschichte der mittelalterlichen Philosophie lässt sich festhalten, dass Brentano die letzte Phase nicht nur negativ beurteilt, sondern (ausgenommen allerdings Nikolaus von Kues und Raimundus Lullus) die „mystische Theologie“

Auf das Altertum angewandt dauert die Aufstiegsphase von den Vorsokratikern bis zu Aristoteles. Ihr folgen drei Abstiegsphasen: (i) die Stoa und der Epikureismus, (ii) die Skepsis der neueren Akademie, der Pyrrhonismus und der Eklektizismus, und schließlich (iii) der Neuphythagoreismus und der Neuplatonismus.[10]

Brentano kommt zu dieser Auffassung der Geschichte der Philosophie bereits um 1860, stellt sie aber zum ersten Mal erst in der *Geschichte der kirchlichen Wissenschaften* (1867) vor, wo er sie nicht auf die Philosophie seiner Zeit, sondern nur auf die drei schon vergangenen geschichtlichen Epochen bezieht. Dabei wird das zweite Moment, die Verwendung einer naturgemäßen Methode, nicht zur Sprache gebracht (*GkW*, 538f.). Tatsächlich hat seine Phasen-Lehre nicht nur eine erklärende Funktion hinsichtlich des geschichtlichen Verlaufs der Philosophie, sondern sie spielt auch eine wichtige Rolle für die intellektuelle Orientierung des jungen Brentano, weil er darin die Antwort auf die Frage fand, wie der Niedergang des deutschen Idealismus in den geschichtlichen Verlauf der Philosophie einzuordnen sei: Dieser stellt für Brentano die letzte Abstiegsphase der neuzeitlichen Philosophie dar, die bei Bacon, Descartes, Locke und Leibniz ihren Höhepunkt erreichte, um daraufhin (i) mittels der neuzeitlichen Aufklärung und (ii) des Skeptizismus Humes (iii) zur äußersten Verfallserscheinung „menschlichen Denkens", d. h. zur Philosophie Kants, Fichtes, Schellings und Hegels zu führen (*VPhPh*, 7ff., 23).

Die Möglichkeit in Aristoteles' Philosophie eine andere Weise als die des deutschen Idealismus zu finden, das Verhältnis der einzelnen Wissenschaften zur Philosophie zu bestimmen, war eines der Hauptmotive der Aristoteles-Renaissance des 19. Jahrhunderts im protestantischen Deutschland (vgl. Hartung 2006). Brentano und die katholischen Intellektuellen seiner Zeit sahen hierin hingegen die Gelegenheit, ihre Tradition in den Vordergrund zu rücken, und zwar durch die Betonung der Dienste, die die aristotelisch-scholastische Tradition, insbesondere die Kommentare des Thomas von Aquin, zum besseren Verständnis der aristotelischen Philosophie leisten könne. Brentanos Vorgehensweise im hier vorliegenden Text und auch sein frühes philosophisches Programm als Exeget der aristotelischen Philosophie geht auf diese Idee zurück (vgl. unten XXVIII).

---

durchaus schätzt (Johannes Gerson, Johannes Tauler), da sie versuche, „das Interesse von der argumentierenden Speculation zur Mystik hinzuwenden" und dabei die Erkenntnis Gottes in die „Liebe" verlegt (*GkW*, 539f., 576f.; *GMPh*, 87–95; *VPhPh*, 15ff.). In diesem Sinne berichtet später Stumpf, Brentano habe „außerordentliches Gewicht auf die Meditation […], wie sie von der mittelalterlichen Asketik und Mystik gepflegt wurde" gelegt (Stumpf 1919, 93).

10 *VPhPh*, 9–13; vgl. auch *GMPh*, 1–5.

Darüber hinaus ist der Name „Aristoteles" in diesem Zusammenhang auch für das Verständnis von Brentanos Auffassung des „rein theoretischen Interesses" von Bedeutung. Wie schon erwähnt wird dieses Interesse im Zusammenhang mit seiner vierten Habilitationsthese vorwiegend als wissenschaftliches Interesse im Sinne der modernen Naturwissenschaft verstanden. Die Stelle, wo Brentano diese Formel in „Die Vier Phasen der Philosophie und ihr augenblicklicher Stand" charakterisiert, bezieht sich aber weder auf die moderne Wissenschaft noch auf Autoren wie z. B. Comte, die ihre neuzeitliche Entwicklung philosophisch verwertet haben – Comte wird übrigens in dieser Abhandlung nur einmal und in eher negativer Weise erwähnt (*VPhPh*, 10; Tănăsescu 2021, 202f.) –, sondern auf die Rolle, die das Staunen bei Platon und Aristoteles spielte.[11] Aristoteles' Erwähnung in diesem Zusammenhang ist besonders wichtig, weil sich aus seinen Ausführungen in Met. I 2 klar ergibt, welches rein theoretische Interesse Brentano im Auge hat, wenn er daraus ein Zeichen der aufblühenden philosophischen Phase macht: Es geht um die traditionelle metaphysische Form des theoretischen Interesses, das sich den ersten Prinzipien und Ursachen der Dinge, einschließlich der ersten Ursache der Welt – also Gott – zuwendet. Das steht recht gut im Einklang damit, dass Brentano in seinen Vorlesungen über das Dasein Gottes den Zweifel an den Gottesbeweisen als ein Merkmal des philosophischen Verfalls betrachtet:

> In der Anerkennung der Bündigkeit der Gottesbeweise waren die längste Zeit hindurch schier alle hervorragenden Denker miteinander einig. Aristoteles wie Plato, Locke und Newton wie Descartes und Leibniz stimmten dafür. Erst im Zusammenhang mit einem allgemeinen Verfall der Philosophie ist der Zweifel aufgetaucht und mächtig geworden. (*DG*, 203)

Das bedeutet zugleich, dass Brentanos Charakterisierung des rein theoretischen Interesses stark metaphysisch ausgerichtet ist, weil er in seiner Rede über die vier Phasen der Philosophie implizit eine theologisch-metaphysische Annahme trifft – die bejahende Einstellung zur Gottesfrage (*VPhPh*, 30f.) –, die als ausschlaggebendes Kriterium für die Beurteilung philosophischer Auffassungen angesichts ihrer Einordnung in sein Schema des Entwicklungsganges der Philosophie angewendet wird.

Wenn man nun diejenigen Stellen in Betracht zieht, die klar zeigen, dass Brentano nicht nur mit der metaphysisch-traditionellen, sondern auch mit der modernen, naturwissenschaftlichen Bedeutung des rein theoretischen Interesses arbeitet – vgl. z. B. die Kapitel 2–4 des ersten Buches seiner *Psychologie*

11 Die folgenden zwei Abschnitte sind Tănăsescu 2021, 175f. entnommen.

vom empirischen Standpunkt oder die wiederholten Hinweise auf Beobachtung und Erfahrung in seinen dem Schicksal der Philosophie gewidmeten Schriften (*ZPh*, 85, 90, 123) –, dann kommt man zum Schluss, dass bei ihm zwei geschichtliche Formen des rein theoretischen Interesses zu unterschieden sind: einerseits die *traditionelle, metaphysisch stark geprägte* Form, die in der Antike und im Mittelalter vorherrschte, in der Metaphysik der Neuzeit weiterlebte, und die auf das Ergründen der göttlichen Ursache der Welt und der Unsterblichkeitsfrage großen Wert legt, und andererseits die *naturwissenschaftliche, positive* Form, die zunächst in naturwissenschaftlichen Kontexten auftaucht, und programmatisch die Suche nach den (inneren und göttlichen) Ursachen und Prinzipien der Dinge und der Welt hinter sich lässt, um sich den Phänomenen und ihren konstanten Verhältnissen (ihren Gesetzen) zuzuwenden. Diese letztere Form kommt in Comtes und Mills Schriften zum Ausdruck und übte durch diese Autoren einen schwer zu unterschätzenden Einfluss auf den jungen Brentano aus:[12] Man weiß z. B., dass Brentano in seinem Meisterwerk von 1874 Mills „ausschließlich phänomenale", d. h. nur auf empirischen Tatsachen basierende Psychologie, zurückweist (*PeS*, 30; Mill 1974b, 849/455), um sich das Programm einer phänomenalen Psychologie anzueignen, die, obwohl sie nicht mit dem Begriff der Seele, sondern mit dem des psychischen Phänomens arbeitet, dennoch nicht auf die metaphysische Frage nach der Unsterblichkeit der Seele verzichtet, sondern sie in moderner Sprache neu formuliert: Es geht nicht um die Unsterblichkeit der Seele (des aristotelischen *νοῦς ποιητικός* im vorliegenden Text), sondern um den Fortbestand des menschlichen Lebens nach dem Tod (*PeS*, 33, 90). Diese Frage, so Brentano, soll aufgrund desselben wissenschaftlichen Modells beantwortet werden, das die Grundlage jeder Entdeckung und Rechtfertigung in der Wissenschaft – einschließlich seiner eigenen empirischen Psychologie – ausmacht, und zwar Mills *induktiv-deduktive* Methodologie: (i) induktive Feststellung der allgemeinen Gesetze, (ii) Deduktion der Weise, in der sie unter besonderen Umständen wirken, (iii) induktive Bestätigung der Ergebnisse der Deduktion (Mill 1974a, 491f.; Scarre 2006, 127; Ruben 2012, 98–123; Tănăsescu 2021, 311ff.). Dabei betont Brentano allerdings, dass die induktive Verifikation hinsichtlich der Frage nach dem Fortbestand psychischen Lebens nach dem Tod nicht möglich ist (*PeS*, 90f.).

12 Brentano veröffentlichte schon 1869 einen Aufsatz mit dem Titel „Auguste Comte und die positive Philosophie" (*VPhPh*, 99–133) und hielt noch im selben Jahr zu Stumpfs Erstaunen eine öffentliche Vorlesung über „A. Comte und den Positivismus im heutigen Frankreich" (Stumpf 1919, 97, 105). In seiner Vorlesung über „Deduktive und induktive Logik" (1869/70, wiederholt 1870/71) befasste er sich ausführlich mit Mill (vgl. dazu Antonelli 2001, 440).

Brentanos Wille, Themen der aristotelisch-scholastischen Tradition in den Rahmen der modernen Wissenschaftsauffassung einzufügen anstatt sie wie Comte und Mill aus der wissenschaftlichen Sprache auszuklammern, erklärt auch, warum im ersten Kapitel seiner *PeS* weder der Name Comte, noch der Terminus „positiv" aufscheint: Trotz der Übernahme von Comtes Stufenleiter der Wissenschaften in das Programm der *PeS* und obwohl er die empirische Psychologie darin einbettet, möchte Brentano ihre Geschichte nicht anhand von Comtes Stadien-Lehre, nämlich des Dreischritts „theologisch-metaphysisch-positiv" – das würde die Unsterblichkeitsfrage aus dem Rahmen einer *positiv* verfassten Psychologie ausschließen – beschreiben, sondern er zieht den Gegensatz „traditionell-modern" vor, der im Sinne von Comtes Positivismus nicht belastet ist und es überdies zulässt, die erwähnte Frage als legitimes Thema der Psychologie aufrechtzuerhalten (Tănăsescu 2021, 278–283).

Angesichts der anderen zentralen metaphysischen Frage, nämlich des Daseins Gottes, ist Brentano ebenfalls der Meinung, dass in der Ausführung der Gottesbeweise nicht apriorisch, sondern naturwissenschaftlich-empirisch, d. h. im Einklang mit der modernen Wissenschaftsauffassung, zu verfahren sei. Die vier Beweise

> sind […] eins in ihrer Methode. Diese ist bei keinem von ihnen apriorisch; vielmehr gehen alle von der Erfahrung aus. Unsere Methode wird bei jedem der Beweise diejenige sein, welche die Naturwissenschaft befolgt, wenn sie aus beobachteten Erscheinungen auf ihre Ursache schließt. Auch wir schließen bei jedem von der Wirkung auf die Ursache. (*DG*, 209f.)[13]

Von hier aus sieht man klar, warum die beiden Fragen für Brentanos Vier-Phasen-Lehre so wichtig sind: *Sie machen den Gegenstand par excellence des rein theoretischen Interesses aus.*[14] Das weist weiters darauf hin, dass jede neue geschichtliche Aufstiegsphase – und Brentano lebte gerade in einem solchen historischen Moment – diese Fragen aufgrund des Wissens dieser Zeit wie-

---

13 Die Beweise sind: „1. Der teleologische Beweis aus der vernünftigen Ordnung in der Natur. 2. Der Beweis aus der Bewegung. 3. Der Beweis aus der Kontingenz. 4. Der psychologische Beweis aus der Natur der menschlichen Seele" (*DG*, 208; vgl. auch *GGPh*, 277f., und Krantz 2017, 2018, 2022).

14 Das bedeutet nicht, dass es keinen anderen Gegenstand des rein theoretischen Interesses geben kann. Hier wären z. B. die als richtig charakterisierten psychischen Akte anzuführen (ich schulde diesen Hinweis Susan Krantz Gabriel), weiters das höchste praktische Gut, die Homonymie des Seienden und die anderen Hauptthemen von Brentanos Metaphysikvorlesung (vgl. Antonelli 2001, 446ff.).

der aufzunehmen hat, wie es in den Epochen zuvor bei Aristoteles, Thomas, Descartes, Locke oder Leibniz der Fall gewesen war. Das erklärt auch, warum trotz des enormen Einflusses, den Comtes und Mills Schriften auf den jungen Brentano ausgeübt haben, die beiden Autoren von Brentano nie als seine Mitstreiter für die Etablierung einer neuen aufsteigenden philosophischen Epoche angeführt, sondern als Repräsentanten eines Hyperempirismus abgestempelt werden, der sich seiner Meinung nach so stark an die Tatsachen hält, dass er die wichtigsten philosophischen Fragen wie das Dasein Gottes und die Unsterblichkeit der Seele aus dem philosophischen Diskurs ausklammert.[15] Nach Brentano gehören aber solche Fragen sehr wohl in den Kreis derjenigen Untersuchungen, die die Philosophie in jedem ihrer aufsteigenden Stadien wieder aufzunehmen und weiterzudenken hat.

Genauso wie bei Brentano spielte die Beziehung zum Glauben für die Bildung Eduard Zellers (1814–1908) eine wichtige Rolle.[16] Zeller besuchte ab 1831 das Tübinger Stift, studierte evangelische Theologie an der Universität Tübingen und erlebte dort „in den 1830er Jahren die Avantgarde der protestantischen Theologie“ (Hartung 2010, 1), die in der von Ferdinand Christian Baur begründeten Tübinger Schule ihren Ausdruck fand. Bekanntlich bestand das Programm der Schule darin, die Methode der historisch-kritischen Philologie konsequent auf die Deutung der Evangelien anzuwenden, um ihre mythischen Inhalte freizulegen (Hartung 2010, 1f.).[17] Es ist bekannt, dass in den Turbulenzen der Vormärzzeit die akademischen Laufbahnen der Vertreter der Tübinger Schule durch Eingriffe der Obrigkeit behindert wurden. Zeller

15 Vgl. dazu Brentanos Erörterungen über Comte und Mill in *DG* (159–167), wo sowohl von Mill als auch von Bain behauptet wird, dass sie „in übertriebener Weise Empiristen“ seien, und wo sie ins Verhältnis zu Humes Skeptizismus gesetzt werden (ebd., 166). Diese Anmerkung ist Tănăsescu 2021, 197 Anm. 90 entnommen. Im Kapitel „Das reine theoretische Interesse Brentanos: Metaphysische und wissenschaftlich-positive Aspekte“ (ebd., 174–189) derselben Arbeit habe ich mich ausführlich mit dieser Frage beschäftigt.

16 1836 war Zeller Vikar in Nellingen, 1837 in Tübingen.

17 In der Fachliteratur wird zwischen einer älteren und jüngeren protestantischen Tübinger Schule einerseits und der katholischen Tübinger Schule andererseits unterschieden. Die jüngere Tübinger Schule wurde von Ferdinand Christian Baur, Zellers Professor und Schwiegervater, begründet. David Friedrich Strauß, Albert Schwegler und Zeller zählen zu ihren wichtigsten Vertretern (vgl. dazu Köpf 1994, 9–52; zur allgemeinen Geschichtsauffassung und den Prinzipien dieser Schule vgl. Baur 1859, 1–82, 55f.) Im Folgenden werde ich mich mit der Bezeichnung „Tübinger Schule“ ausschließlich auf diese Richtung beziehen.

selbst konnte 1849 dem Ruf an den Marburger Lehrstuhl für Philosophie nur unter der Auflage folgen, dort niemals über christliche Theologie Vorlesungen zu halten (ebd. 4f.). Das hinderte ihn aber nicht daran, sowohl auf theologischem als auch auf philosophisch-geschichtlichem Gebiet weiter zu arbeiten. Unter diesen Umständen lohnt es sich zu bemerken, dass Gustav Teichmüller denselben Einwand gegen Zellers Interpretation von Platos Seelenlehre erhebt, den Zeller später gegen Brentanos kreatianistische Lesart des aristotelischen *νοῦς ποιητικός* erheben wird, nämlich dass er darin ein christliches, theologisch-dogmatisches Motiv transportiere: das Dogma der Unsterblichkeit der menschlichen Seele (Hartung 2010, 2, 7–19).

Hinsichtlich Zellers Auffassung von der Entwicklung der Philosophie als historischer Prozess tritt er in die Fußtapfen Hegels (*PhGG*, 28; Hegel 1986, 129f., 176) und fasst den Hauptcharakter des geschichtlichen Ganges der griechischen Philosophie wie folgt auf:

> Näher besteht diese Unbefangenheit [des griechischen Denkens; I. T.] darin – und diess führt zu der allgemeinen Bestimmung über das Verhältnis des antiken und des modernen Denkens – dass in der griechischen Philosophie der Bruch zwischen Subjekt und Objekt, Geist und Natur noch nicht eingetreten ist, das Denken mit seinem Gegenstand, der Geist mit der Natur noch in unmittelbar Einheit steht. Diese unmittelbare Einheit des Geistes und der Natur ist überhaupt der Charakter der alten Welt; die Natur ist hier noch nicht als das spezifisch Andere des Geistes, das Subjekt noch nicht als für sich seiende Einzelheit, als das Höhere gegen alles blos gegenständliche Sein [...]. (*PhGG*, 16f.; vgl. 28; ²*PhGE*, 96, 100ff. 109; ³*PhGE*, 804f.)

Dazu soll bemerkt werden, dass Zeller hier nicht nur das Hauptmerkmal des griechischen Denkens, sondern zugleich auch das der neuzeitlichen Philosophie im Allgemeinen hervorhebt. Die geschichtliche Entwicklung dieses Hauptmerkmals hat bei ihm den Charakter eines gesetzmäßigen, notwendigen Ganges. Mithin folgt die geschichtliche Entwicklung der Philosophie sowohl bei ihm (und bei Hegel) als auch bei Brentano einem notwendigen Verlauf. Während aber diese Entwicklung bei Brentano zyklisch aufgefasst wird und die Philosophie in jeder neuen geschichtlichen Epoche wieder einem rein theoretischen Interesse und einer naturgemäßen Methode folgt, hat Zellers Gesetz einen viel breiteren Anwendungsbereich, denn es ist dazu bestimmt, in einer einzigen, sich auf das Verhältnis zwischen Geist und Natur beziehenden Formel die ganze philosophische Entwicklung von der Zeit der alten Griechen bis hin zu Zellers eigener Zeit zu erfassen. Im Unterschied aber zu Hegel, der glaubt, dass die geschichtliche Aufeinanderfolge der philosophischen Systeme mit der Deduktion der logischen Begriffsbestimmungen zusammenfalle und sich nicht scheut, den geschichtlichen Gang rein formal als dialektisches Verhältnis zwischen Denken, Begriff und Idee zu rekonstruieren,[18] lässt Zeller die geschichtliche Notwendigkeit aus dem geschichtlich Geschehenen selbst hervorgehen: Das geschichtlich Notwendige, die unmittelbare Einheit des Denkens und Seins bei den griechischen Denkern z. B., kann nicht von dem geschichtlich Zufälligen mechanisch getrennt werden, sondern realisiert sich mittels Zusammenwirken individueller Begebenheiten mit all ihren Zufälligkeiten und Eigenheiten (*PhGG*, 7f.; ²*PhGE*, 10f.).

Hinsichtlich der Epochen der griechischen Philosophie teilt Zeller sie nach der in ihnen jeweils herrschenden Grundanschauung in die vorsokratische, die sokratisch-platonisch-aristotelische und die nacharistotelische Philosophie (*PhGG*, 92), ohne sie mit Bezug auf ein bevorzugtes klassifikatorisches Kriterium als positiv oder negativ zu bewerten.[19] Die Vorsokratiker und Sokrates,

18 „Nach dieser Idee behaupte ich nun, daß die Aufeinanderfolge der Systeme der Philosophie in der Geschichte dieselbe ist als die Aufeinanderfolge in der logischen Ableitung der Begriffsbestimmungen der Idee. Ich behaupte, daß, wenn man die Grundbegriffe der in der Geschichte der Philosophie erschienenen Systeme rein dessen entkleidet, was ihre äußerliche Gestaltung, ihre Anwendung auf das Besondere und dergleichen betrifft, so erhält man die verschiedenen Stufen der Bestimmung der Idee selbst in ihrem logischen Begriffe. Umgekehrt, den logischen Fortgang für sich genommen, so hat man darin nach seinen Hauptmomenten den Fortgang der geschichtlichen Erscheinungen; – aber man muß freilich diese reinen Begriffe in dem zu erkennen wissen, was die geschichtliche Gestalt enthält." (Hegel 1986, 49; vgl. auch 59) Die Brentano Forschung hat Brentanos Einstellung zu Hegels Philosophie unkritisch übernommen und ist deshalb dem Bild Hegels als Vertreter des äußerten Verfallstadiums der neuzeitlichen Philosophie und damit einhergehend einer spekulativen, unnatürlichen Methode verhaftet geblieben. Dabei werden aber wichtige Gemeinsamkeiten beider Denker übersehen: Sowohl Hegel als auch Brentano glauben, dass (i) es einen gesetzmäßigen, notwendigen Gang der geschichtlichen Entwicklung der Philosophie gebe, (ii) die Geschichte der Philosophie besonders (bei Brentano ausschließlich) von den systematischen Philosophen betrieben werden solle, (iii) Gott einer der wichtigsten Gegenstände des philosophischen Interesses sei, und (iv) die erste Phase der griechischen Philosophie von Thales bis Aristoteles dauerte und einen einheitlichen Charakter hatte (vgl. oben und *VPhPh*, 8ff., 23; Hegel 1986, 29, 49f., 188)

19 In der vorsokratischen Philosophie herrscht die unmittelbare Richtung des Denkens „auf's Objekt", während sich das Denken bei Sokrates über das Sein erhebt, um das allgemeine Wesen (den Begriff) jedes Seienden zu bestimmen.

Plato und Aristoteles – die Vertreter der ersten Aufstiegsphase Brentanos – werden als paradigmatischer Ausdruck des schon erwähnten allgemeinen Charakters der griechischen Philosophie, „Geist und Natur, Denken und Objekt" als unmittelbare Einheit zu betrachten, behandelt (Zeller 1844/1910, 91). Erst in der nacharistotelischen Philosophie begann sich diese Verbindung mittels eines Vorgangs aufzulösen, innerhalb dessen „die Autarkie des denkenden Individuums, die Zurückziehung des philosophischen Interesse's von der Objektivität auf's Subjektum der Gehalt des philosophischen Princips selbst" wurde (ebd., 93). In der Bewertung des Beginns der nacharistotelischen Philosophie stimmt also Zeller mit Brentano überein: Die Schwächung (Brentano) oder die Zurückziehung des theoretischen Interesses (Zeller) wegen praktischer Motive macht für beide einen Scheidepunkt in der Entwicklung der griechischen Philosophie aus. Brentano jedoch betrachtet Stoizismus, Epikureismus und Skeptizismus nicht als Einheit, sondern ordnet die beiden ersten Lehren und die dritte unterschiedlichen Abstiegsphasen zu (*VPhPh*, 8ff).

Eng damit verbunden ist die Tatsache, dass Zeller den deutschen Idealismus nicht als das letzte Verfallsstadium der neuzeitlichen Philosophie betrachtet und die Aufgabe seiner Zeit nicht in der Etablierung einer neuen philosophischen Aufschwungsphase aufgrund der beiden Kriterien der aufsteigenden Phasen Brentanos sieht: der Wiederbelebung rein theoretischen Interesses und einer angemessenen Methode.

> Andererseits mag eben dieses allseitige Zurückgehen des Bewußtseins in seine Vergangenheit den Beweis liefern, daß unsere Zeit weniger eine Zeit der Produktion, als der Reflexion ist, daß das philosophische Denken aus den rastlosen Bewegungen seiner letzten Revolutionen nun zu einem Ruhepunkt gekommen ist, und das Bedürfniß empfindet, erst in umfassender Durchdringung der gegebenen, geschichtlichen Stoffe sich zu sammeln, erst von dem nun gewonnenen Standpunkt aus sein weites Reich zu ordnen und innerlich zu organisieren, ehe es auf neue Eroberungen auszieht. (Zeller 1843/1910, 2)

Diese Auffassung ist auch bei Plato und Aristoteles herrschend und kommt mit der Hinwendung des philosophischen Interesses vom Objekt zum Inneren der Subjektivität in der postaristotelischen Philosophie zu einem Ende (*PhGG*, 32, 41). Im Grunde genommen lässt sich sagen, dass das rein theoretische Interesse Brentanos auch in Zellers Charakterisierung der ersten zwei Phasen der griechischen Philosophie involviert ist: Die vorsokratische Richtung des Denkens „auf's Objekt" oder die sokratische Suche nach dem Begriff jedes Seienden setzt schon voraus, dass das erkennende Interesse von theoretischen (dem Entdecken der Wahrheit) und nicht von praktischen Gründen geleitet wird.

Der neunzehn Jahre später verfasste Text: „Über die gegenwärtige Stellung und Aufgabe der deutschen Philosophie“ macht klar, was Zeller hier mit den Worten „Revolution“ oder „Produktion“ meint. Anders als Brentano, der den deutschen Idealismus negativ bewertet, ist Zellers Einstellung zu ihm ambivalent: „Die Schwäche wie die Stärke der neueren deutschen Philosophie liegt in ihrem Idealismus“ (Zeller 1872, 470). Einerseits liegt die Stärke des deutschen Idealismus in der Betonung der subjektiven Aspekte der Erkenntnis: „Die allgemeinen Bedingungen des Erkennens, der Ursprung und die Wahrheit unserer Vorstellungen“ müssen auch in der nachidealistischen Zeit untersucht werden, eben weil die Entwicklung der Wissenschaften immer wieder zu Aufgaben führt, die nur auf philosophischem Wege gelöst werden können (ebd. 469). Andererseits liegt die Schwäche der genannten Richtung in ihrer Einseitigkeit, in der Überbewertung der konstruktiven Seite der Subjektivität, in dem Vorzug der Deduktion der Empirie gegenüber, in dem Versuch, das Weltganze apriori durch Konstruktion aus einem Prinzip zu deduzieren. Dabei kann die „philosophische Produktivität“ zu Ergebnissen kommen, die nicht im Einklang mit denen der Wissenschaft sind. Darüber hinaus haben die Wissenschaften – hier bezieht Zeller dieselbe Position wie Brentano und Comte – ihren Fortschritt fortgesetzt, ohne sich um die spekulativen Ergebnisse der idealistischen Philosophie zu kümmern (ebd., 470 ff.). Unter diesen Umständen besteht Zellers Lösung in der Berichtigung und Ergänzung des deutschen Idealismus durch die Rückkehr zu Kant und zur wissenschaftlichen Erfahrung:

> Aber wir dürfen auch nicht übersehen, was Kant für alle Zeiten festgestellt hat: dass die Erfahrung selbst durch unsere eigene Thätigkeit vermittelt und bedingt ist, dass sie uns zunächst nur Erscheinungen liefert [...]. *Unsere Philosophie soll sich, soweit es die Natur ihrer Gegenstände erlaubt, das genaue Verfahren der Naturwissenschaften zum Muster nehmen.* (Ebd., 473f.; Hervorhebung I. T.)[20]

Anders als Brentano, der durch seine vierte Habilitationsthesis den Austritt aus der Abstiegsphase der neuzeitlichen Philosophie anstoßen wollte, möchte Zeller durch seinen Hinweis auf die Erfahrung die Ergebnisse des deutschen Idealismus beibehalten und weiterentwickeln. Die Tatsache, dass an der

20 Zeller weist darauf hin, dass die Rückkehr zur Empirie dem Geist seiner Zeit entspricht, denn der damalige wirtschaftliche Aufschwung hat zum einem das spekulative Interesse zurückgedrängt und zum anderen das praktische Interesse stark vorangetrieben (ebd., 469, 472f.).

genannten Stelle auch von Reformation die Rede ist,[21] lässt die Frage aufwerfen, ob Brentanos kritische Einstellung zum deutschen Idealismus nicht auch konfessionelle Facetten hat.

3. Brentano und Zeller. Ihre Auffassungen von der Geschichte der Philosophie und ihrer Aufgaben

Dem weiteren Verlauf meiner Analyse möchte ich die folgende Bemerkung vorausschicken: Die Debatte Brentano-Zeller bezieht sich nicht nur auf die Frage nach der Entstehung des *νοῦς ποιητικός* bei Aristoteles. Im Grunde genommen geht es dabei um die Art und Weise, in der die Geschichte der Philosophie praktiziert wird und die Philosophen der Vergangenheit behandelt werden: Fassen wir sie aufgrund einer etablierten Tradition auf (Brentano), oder aber setzen wir die schon gelieferten Interpretationen in Klammern, um uns auf die Primärquellen zu konzentrieren, die aufgrund einiger leitender Ideen zu interpretieren sind (Zeller)?[22] Das heißt

21 „Aber je unumwundener wir die Nothwendigkeit anerkennen, den deutschen Idealismus, so wie sich dieser seit Kant ausgebildet hat, zu berichtigen und zu ergänzen, um so dringender tritt auch die Mahnung an uns heran, die Güter, welche wir diesem Idealismus verdanken, nicht zu verschleudern, die Wahrheiten, die er an's Licht gebracht hat, nicht unbenutzt zu lassen. Es stände schlimm um unser Volk, wenn es jemals vergessen könnte, wo die tiefsten Wurzeln seiner Kraft liegen; wenn es vergässe, dass durch die weltgeschichtliche That der Reformation in das Innerste des deutschen Gemüths die Keime eingesenkt wurden, aus denen alles emporwuchs, was ihm seitdem Grosses gelungen ist; dass die geistige Arbeit unserer Dichter und Denker, die sittliche Arbeit in der Familie, der Kirche und der Schule zu den Erfolgen des deutschen Schwertes und der deutschen Staatskunst den Grund gelegt hat. Es stände schlimm um die deutsche Philosophie, wenn sie meinte, Kant und Schelling, und ein Hegel lassen sich aus ihrer Geschichte auslöschen; wenn sie ihre eigene Vergangenheit verläugnen wollte, statt von derselben zu lernen und die wissenschaftlichen Gedanken, welche sie uns hinterlassen hat, in treuer Arbeit fortzubilden." (Ebd., 473)

22 Vgl. die Prinzipien der Tübinger Schule, die auch von Zeller geteilt werden: „Ihr eigentliches Wesen besteht doch nur in den Grundsätzen und Grundanschauungen, von welchen sie von Anfang an ausgegangen ist, in der Richtung, die sie [...] am beharrlichsten und entschiedensten verfolgte, in der ganzen Art und Weise, wie sie ihre Aufgabe, die Erforschung des urchristlichen Altertums, in den drei, sie als eine historisch kritisch bezeichnenden Forderungen auffaßte: vor allem überhaupt durch keine, die Unbefangenheit des Urteils trübende dogmatische Voraussetzung und Rücksicht auf hergebrachte Meinungen ge-

natürlich nicht, dass Brentano sich nicht auf die Primärquellen fokussieren und seine Interpretation nicht von Grundgedanken geleitet würde. Im Gegenteil: Wie schon angedeutet wurde, unterstreichen fast alle Aristoteliker des 20. Jahrhunderts, die sich mit seinen Schriften beschäftigt haben, dass er trotzt seines Festhaltens an zentralen Thesen der katholischen Tradition einige der wichtigsten Texte des Aristoteles sauberer und scharfsinniger als Zeller ausgelegt hat (Ross 1914; Berti 2018, 200; vgl auch George 1986, XXII). All dem zum Trotz sollten wir nicht verkennen, dass die hier zur Diskussion stehende Debatte nicht nur auf sachlicher, sondern auch auf konfessioneller Ebene geführt wird: Einer der wichtigsten, der scholastisch-katholischen Tradition entstammenden Aristoteles-Kommentatoren der zweiten Hälfte des 19. Jahrhunderts verteidigt eine These, die für diese ganz zentral ist, gegen einen der wichtigsten Repräsentanten der protestantischen Tübinger Schule, die ihrerseits dafür bekannt ist, nicht nur auf dem Gebiete der Geschichte der Theologie, sondern auch auf dem der Philosophie prinzipiell jede „Rücksicht auf hergebrachte Meinungen“ auszuklammern. Dabei übersieht aber Zeller den wichtigen Punkt, dass nach Brentano diese Thesen nicht nur der erwähnten Tradition eigen sind, sondern darüber hinaus – und das ist das Entscheidende für Brentano – ewige Probleme jeder neu aufsteigenden Blütezeit der Philosophie darstellen. Unter diesen Bedingungen kann Brentanos Zurückweisung von Zellers Interpretation der aristotelischen Metaphysik und des *νοῦς ποιητικός* zugleich als Beitrag zu der von Brentano eingeleiteten neuen Aufstiegsphase der Philosophie gesehen werden. Anders gesagt *hat Brentano zentrale Thesen des aristotelisch-scholastischen Denkens in Grundprobleme seines systematischen Philosophierens umgewandelt.* Wie der Anfang von Brentanos Replik auf Zellers kritische Bemerkungen in der dritten Auflage seiner *Geschichte der griechischen Philosophie* zeigt, weist Brentano auf jene Tradition ausdrücklich hin, in die er sein Programm der Aristoteles-Interpretation integriert.

---

bunden zu sein; sodann nichts als geschichtliche Wahrheit gelten zu lassen, was sich nicht aus den vorliegenden Quellen nachweisen läßt, eben dies aber, was einmal als tatsächlich gegebene Erscheinung anerkannt werden muß, mit aller Schärfe und Entschiedenheit geltend zu machen, ohne sich durch gesuchte Vermittelungen, halbe Vorstellungen, prekäre, kleinliche Auskünfte irre machen zu lassen; endlich das Allgemeine nie aus den Augen zu verlieren, das sich aus der Erforschung des Einzelnen und Speziellen als die ergänzende Einheit und die leitende Grundanschauung von selbst ergibt.“ (Baur 1859, 55f.; vgl. dazu auch Köpf 1994, 47–51).

> Als ich meine Abhandlung *Von der mannigfachen Bedeutung des Seienden nach Aristoteles* und später meine *Psychologie des Aristoteles* schrieb, wollte ich in einer zweifachen Weise das Verständnis seiner Lehre fördern; einmal und vorzüglich direkt durch Aufhellung einiger der wichtigsten Lehrpunkte, dann indirekt, aber in allgemeinerer Weise, indem ich der Erklärung neue Hilfsquellen eröffnete. Ich machte auf die scharfsinnigen Kommentare des Thomas von Aquino aufmerksam, und zeigte, wie man in ihnen manche Lehre richtiger als bei späteren Erklärern dargestellt findet. (*ALU*, 1)[23]

Lassen wir aber jetzt die konfessionellen Voraussetzungen der Kontroverse Brentano-Zeller beiseite, um uns ihrer Auffassungen von dem subjektiven Sinn der Redewendung „Geschichte der Philosophie" zuzuwenden. Dabei soll gesagt werden, dass Brentano nicht die skeptische Haltung Renans teilt, die Philosophie hätte in ihrer Geschichte aufzugehen (*GPhN*, 81, 327; *GGPh*, 15).[24] Im Gegenteil ist er fest davon überzeugt, dass die Philosophie als systematische Herangehensweise an die Phänomene eine Zukunft hat. Zugleich verneint er nicht den Wert geschichtlicher Forschung auf philosophischem Gebiet, sondern betrachtet sie als eines der wichtigsten Mittel zur Förderung systematischen Denkens. Sie soll aber weder von Philologen noch von Historikern der Philosophie, sondern von systematischen Philosophen praktiziert werden (*GGPh*, 15f.; *GPhN*, 79, 81f.). Diese sind nämlich die einzigen, so Brentano, die den nötigen „philosophischen Forschergeist" hätten, der zum Verständnis dunkler Stellen bei Aristoteles oder zur Ergänzung seiner Gedanken fähig wären (*ÜA*, 10).

Im subjektiven Sinn bezeichnet den Terminus „Geschichte" die Darstellung des Geschehenen:

---

23 Brentano fährt fort: „Doch meine Hoffnung sah sich getäuscht. Daß ein des Griechischen unkundiger Scholastiker uns Aristoteles verstehen lehren solle, schien den meisten allzu paradox, als daß sie es der Mühe wert gefunden hätten, seine Kommentare auch nur einmal in die Hand zu nehmen. Viele schöpften vielmehr aus meinen Worten den Verdacht, den meine damalige Stellung zur katholischen Kirche nahe legte, daß ich selbst, die Meinung des ‚Fürsten der Theologen' überschätzend, nur mit befangenem Blicke die Schriften des Aristoteles betrachte, thomistische Lehren hineininterpretiere, ja vielleicht gar weniger darauf ausgehe, Aristoteles zu erklären, als dem Doctor Angelicus einen neuen Titel des Ruhms zu sichern." (*ALU*, 1; vgl. Hedwig 2012, 95–99).

24 In der Einleitung zur Vorlesung „Geschichte der Philosophie" kommentiert Brentano Renans Auffassung wie folgt: „Doch dies wäre der Tod der Philosophie [...]. Der Geschichte jeder Disziplin kommt kein selbstständiger Wert zu, sondern immer eine dienende Stellung. Es ist ein verkehrter Historismus, der das verkennt." (*GGPh*, 16; vgl. George 1986, XIX)

> Die Geschichte der Philosophie ist die Erkenntnis und Darstellung der auf die Erforschung jener Wahrheiten bezüglichen Erlebnisse der Menschen, die, ohne rein mathematisch zu sein, den Dingen zukommen, insofern sie unter Begriffe der inneren Erfahrung allein fallen (mögen sie nun durch diese allein oder durch die innere und äußere Wahrnehmung zugleich gegeben sein). (*GPhN*, 12; vgl. 2, 4f., 306 Anm. 46; *GGPh*, 4)

Wenn man dies in Verbindung mit Brentanos Ausführungen über das Wissen als klare Erkenntnis einer gewissen Gattung intelligibler Wahrheiten und über die Abstraktion, die dazu führt,[25] liest, dann lässt sich die Geschichte der Philosophie als Erkenntnis und Darstellung aller Erlebnisse der Menschen, die sich auf diejenige Gattung intelligibler Wahrheiten berufen, die durch metaphysische Abstraktion erfasst werden, verstehen (*GPhN*, 2, 4f., 306 Anm. 46; *GGPh*, 4). Die so aufgefasste Wissenschaft hat die Aufgabe, das Gesetz der Vier Phasen der Philosophie auf jede große geschichtliche Epoche anzuwenden, „das eigentlich Bedeutende" von dem Unbedeutenden mit Bezug auf jede Auf- und Abstiegsphase abzusondern, um sich auf das Bedeutende zu konzentrieren (*GkW*, 538ff.; *GGPh* 1ff., 14f., 20ff.; *GPhN*, 78f.). Dabei soll die Aufmerksamkeit in erster Linie auf die aufsteigende Phase gelenkt werden – die ausführliche Beschäftigung mit den Fragen der Abstiegsphasen hält Brentano geradezu für „pathologisch", weil sie sich nicht damit befasst, was jeder gesunden Philosophie eigen ist: die vom rein theoretischen Interesse abgesteckten Themen und die zu ihrer Behandlung bestimmte „naturgemäße Methode" (*GPhN*, 1, 78, 82ff.; *GGPh*, 2f.). Meiner

25 In Ms. H. 47: Gesch[ichte] d[er] Phil[osphie]. Einleitung (n. 25945ff.) unterscheidet Brentano drei Arten der Abstraktion: „die physische, mathematische, und metaphysische oder auch die Abstraktion von der individuellen, sensiblen und intelligiblen Materie" (in Hedwig 1987, XII). Die physische Abstraktion lässt beiseite jeden sinnlichen individuellen Unterschied, um sich auf sein Genus (Farbe, Ton, Tier, Pflanzen) zu fokussieren; die mathematische setzt jede sinnliche, aber jedoch nicht jede körperliche Bestimmung in Klammern, um zu Begriffen wie „Größe", „Fläche", „Linie", „Höhe" und „Breite" zu kommen. Die metaphysische Abstraktion sieht von jeder sinnlichen und körperlichen Bestimmung ab, um zum Begriff des Seienden zu gelangen, der sowohl „Körperlichem und Geistigem gemeinsam" sei (ebd.). Dementsprechend: „Im allgemeinsten Sinne handelt die Philosophie vom Intelligiblen. Damit etwas intelligibel sei, muß es entweder geistig oder durch Abstraktion vergeistigt sein. Die Philosophie ist also jene Wissenschaft, die das Seiende zum Gegenstand hat, insofern es unter solche Begriffe fällt, die von der sensiblen und intelligiblen Materie abstrahiert sind." (*GGPh*, 355f.; vgl. *GPhN*, 306, Anm. 43) Der aristotelische Gott und der *νοῦς ποιητικός* fallen unter diesen Begriff des Seienden.

Meinung nach spielten beide Kriterien eine wichtige Rolle in der Bestimmung dessen, was laut Brentano als das philosophisch Bedeutende in jeder Blütezeit der Philosophie zu gelten hat. Wir sollten also bei der hier vorliegenden Diskussion davon ausgehen, dass *nach Brentano die Frage nach dem göttlichen Ursprung der Welt und des νοῦς ποιητικός zwei der wichtigsten Themen des rein theoretischen, philosophischen Interesses sind.*[26] Das erlaubt uns, die Aufgaben einer Philosophie, die wie die von Brentano einem neu anbrechenden, fortschrittlichen Stadium angehören will, schärfer ins Auge zu fassen, nämlich Fragen zu stellen, die dem metaphysischen Interesse entspringen, und diese entsprechend der naturgemäßen Methode zu untersuchen. Eng damit verbunden ist die Rückbesinnung auf diejenigen Momente der Vergangenheit, in denen die erwähnten Themen rein theoretischen Interesses beispielhaft behandelt wurden, z. B. auf die aristotelische Theologie, die von Brentano ergänzt und weiterentwickelt wurde. Es gibt also eine Weise, Philosophiegeschichte zu betreiben, die der aufsteigenden Phase jeder neuen philosophischen Epoche, einschließlich Brentanos eigener Epoche, entspricht. Ihr Ziel besteht darin, sich auf die Probleme zu fokussieren, die jeder aufsteigenden geschichtlichen Entwicklung eigen sind. Und umgekehrt lässt sich eine Philosophie nur dann als Erscheinung eines Stadiums positiver Entwicklung bewerten, wenn sie die genannten Probleme erneut aufnimmt und weiterdenkt. Das heißt nicht, dass eine neue philosophische Epoche nicht ihre eigenen Probleme hat und haben kann. Trotzdem spielt bei Brentano „die Anknüpfung an die Höhepunkte der Vergangenheit" (*VPhPh*, 133) eine wesentliche Rolle in der Etablierung der Philosophie in der Phase ihrer Blüte. Wie die Ausführungen am Ende seines Vortrags über die Gründe der Entmutigung auf philosophischem Gebiet zeigen, macht die erwähnte Anknüpfung das Mittel aus, das die Erneuerung der Philosophie bewirken kann (*ZPh*, 97ff.). Dabei unterscheidet Brentano sich wesentlich von Comte, der die Philosophie nicht aufgrund ihrer eigenen ehrwürdigen Tradition, sondern aufgrund der Naturwissenschaften und deren Geschichte auf eine neue Bahn bringen wollte (vgl. dazu Tănăsescu 2021, 203–209).

Während bei Brentano die Geschichte der Philosophie die Darstellung der menschlichen Erlebnisse über diejenige Gattung intelligibler Wahrheiten zum Ziel hat, die durch metaphysische Abstraktion zu erfassen sind, wird sie von Zeller als „eine von der empirischen Grundlage der Überlieferung ausgehende Darstellung einer zeitlichen Entwicklung des Geistes" charakterisiert,

26 Wie schon gesagt lasse ich mich hier nicht auf die Einzelheiten dieser Frage ein, die ich andernorts ausführlich behandelt habe (vgl. Tănăsescu 2021, 174–188).

die aufgrund „eine[r] zum System [von Begriffen und Hypothesen; I. T.] entwickelte[n] philosophische[n] Ansicht“ zu erklären ist.[27] Im Unterschied zu Brentano, der der Geschichte der Philosophie die Aufgabe stellte, die Vier-Phasen-Lehre auf die geschichtlichen Epochen anzuwenden und das Bedeutende vom Unbedeutenden zu trennen, um sich auf die Aufstiegsphasen zu konzentrieren, glaubt Zeller nicht an einen zyklischen Gang der Geschichte als Abfolge von Aufstiegs- und Abstiegsphasen. Bei ihm hat die philosophische Geschichtsbehandlung dagegen zwei Seiten oder Methoden: die „empirische“ Methode, die den Akzent auf die *historisch-kritische* Betrachtungsweise des geschichtlichen Stoffes setzt,[28] und die *spekulativ-konstruktive*, geschichtsphilosophische Methode Hegels, die den geschichtlichen Gang der Philosophie als „organische Entfaltung des Gedankens“ auffasst (*PhGG*, IIIf.; Hegel 1986, 20, 47). Was die erste Methode betrifft, ist Zeller vollkommen bewusst, dass die historisch-kritische Methode seiner Zeit ihre Aufgabe zum größten Teil erfolgreich erfüllt hat: Sie hat das geschichtliche Material gesammelt und durchforstet, und dabei die Echtheit des größten Teils der Schriften des Altertums erwiesen (*PhGG*, 1). Es ist ihr hingegen nicht gelungen „den tieferen Gehalt der geschichtlichen Erscheinungen, den gesetzmäßigen Zusammenhang und den organischen Bau der Geschichte von innen heraus zu begreifen“ (ebd., 3). Unter diesem Gesichtspunkt ist die konstruktive oder spekulative Methode Hegels ihr überlegen, weil sie es geschafft hat, „gerade de[n] innerste[n] Kern ihrer Erscheinungen und die bewegende Kraft ihrer Entwicklung“ ins Licht zu setzen (ebd.):

---

27 [2]*PhGE*, 7f.; 1844/1910, 90; vgl. auch: „Die Geschichte der Philosophie hat, wie alle Geschichte, eine doppelte Aufgabe. Sie soll das Geschehene *berichten*, und sie soll es *erklären*, indem sie seinen Ursachen nachgeht und durch die Erkenntniss derselben das Einzelne in einen umfassenderen Zusammenhang einreiht.“ (Zeller 1888/1910, 410) Sowohl an dieser Stelle als auch in dem ganzen Aufsatz behandelt Zeller die Aufgaben der Geschichte der Philosophie in der Sprache der erkenntnistheoretischen Analyse der Naturwissenschaft: Er spricht vom „Erklären“ (nicht vom „Verstehen“ wie Dilthey) der geschichtlichen Tatsachen, von der „Causalverknüpfung der Erscheinungen“, von ihren „Causalzusammenhängen“, von den „wissenschaftlichen Hypothesen“, die zu ihrer Behandlung nötig sind usw. (ebd., 410f. und passim). Unter diesen Umständen lässt sich die Frage aufwerfen, ob Zeller wie Brentano die These des methodologischen Monismus – Natur- und Geisteswissenschaften verfolgen dieselbe Methode – vertritt (Tănăsescu 2019).

28 Zeller fasst die historisch-kritische Methode als „die gelehrte und kritische Geschichtsforschung“ auf (*PhGG*, III und passim).

> Weil der Beobachter den Begriff der Sache schon mitbringen muß, um ihn in ihrer Erscheinung zu sehen und den Gegenstand wahrhaft auslegen zu können, so dürfen wir uns nicht wundern, wenn es so manche schale Geschichte der Philosophie gibt, wenn in ihnen die Reihe der philosophischen Systeme als eine Reihe von bloßen Meinungen, Irrtümern, Gedankenspielen vorgestellt wird […]. Bei dem Mangel des philosophischen Geistes, den solche Geschichtsschreiber mitbringen, wie sollten sie das, was vernünftiges Denken ist, auffassen und darstellen können? (Hegel 1986, 49f.)[29]

Hier stoßen wir auf eine Facette von Hegels Denkens, die Zeller trotz seiner späteren Distanzierung hochschätzen wird, weil sie bei der Geschichtsbetrachtung auf die Notwendigkeit aufmerksam macht, klar formulierte Hypothesen über den Hauptcharakter der abzuhandelnden Periode, den inneren Zusammenhang ihrer Erscheinungen und ihrer Entwicklung aufzustellen:[30]

> Ein Beitrag für die Lösung dieser Aufgabe will die vorliegende Untersuchung sein, indem sie sich den Zweck setzt, den eigenthümlichen Charakter der Philosophie und der bedeutendern philosophischen Systeme bei den Griechen, den inneren Zusammenhang dieser Systeme und das ursprüngliche Verhältniss ihrer Theile, die natürliche Gliederung und die immanente Gesetzmässigkeit des Ganges, [...] in einem Worte, die Prinzipien und die organische Entwicklung der griechischen Philosophie ins Licht zu setzen. (*PhGG*, 3)

---

29 „Wer von der Sache nichts versteht, kein System, bloß historische Kenntnisse hat, wird sich freilich unparteiisch verhalten. […] Deswegen kann die Geschichte der Philosophie durchaus nicht ohne Urteil des Geschichtsschreibers abgehandelt werden." (Hegel 1986, 137f.)

30 „Es ist Hegels bleibendes Verdienst, dass er nachdrücklicher, als irgend ein anderer vor ihm, auf diesen gesetzmässigen Zusammenhang der geschichtlichen Erscheinungen hingewiesen und namentlich auch die Geschichte der Philosophie aus diesem Gesichtspunkt behandelt hat." (Zeller 1888/1910, 416f.) Dorothea Frede macht darauf aufmerksam, dass Hegels Einfluss auf Zeller in der ersten Auflage von Zellers Schrift klar zu erkennen ist, während man in der zweiten Auflage kaum noch eine Spur von Hegels Ausdrucksweise findet (Frede 2010, 67–72, insbesondere 69f.). Stephen Menn ist dagegen der Meinung, daß trotz dieser Abwesenheit „die hegelsche Substruktur" in Zellers Werk weiter besteht (Menn 2010, 108f.). Zum Verhältnis von Zellers Interpretation von Aristoteles zu der von Hegel vgl. ebd., 108–115; vgl. dazu auch George 1980, X.

Nur auf diese Weise, so Zeller, kann der Geschichtsschreiber dem Risiko ausweichen, sich in Einzelheiten zu verlieren, ohne sich zu „einer Totalanschauung" der abgehandelten Epoche zu erheben (ebd., IIIf.).

Wie das eben angeführte Zitat belegt, ist Zellers „Einleitung" zur ersten Auflage von *PhGG* stark von Hegels Sprache geprägt, von dem Zeller auch seine Überzeugung von der Wichtigkeit des konstruktiven, hypothesenbildenden Moments für die Geschichtsbetrachtung übernimmt. Diese Überzeugung steht im Hintergrund seiner kritischen Einstellung zu einer einseitigen Anwendung der historisch-kritischen Methode:

> [...] eine Geschichtsschreibung, welche sich auf das Sammeln von Notizen und Aufzählen von vereinzelten, oder nur in äusserem Pragmatismus verknüpften Thatsachen beschränkt, könnte vielleicht vor fünfzig Jahren Epoche gemacht haben, kann auch heute als Vorarbeit von Werth sein, aber zu den im Geiste unserer Zeit begründeten Bestrebungen kann sie nicht gerechnet werden; nur eine organische, in allen ihren Theilen vom Gedanken durchdrungene und gegliederte Darstellung kann der Anforderungen der Gegenwart an den Geschichtsschreiber genügen." (*PhGG*, 3; vgl. ²*PhGE*, 10)

Trotz des hegelschen Einflusses sieht Zeller schon in der ersten Auflage klar, dass die spekulative Methode Gefahr läuft, „mit apriorischen Constructionen und geschichtlich unerwiesenen Behauptungen" zu operieren, was ihr von den Vertretern der empirisch gerichteten, historisch-kritischen Schule (Schleiermacher, Ritter) angelastet wurde (*PhGG*, IIIf).[31] Aus diesem Grund möchte Zeller eine Geschichte der griechischen Philosophie schreiben, die die Unzulänglichkeiten beider Methoden und ihrer bloß äußerlichen Kombination dadurch vermeiden will, dass er sie zu einer wahren geschichtlichen Analyse verschmilzt. Gerade dies macht den „teilweise neuen" Weg aus, den er mit dem ersten, 1844 veröffentlichten Band seiner *Die Philosophie der Griechen* einschlagen möchte:

31 Es wurden zwei Einwände gegen die konstruktive, geschichtsphilosophische Methode Hegels erhoben: (i) „Eine begriffliche Reconstruktion der Geschichte [...] sei schon an und für sich unerlaubt, da die Geschichte, als ein Werk der Freiheit, nicht nach logischer Nothwendigkeit verlaufe;" (ii) „[...] um den Gang der Geschichte in seiner Zweck- und Gesetzmässigkeit zu verstehen, müssten wir schon am Ziel dieses Weges angekommen sein, denn nur von hier aus lasse sich das Ganze vollständig überschauen [...]". Der unabgeschlossene Charakter der Geschichte macht das aber unmöglich (*PhGG*, 4f.). Was den ersten Einwand betrifft, verteidigt Zeller Hegel in der ersten Auflage seines Werkes (ebd., 4ff.). In der zweiten Auflage macht er sich dann diesen Einwand zu eigen (²*PhGE*, 8ff.).

> [...] es muss mit andern Worten die vernünftige Gesetzmässigkeit des geschichtlichen Verlaufs nicht nur von oben herunter deducirt, sondern auch von unten herauf, aus den erfahrungsmässigen Thatsachen nachgewiesen werden, und es muss umgekehrt das geschichtliche Material nicht blos gesammelt, sondern auf historisch-kritischem Wege zur Gedankenform herauspräparirt werden. Eben dieses ist es nun, was die vorliegende Schrift für die Geschichte der griechischen Philosophie leisten möchte: die Einsicht in den inneren Organismus ihrer Entwicklung aus kritischer Sichtung und historischer Vergleichung der geschichtlichen Ueberlieferung selbst hervorgehen zu lassen. Sie will [...] von der äusseren Erscheinung des Geistes in seine geheime Werkstätte durchdringen. (Ebd., V; vgl. auch 8 und ²*PhGE*, VII).

Auch wenn er in der zweiten Auflage seiner Schrift weiter auf die Relevanz des konstruktiven Moments pocht, nimmt er ausdrücklich Abstand von Hegel und übt wiederholt Kritik an dessen apriorischer Konstruktion der griechischen Philosophie (Zeller 1844/1910, 91; ²*PhGE*, 8ff.). Andererseits betont er die Bedeutsamkeit der methodischen Schritte der historisch-kritischen Einstellung, die er andernorts (Zeller, 1844/1910, 89; vgl. *PhGG*, 9) als „rein historisch[e], analytische[e] Behandlung der Geschichte" versteht:

> Die Grundlage unserer Darstellung muss allerdings die geschichtliche Ueberlieferung bilden, und alles, was in sie aufgenommen werden soll, muss entweder unmittelbar in der Ueberlieferung enthalten, oder durch sichere Schlüsse aus ihr abgeleitet sein. Aber schon die Feststellung des Thatsächlichen ist nicht möglich, so lange wir es vereinzelt betrachten. Die Ueberlieferung ist nicht die Thatsache selbst; ihre Glaubwürdigkeit zu prüfen, ihre Widersprüche zu lösen, ihre Lücken zu ergänzen wird uns nicht gelingen, wenn wir nicht den Zusammenbang der einzelnen Thatsachen, die Verkettung der Ursachen und Wirkungen, die Stellung des Einzelnen im Ganzen in's Auge fassen. Noch weniger ist es möglich, die Thatsachen ausser diesem Zusammenhang zu verstehen, ihr Wesen und ihre geschichtliche Bedeutung zu erkennen. (³*PhGE*, 10)

Wir werden weiter unten Gelegenheit haben, zu sehen, wie verschieden Zeller und Brentano das Desiderat, die „Lücken [des aristotelischen Systems; I. T.] zu ergänzen", auffassen.

Hinsichtlich eines weiteren Unterschieds von Brentanos und Zellers Ansichten über Aristoteles macht George darauf aufmerksam, dass sowohl Zeller als auch Brentano glaubten, es gebe ein aristotelisches System der Philosophie. Im Unterschied aber zu Brentano, der dieses System als eine Summe von locker miteinander verbundenen wissenschaftlichen und philosophischen Problemen sieht, betrachtet es Zeller als ein axiomatisches Gebilde, an dessen Spitze das Verhältnis der Form zum Stoff steht, das von Aristoteles in allen von ihm erforschten Gebieten verfolgt wird (George 1978, 264f.; 1980, XII, XIV). In seinen Ausführungen über Aristoteles versäumt Zeller es aber nicht, auf den unvollkommenen Charakter der aristotelischen Untersuchungen und auf die Widersprüche des aristotelischen Denkens zu verweisen. Auch wenn sich Zellers Rede über den widersprüchlichen Charakter gewisser Aussagen des Aristoteles mit dem Verfahren der Tübinger Schule, Ungereimtheiten nicht zu tilgen, sondern aufzudecken und geschichtlich zu erklären, verbinden lässt, fasst Brentano sie als Zeichen des Einflusses von Hegel auf Zeller auf (*ÜA*, 7f., 11)[32] und nimmt dessen Behauptung von den Widersprüchen bei Aristoteles so ernst, dass er nicht weniger als sechzehn Interpretationsregel für aristotelische Texte formuliert, die alle dazu dienen, Widersprüche bei Aristoteles aufzulösen. Die Interpretationsregeln folgen der allgemeinen logischen Regel, „eine[r] Regel der historischen Forschung selbst […], nämlich daß man […] der vorgängigen Wahrscheinlichkeit der zu konstatierenden Tatsache Rechnung tragen soll“ (*ÜA*, 12).[33] Unter diesen Umständen verwundert es nicht,

32 Brentano nennt Hegel „den deutschen Sophisten“ (*ÜA*, 7; vgl. auch *VPhPh*, 9, 23). Aus diesem Grund empfiehlt er den Studenten anstatt von Hegels Werken die methodologischen Schriften der Naturwissenschaftler (Newton, J. Müller, Darwin, Helmholz) zu studieren, denen sie eine viel angemessenere Methode zur philosophischen Forschung als die spekulative Methode Hegels entnehmen könnten (*ZPh*, 128ff.; *GPhN*, 85). Zugleich betrachtet er Aristoteles als „Antipoden“ Hegels (*ÜA*, 10) und zeigt unumwunden seine Zuneigung für die Philosophie des ersteren: „Verächtlich [urteilt man heute über die] Neuscholastiker. [Aber] schon jetzt [gibt es einen] Umschwung [der Philosophie] in Deutschland: das Ansehen des Aristoteles steigt, [von] Hegels Schule ausgelöst. Also das [ist] der große Fortschritt: nach den Leistungen von Hegel zu denen des alten Aristoteles.“ (*GMPh*, S. 41) Damit einhergehend und trotz der Anerkennung der Verdienste der historisch-kritischen Methode kontrastiert er auch Zellers Interpretationsweise mit der der Scholastiker und gibt der letzteren den Vorzug (*GPhN*, 89f.; *ÜA*, 13f.).

33 Es geht um die geforderte „vorgängige Wahrscheinlichkeit“ der Bayesschen Regel: „Diese Auffassung der Induktion behauptet, daß die Lösung eines Induktionsproblems mit einer vorgängigen Wahrscheinlichkeitsschätzung beginnt, die dann durch die anfallenden Resultate allmählich berichtigt wird.“ (George 1986, 542) Drei unter diesen Regeln sollten Widersprüche (i) auf der Ebene der einzelnen Aussagen, (ii) zwischen den Aussagen oder (iii) zwischen den Folgen der Aussagen verhindern (*ÜA*, 15f.). Zwei andere behandeln aristotelische Themen,

dass Brentano wiederholt behauptet, die Geschichte der Philosophie sollte weder von bloßen Philologen (Bonitz), noch von philosophierenden Philologen (Zeller), noch von Philosophiehistorikern, sondern in erster Linie von systematischen Philosophen geschrieben werden. Sie allein wären im Stande, sich in Aristoteles' Denken hineinzuversetzen, seine disparaten Aussprüche zu verbinden, und die widerspruchsfreie Bedeutung gewisser dunkler Passagen durch eigene Analysen zu erfassen (*ÜA*, 6, 10–14; *GPhN*, 86, 88f.).

Was nun Zellers Einstellung zum systematischen Betreiben von Philosophiegeschichte betrifft, zeigen seine Ausführungen klar, dass er sich dessen vollkommen bewusst ist, diese nicht als systematischer Philosoph (wie Hegel oder Brentano) zu praktizieren. Darüber hinaus ist er der Meinung, dass die Geschichte der Philosophie nicht in systematischer Absicht wie bei Hegel rekonstruiert werden soll, weil sie dabei Gefahr läuft, Teil eines philosophischen Systems zu werden und so eine gewisse Tendenz anzunehmen.[34] Deshalb beschreibt er sich selbst als „Geschichtsschreiber der Philosophie" (Zeller 1844/1910, 87 und

---

die sich bei Philosophen mit verwandten Anschauungen finden (z. B. Leibniz' Optimismus), oder die als Fortentwicklungen der Lehren von Vorgängern des Aristoteles betrachtet werden können (ebd., 17f.; *AW*, V, 13) Es handelt sich also um den „Vergleich einer Lehre mit dem, was sich bei Vorgängern und Nachfolgern findet", was auch als „reflektierende[r] Vergleich" bezeichnet werden kann (*GPhN*, 86, 88). Im Vortrag „Zur Methode der historischen Forschung auf philosophischem Gebiet überhaupt", den Brentano 1888 in Wien hielt, macht er vier Empfehlungen „[z]ur Ermittlung des Verständnisses dunkler und fragmentarisch überlieferter Lehren": „Betrachtung des Teils im Licht des Ganzen, ähnlich Cuviers Deduktionen", d. h. der Exeget hat im Fall obskurer Passagen genauso wie Cuvier zu verfahren, der auf der Basis einiger Knochen das ganze Skelett der vorweltlichen Tiere rekonstruierte (ebd., 85; *AW*, 15). „2. [...] die Vergleichung einer Lehre mit dem, was sich bei Vorgängern und Nachfolgern findet." (Ebd., 85f.) 3. Der Interpret kommt „dem Gedanken des Autors" philosophierend entgegen. „4. [...] daß man sich von dem Geiste des Philosophen, dessen Lehren man erforscht, gewissermaßen durchdringen läßt" (ebd., 88, 90). Auch wenn Brentano Zeller nicht explizite nennt, ist es zu vermuten, dass sich seine wiederholten kritischen Bemerkungen über die Ergebnisse der historisch-kritischen Methode gegen ihn mehr als gegen andere Vertreter dieser Methode richten (vgl. dazu seine Äußerungen über „unsere überkritischen modernen Exegeten" und „d[ie] modern[e] Verdunkelung der aristotelischen Lehre" in *AW* (14, vgl. auch ebd., IIIf., 11–15).

34 „[...] die Geschichte der Philosophie ist nicht [...] ‚selbst Philosophie', sondern sie ist eben nur *Geschichte*, d. h. eine von der empirischen Grundlage der Überlieferung ausgehende Darstellung einer zeitlichen Entwicklung des Geistes." (Zeller 1844/1910, 90)

passim). Das besagt auf keinen Fall, dass der Geschichtsschreiber kein Philosoph sein darf: „Wer die Geschichte der Philosophie verstehen will, […] muß selbst Philosoph sein." (²*PhGE*, 15; Zeller 1844/1910, 87) Wie seine Polemik mit Wirth in den von Albert Schwegler herausgegeben *Jahrbüchern der Gegenwart* (1843) deutlich zeigt, legte er großen Wert darauf, dass „die Geschichte der Philosophie […] eine zum System entwickelte philosophische Ansicht […] zur subjektiven Voraussetzung" hat, wobei „System" als die Gesamtheit der miteinander übereinstimmenden Begriffe verstanden wird, mittels derer der Historiker die geschichtlichen Tatsachen analysiert (Zeller 1844/1910, 88, 90; 1888/1910, 414). Es kommt das schon erwähnte, bei Zeller so wichtige konstruktive Moment der Hypothesenbildung über den Hauptcharakter und den Entwicklungsgang der untersuchten Epoche hinzu.[35] Zellers Forderung besteht mithin darin, dass jeder Historiker ein begriffliches Werkzeug benötigt, das ihm dazu dient, die geschichtliche Tatsachen zu klassifizieren, ihre Verhältnisse zueinander zu bestimmen, und sie in einen breiteren Zusammenhang gemäß leitender Hypothesen (z. B. gemäß Zellers Hypothese über die Einheit des Denkens und der Natur bei den alten Griechen oder Brentanos Vier-Phasen-Theorie) einzuordnen, um ihre Bedeutung aufzuhellen. Ohne die Anwendung dieser methodischen Werkzeuge lässt sich die Geschichte der Philosophie kaum über das Niveau der bloßen Sammlung von Tatsachen erheben.

Es kommt hinzu, dass nicht nur Brentano, sondern auch Zeller etwas von der Anwendung der Wahrscheinlichkeitsrechnung auf die Philosophiegeschichte versteht: In der Abhandlung „Die Geschichte der Philosophie, ihre Ziele und Wege" (1888) betont Zeller genauso wie in seiner *Geschichte der griechischen Philosophie*, dass die Geschichte eine empirische Disziplin sei, die mit geschichtlichen Tatsachen von manchmal zweifelhafter Echtheit operiert, und die aus diesem Grund Hypothesen aufstellt, deren Wahrheit mehr oder weniger wahrscheinlich sei (*PhGG*, IIIf.; Zeller 1888/1910, 410ff.). Unter diesen Umständen legt er großen Wert auf das Verfahren der Kombination, die eine ähnliche Rolle wie die „Ergänzung" bei Brentano spielt (vgl. gleich unten):

---

35 Vgl. dazu: „Wir sollen durch die Geschichte das wahre System zu gewinnen suchen. Aber was ich von der Geschichte lerne, wird ganz von der Art abhängen, wie ich sie auffasse, da schon die Entscheidung über die Geschichtlichkeit einzelner Thatsachen und den Charakter einzelner Erscheinungen, noch weit mehr aber die Ansicht über Gang und Ziel der Geschichte im Großen und Ganzen durchaus nicht Sache der unmittelbaren Wahrnehmung, sondern eines oft sehr verwickelten Denkprocesses ist." (Zeller 1844/1910, 88; vgl. auch 89, 91; ²*PhGE*, 16f.)

> [...] und nur wo sie [die Geschichtsquellen; I. T.] uns im Stich lassen, wo sie sich widersprechen, Unmögliches oder Unwahrscheinliches behaupten, oder Lücken in ihren Berichten erkennen lassen, hat als subsidiäres Hülfsmittel der Erkenntniss die Combination einzutreten, welche aus den uns bekannten geschichtlichen Thatsachen andere uns unbekannte erschliesst, indem sie in denselben entweder Folgen oder Bedingungen dessen aufzeigt, dessen Thatsächlichkeit uns bekannt ist. Alle derartigen Schlüsse sind aber um so gewagter, je vollständiger man auf diesem Wege die Einzelheiten der geschichtlichen Vorgänge zu bestimmen unternimmt; und sie führen uns nur unter besonders günstigen Umständen über einen mittleren Grad der Wahrscheinlichkeit hinaus. (Zeller 1888/1910, 410f.; vgl. auch 412, 415)

Wie schon angedeutet kommt hinzu, dass er genauso wie Brentano von der Erklärung und nicht vom Verstehen der geschichtlichen Tatsachen spricht.

Ein anderer wichtiger Punkt beim Vergleich von Brentanos und Zellers Positionen ist der folgende: Jenseits der Frage der dunklen Stellen bei Aristoteles war Brentano vom unvollständigen Charakter der aristotelischen Schriften überzeugt. Er glaubte nämlich, dass wir deshalb gewisse Passagen nicht verstehen können, weil es Gedanken des Aristoteles gibt, die in seinen uns zugänglichen Werken nicht zur Sprache kommen. Aus diesem Grund sieht er als eine der wichtigsten Aufgaben der Aristoteles-Interpretation, die fehlenden Argumente in solcher Weise zu ergänzen, dass die scheinbaren Widersprüche bei Aristoteles beseitigt werden (*AW*, 15; *ÜA*, 19; *GPhN*, 86). Auch wenn Brentano das nicht als eine notwendige Bedingung zur Erfüllung dieses Desiderats formuliert, zeigen schon seine ersten Schriften, dass dies am besten kongenialen Philosophen wie z. B. Thomas von Aquin gelingt, den Brentano als den begabtesten Aristoteles-Kommentator aller Zeiten betrachtet (*ÜA*, 5). Auch wenn Thomas die historisch-kritische Methode nicht zur Verfügung stand und er der griechischen Sprache nicht kundig war, hat er nach Brentano den Sinn gewisser dunkler Stellen bei Aristoteles klarer als die modernen Exegeten erfasst. Was seine Interpretation kennzeichnet und was Philologen und Philosophen wie Bonitz und Zeller fehlt, ist „jene lebendigere Behandlung des Aristoteles“, die im „Glauben an die Meisterschaft des Aristoteles im menschlichen Wissen“ wurzelt und die von Brentano in verschiedenen Zusammenhängen als „das philosophische Mit- und Nachdenken“ der aristotelischen Probleme oder als „philosophisch[es] [E]ntgegenkommen“ einem Philosophen gegenüber beschrieben wird (*ÜA*, 13f.; *GPhN*, 88ff.).[36] Dieses Verfahren ist bei den

36 Vgl auch *GPhN*, 89, wo von „Mitdenken und Mitforschen“ des angepackten Themas die Rede ist.

Repräsentanten der historisch-kritischen Methode verlorengegangen und wird von Brentano als Vertreter einer neu anbrechenden Aufstiegsphase wieder aufgenommen, eben um zu zeigen, wie ein systematischer Philosoph die zentralen Fragen der Blütezeit voriger geschichtlichen Epochen erneut aufgreifen, ergänzen und weiterentwickeln kann. Das Wort „Ergänzung" (*GPhN*, 86, 90) spielt in diesem Zusammenhang eine wichtige Rolle, weil es darauf hinweist, dass Brentano glaubte, es gebe irgendwie ein gemeinsames Gedankengut (etwa die aristotelische Theologie) der kongenialen Denker (Aristoteles, Thomas, Brentano), das in verschieden Momenten der Geschichte wieder aufgenommen und durch Ergänzungen weiterentwickelt wird. Obwohl er das nicht explizit sagt, ist zu vermuten, dass eben die Kongenialität diejenige Eigenschaft ist, die den Exegeten möglich macht, im Laufe des Interpretationsprozesses die eigene Subjektivität „ein wenig" (*GPhN*, 90) in die des auszudeutenden Philosophen zu transponieren, sich ihm zu assimilieren, um seine „Denkeigenheiten" anzunehmen und aufgrund dieser subjektiven Erfahrung den verlorenen Sinn zu erfassen oder fehlende Teile der zu deutenden Lehre zu ergänzen:

> Man muß möglichst dem Geist zu gleichen suchen, dessen unvollkommen ausgesprochene Gedanken man begreifen will. Mit anderem Worte, man muß das Verständnis anbahnen, indem man, ehe man als Historiker abschließt, zunächst selbst philosophierend dem Philosophen entgegenkommt. (*ALU*, 165)

Es ist sehr wohl möglich, dass genau das nach Brentano den Grund dafür ausmacht, weshalb Zeller zu widersprechenden Ergebnissen in der Interpretation des Aristoteles kommt: Er verbietet sich nämlich im Namen der Objektivität, Aristoteles philosophisch entgegenzukommen und mit ihm weiterzudenken (*ÜA*, 11).[37]

---

37 Brentanos Kritik an Zeller lässt sich in Verbindung mit seiner Äußerung bringen, die protestantische Exegese habe im Allgemeinen „die Pfade der Scholastik, die, zunächst von Augustinus angeregt, sich fast ausschließlich speculativ entwickelt hatte", verlassen, um sich „der Erforschung der Geschichte und der Erklärung der heiligen Schriften" zuzuwenden. (*GkW*, 583f.; auch die Stelle über „d[ie] modern[e] Verdunkelung der aristotelischen Lehre" in *AW* (14) ist unter diesem Gesichtspunkt zu lesen.) Genauso wie Zeller die Bedeutung von Brentanos Behandlung der aristotelischen Seelenlehre für dessen Auffassung von den Aufgaben jeder neuen aufsteigenden Phase der Philosophie angesichts des Erforschens „der Höhepunkte der Vergangenheit" (*VPhPh*, 133) nicht erfasst hat, genauso übersah Brentano die Wichtigkeit des konstruktiven Moments der Interpretation bei Zeller und ihre Verbindung mit seiner Forderung, jeder Geschichtsschreiber müsse sein eigenes philosophisches System haben. Wie wir

4. Die Debatte Brentano-Zeller über den aristotelischen *νοῦς ποιητικός* und ihre Stationen

Alle bisher diskutierten Themen sind in Brentanos Auseinandersetzung mit Zeller präsent: Mit seinen Studien über Aristoteles glaubte Brentano, nicht nur einen Beitrag zur Aristoteles-Forschung seiner Zeit, sondern darüber hinaus die Rückkehr zu einem der wichtigsten Höhepunkte der Vergangenheit, zur Aristoteles' Metaphysik und Psychologie zu leisten, die er für einen Anstoß zu einer neuen fortschrittlichen Phase der Philosophie für unentbehrlich hielt. Dabei ist es für ihn ebenso wie für Thomas selbstverständlich, Aristoteles „philosophisch entgegenzukommen", um mit ihm weiter zu denken. Zeller hingegen sieht seine Beschäftigung mit Aristoteles nicht als eine Gelegenheit, dem philosophischen Unheil seiner Zeit abzuhelfen, weil er das Mittel dazu nicht in der Wiederbelebung der aristotelischen Philosophie, sondern in der Philosophie Kants sah und – darin ist er mit Brentano einig – in der Rückbesinnung auf die wissenschaftliche Erfahrung. Aus diesem Grund hat seine Beschäftigung mit Aristoteles' Philosophie und ihrer Interpretation durch Brentano ausschließlich geschichtliche Bedeutung. Dabei legt er großen Wert auf das konstruktive Moment des interpretativen Vorgangs und folgt treu dem schon in der Einleitung zu *PhGE* angekündigten Programm, den Hauptcharakter einer philosophischen Erscheinung aufzudecken – das Verhältnis der Form zum Stoff bei Aristoteles –,[38] um von hier aus das aristotelische System weiter zu erforschen. Darüber hinaus ist er viel weniger als Brentano geneigt, Aristoteles philosophisch in dem Sinne entgegenzukommen, dass er Hypothesen aufstellt, die die Lücken des aristotelischen Systems füllen und die es ermöglichen, seine Philosophie weiter zu entwickeln. Er zieht es vor, sich im Einklang mit der empirischen, historisch-kritischen Methode der Tübinger Schule streng an den überlieferten Text zu halten und die vorhandenen Lücken als Indiz dafür zu werten, dass Aristoteles das Problem nicht bis zu Ende gedacht hat oder sich gar selbst widerspricht (³*PhGE*, 801ff.). Das lässt sich schon bei der ersten Station der Debatte beider Autoren: Brentanos Dissertation und ihre Rezeption bei Zeller, feststellen. In seiner ersten Schrift fasst Brentano drei Positionen

---

schon gesehen haben, ist diese Forderung gegen die Überbewertung der empirischen Aspekte der geschichtlichen Forschung bei den Vertretern der historisch-kritischen Methode gerichtet (*PhGG*, 2).

38 Dieses Verhältnis steht bei Zeller in inniger Verbindung mit der Beziehung zwischen den dialektisch-spekulativen und empirisch-realistischen Elementen in Aristoteles' Philosophie (³*PhGE*, 797ff.).

hinsichtlich der aristotelischen Kategorien zusammen, die er als relevant für das Verständnis des Problems in jener Zeit betrachtet: Die aristotelischen Kategorien sind (i) die allgemeinsten Prädikate der Substanz (*MBS*, 77; Trendelenburg 1846, 9–16, 20, 149), (ii) die verschiedenen Bedeutungen (obersten Begriffe), in denen das Seiende ausgesagt wird (*MBS*, 78f.; Bonitz 1853/1967, 13, 35f.), und (iii) die allgemeinsten Gesichtspunkte (der Gesichtspunkt der Substanz, der Qualität, der Quantität usw.), die für die Begriffsbestimmung jedes Objekts anzuwenden sind (*MBS*, 76; ³*PhGE*, 260ff.; Brandis 1853, 394f., 400ff.). Auch wenn Brentano sich Bonitz' Position zu eigen macht, weist er die beiden anderen Positionen nicht zurück, sondern hält sie mit Bonitz' Interpretation für vereinbar (*MBS*, 80 ff.). Auf die Dissertation zurückblickend betrachtet Brentano sie als einen gelungenen Versuch seines hermeneutischen Verfahrens, durch die Berücksichtigung der Gesamtheit der Lehre des Aristoteles „die Lücken fragmentarisch überlieferter Lehren zu ergänzen. […] Ich habe in meiner Schrift *Von der mannigfachen Bedeutung des Seienden nach Aristoteles* die uns nirgends erhaltene, aber mehrfach vorausgesetzte Deduktion seiner Kategorientafel zu geben vermocht." (*GPhN*, 86) Zeller hingegen weist in der 3. Auflage seiner Schrift den zentralen, von Thomas von Aquin inspirierten Gedanken Brentanos: die Kategorien ließen sich aufgrund ihres Verhältnisses zur ersten Substanz streng deduzieren, entschieden zurück: „Allein die Frage ist ja nicht die, ob es überhaupt möglich ist, die 10 Kategorieen in irgend eine logische Disposition einzutragen […], sondern *ob Aristoteles* auf dem Weg einer logischen Deduktion zu ihnen gekommen ist. Und hiegegen spricht zweierlei: einmal, dass Arist. selbst bei der Besprechung der Kategorieen nie auf eine solche Deduktion hinweist, und sodann, dass sich keine finden lässt, welcher sie sich ungezwungen fügten." (³*PhGE*, 265)[39]

Brentanos Habilitationsschrift *Die Psychologie des Aristoteles, insbesondere seine Lehre vom Nous Poietikos* (1867; fortan *PsA*) steht für die zweite Station der Debatte Brentano-Zeller. Sie beginnt genauso wie Aristoteles' Schrift *De Anima* mit einer kritisch-geschichtlichen Darstellung der Interpretationsversuche der aristotelischen Lehre vom *νοῦς ποιητικός*. Die Frage, die sich durch den ganzen Abschnitt zieht, ist, ob dieser Nous „Gott als der wirkende Verstand" ist oder aber, wie Brentano im Einklang mit der von Thomas von Aquin begründeten christlichen Tradition glaubt, „etwas zum Wesen des Menschen Gehöriges" (*PsA*, 5). Der ersten Hypothese gemäß gibt es keinen

39 Zu Brentanos Deduktionsversuch der aristotelischen Kategorien vgl. Antonelli und Sauer 2014, XXII–XLV; Tănăsescu 2021, 15–34 und die dort angeführte Bibliographie; zu der Art und Weise, in der Brentano später auf Zellers Einwände reagiert, vgl. *ALU*, 3ff.

individuellen unsterblichen Teil der menschlichen Seele, der die Auflösung des Körpers überdauern würde. Diese Frage, die für uns heute merkwürdig klingt, war für Brentano, der damals schon ein Priesteramt innehatte, äußerst wichtig, weil sie einen zentralen Teil seiner katholisch geprägten, von Thomas inspirierten Weltanschauung bildete. Wie schon oben gezeigt wurde, gehört sie zusammen mit der Frage nach dem wirkenden bzw. schaffenden Charakter des aristotelischen Gottes in den Kreis derjenigen Probleme, auf deren Ergründung das philosophische Nachdenken jeder aufsteigenden Epoche „im Interesse der Menschheit" nicht verzichten kann (*ZPh*, 98). Seine positive Einstellung zu dieser Frage erklärt auch, weshalb Brentano im ersten Abschnitt der *PsA* widerholt Kritik an Averroes (*PsA*, 17) und Zeller (ebd., 35f.) übt, die die These eines individuellen, unsterblichen Teils der menschlichen Seele ablehnen. Was Zeller betrifft, referiert Brentano seine Position wie folgt: Die menschliche Denktätigkeit sei „so weit sie sich nicht aus der Erfahrung entwickelt, eine einzige, und zwar mit der Denktätigkeit Gottes ein und dieselbe" (ebd., 34).[40] Mithin wäre der aristotelische *νοῦς ποιητικός* der universelle Geist, das absolute Denken Gottes, was für Brentano zu der Absurdität führt, dass der Mensch, wenn er denkt, im Geiste Gottes denkt (ebd., 35). Zellers Scheidung des „*νοῦς ποιητικός* von der Individualität des Menschen" führt ihn nach Brentano zu einer Auffassung, die nichts weiter „als ein Knäuel verworrener Vorstellungen und als eine Anhäufung sich widersprechender Aussagen" sei (ebd., 34f.). Im Gegensatz zu Averroes und Zeller hält Brentano den *νοῦς ποιητικός* nicht für einen universellen Geist, sondern für einen individuellen Teil der menschlichen Seele, den der Fötus direkt von der Gottheit erhalte (ebd., 128ff., 198ff.). Er erhalte ihn aber nicht im Augenblick der Zeugung, sondern erst nachdem er durch die Bildung seiner vegetativen und sensitiven Funktionen die nötige Disposition dazu erreicht hat (ebd., 202f., 230; *ALU*, 14, 58ff. 152f.

40 Zeller verteidigt aber diese These nicht, sondern weist sie zurück ([3]*PhGE*, 572f.). Brentano bezieht sich auf die zweite Auflage von Zellers Arbeit. Die erste Auflage des Werkes erschien 1844–1846 in zwei Bänden unter dem Titel: *Die Philosophie der Griechen. Eine Untersuchung über Charakter, Gang und Hauptmomente ihrer Entwicklung*, wobei ihr zweiter, 1846 veröffentlichter Teil Sokrates, Plato, und Aristoteles behandelt. Die zwischen 1856–1862 veröffentlichte zweite Auflage erschien in drei Bänden mit einem veränderten Titel: *Die Philosophie der Griechen in ihrer geschichtlichen Entwicklung*. Ihr dritter Band, auf den Brentano sich bezieht, ist Aristoteles und der postaristotelischen Philosophie gewidmet. Ich werde im Folgenden nicht den zweiten, sondern den dritten Band der dritten Auflage berücksichtigen, weil Zellers Ausführungen über Brentano in diesem Band gerade diejenigen sind, die zu der Auseinandersetzung zwischen beiden Autoren führten.

und passim; *AW*, 133–140).[41] Im Unterschied zu anderen seelischen Teilen des Menschen, die den physischen Körper voraussetzen und die deshalb mit ihm entstehen und vergehen, ist dieser Teil geistig und unsterblich, was mit seinem göttlichen Ursprung übereinstimmt. So kommt Brentano zu den Thesen von der Individualität und dem erschaffenen Charakter des menschlichen *νοῦς ποιητικός*, die er in seiner Kontroverse mit Zeller verteidigt und weiterentwickelt hat.[42]

Hinsichtlich der ersten beiden Schriften Brentanos zu Aristoteles ist Enrico Berti der Meinung, sie hätten einen nachhaltigen Einfluss auf die Rezeption der aristotelischen Metaphysik im 19. und 20. Jahrhundert ausgeübt (Berti 2018, 202). Brentanos Habilitationsschrift endet mit dem Anhang: „Ueber das Wirken insbesondere das schöpferische Wirken des Aristotelischen Gottes" (*PsA*, 234–250), wo – wie schon der Titel andeutet – Brentano behauptet, die aristotelische Gottheit wäre nicht nur die Zweck-, sondern auch die schaffende Ursache der Welt, einschließlich des *νοῦς ποιητικός*. Berti schenkt dem genannten Anhang besondere Aufmerksamkeit und weist darauf hin, dass der Gedanke des schaffenden Charakters des aristotelischen Gottes nicht nur von Zeller, sondern auch von Ross entschieden zurückgewiesen wurde, und dass er bis heute als eine überholte, christliche, von Thomas von Aquin inspirierte, unaristotelische Deutung gilt (Berti 2018, 200–202; Menn 2010, 93f.).[43] Hinsichtlich Brentanos anderer These: Gott sei bei Aristoteles nicht nur

41 Zeller dagegen ist der Meinung, dass der Nous vor der Zeugung in den menschlichen Samen eintritt. Aus diesem Grund wird er „durch den Zeugungsakt nicht erst hervorgebracht, sondern nur in das sich bildende menschliche Individuum übertragen" (*LAE*, 1042, 1049, 1052). Vgl. dazu auch *GPhN*, 85ff., wo Brentano die Grundgedanken seiner Auseinandersetzung mit Zeller pointiert zusammenfasst.

42 In seiner Arbeit spendet Brentano Thomas von Aquins Interpretation des aristotelischen *νοῦς ποιητικός* großes Lob (*PsA*, 24, 226, 228f.), während Zeller Thomas' Einfluss auf Brentano tadelt (*LAE*, 1035f., 1039, 1051; Zeller 1883, 228; vgl. dazu George, VIIIf.). Münch (1995/96) nimmt eine viel nuanciertere Position zu dieser Frage ein, denn er hebt sowohl die Wichtigkeit von Thomas' Interpretation des *νοῦς ποιητικός* für Brentanos Habilitationsschrift hervor als auch die Kritik, die Brentano an der Art und Weise übt, in der Thomas die aristotelische Lehre von der Seele auffasst (vgl. dazu *PsA*, 226ff., wo Brentano von „ein[em] gewiss[en] Dunkel" in Thomas' Auffassung spricht und den „Mangel an Klarheit über die Natur des wirkenden Verstandes" beklagt).

43 „Brentano wanted to defend a modernized Catholic reading of Aristotle against what he saw as excesses of Protestant critique – that is, as excessive attempts to separate the historical Aristotle from the interpretive tradition." (Menn 2010, 93)

Zweck-, sondern auch wirkende Ursache, die Zeller ebenfalls ablehnte, wird sie sowohl von Berti als auch von Menn für gültig gehalten (Berti 2018, 200; Menn 2010, 94; vgl. Anm. 57 unten). Darüber hinaus rekonstruiert Berti Brentanos Beweisführung im Anhang zur Habilitationsschrift in zwölf Punkten und glaubt, dass ein Teil von ihnen weiterhin als stichhaltige Beweise für das Wirken Gottes auf die Welt bei Aristoteles zu berücksichtigen sei (ebd.). Brentanos Festhalten am schaffenden Charakter der aristotelischen Gottheit hat jedoch, so Berti, die Interpreten davon abgehalten, seine Argumente gegen Zeller hinsichtlich dieser Frage gebührend zu würdigen (ebd., 200, 202).

In der dritten Auflage seiner *Geschichte der griechischen Philosophie* besteht Zeller zwar weiter auf den Thesen der früheren Fassungen des Werkes, aber Brentano wird nun zu seinem wichtigsten Gesprächspartner hinsichtlich der Natur der menschlichen Seele bei Aristoteles, denn seine Habilitationsschrift ist das am häufigsten erwähnte Werk in diesem Kapitel.[44] Darüber hinaus widmet Zeller der Zurückweisung von Brentanos Behauptungen wichtige Anmerkungen, in denen er sich ausschließlich mit dessen Interpretationen beschäftigt, was er im Falle anderer Exegeten der aristotelischen Seelenlehre in viel bescheidenerem Ausmaß tut (^{3}*PhGE*, 576 Anm. 5, 577 Anm. 2, 594 Anm. 3, 595 Anm. 2, 604f. Anm. 5). Es lässt sich auch nicht ausschließen, dass Brentanos Ausführungen über die Individualität des menschlichen *νοῦς ποιητικός* in *PsA* im Hintergrund von Zellers erweiterten Ausführungen über dasselbe Thema stehen: In der zweiten Auflage von *PhGE* widmete Zeller der allgemeinen Präsentation dieses Problems nur einen einzigen, wenn auch umfangreichen Paragraphen (^{2}*PhGE*, 437–442).[45] In der dritten Auflage hingegen treten an die Stelle des einen gleich drei Paragraphen: Auf die allgemeine Einleitung in das Problem (^{3}*PhGE*, 566–571) folgen zwei weitere umfangreiche Paragraphen, die sich mit dem *νοῦς ποιητικός* (ebd., 575–578) und dem *νοῦς ποιητικός* beschäftigen. Dabei wurde der Abschnitt über den *νοῦς ποιητικός* von einer halben Seite auf fast vier Seiten (^{3}*PhGE*, 572–575) erweitert.[46] Darin wiederholt Zeller seine schon früher verteidigten Thesen und versucht, sie weiter zu verdeutlichen: Die aristotelische Lehre vom *νοῦς ποιητικός* sei lückenhaft

44 Zeller zitiert Brentano zwölfmal. Gleich nach ihm kommt Trendelenburg mit elf Zitationen.

45 Vgl. dazu Ross, der dieses Problem auch in Verbindung mit der Gotteslehre des Stagiriten bespricht (Ross 1924, CXLIII–CXLIX, der auch in Ross 1923, 154–159 zu finden ist).

46 Die Seitenzahl der zweiten Auflage (440f.) ist im Text der dritten Auflage eingetragen.

und nicht zu Ende gedacht, da es sich aufgrund der von Aristoteles getätigten Ausführungen nicht klar absehen lässt, wie sich die Individualität des menschlichen Denkens sichern lässt, wenn seine Seele einen Teil hat, der an kein körperliches Organ gebunden ist, vom menschlichen Leib nicht beeinflusst wird und deshalb den Leib auch nicht als sein Werkzeug verwenden kann (ebd., 572–575). Hier ist anzumerken, dass sich Brentanos Behauptung, nach Zeller denke „der Mensch in dem Verstande des allgemeinen Geistes" (*PsA*, 35) nicht bestätigen lässt, denn Zeller unterstreicht zwar ständig den allgemeinen Charakter des menschlichen *νοῦς ποιητικός* und zeigt, dass wenn wir ihn in diese Richtung denken, ihn dann mit dem außerweltlichen Gott gleichsetzen müssten (^{3}*PhGE*, 572). Das ist aber nicht seine Lösung des Problems, wie ihm Brentano unterstellt. Seine Ausführungen sollen vielmehr seine Strategie untermauern, die Schwierigkeiten der aristotelischen Konzeption des *νοῦς ποιητικός* deutlich zu machen:[47] Wie lässt sich die Frage nach der Einheit des persönlichen Seelenlebens bei Aristoteles lösen, wenn die Seele aus zwei Teilen besteht, die (außer der Tatsache, dass sie beide demselben menschlichen Lebewesen angehören) kaum etwas gemein haben? (Ebd., 573f.)

Was nun den allgemeinen Rahmen von Zellers Polemik gegen Brentano betrifft, so steht in Zellers Analyse das Verhältnis der Form zum Stoff im Zentrum, in dem Zeller ja den Hauptcharakter des aristotelischen Systems sieht. Er spricht in diesem Zusammenhang vom ungelösten Dualismus von Idee und Erscheinung bei Aristoteles, in dem sich das platonische Erbe seines Denkens zeigt. Dieser Dualismus rührt daher, dass Aristoteles in seinem System seine starke Neigung zur empirischen Forschung mit der platonischen Kunst der Begriffsentwicklung zu verbinden sucht (ebd., 169–173, 797f., 805). Aus diesem Grund kann er die starke Trennung zwischen der für sich bestehenden Idee und der Erscheinung bei Plato nicht akzeptieren, denn er betrachtet die

47 Auch die Ausführungen über den Ursprung des menschlichen Nous bei Aristoteles hat Zeller mit expliziter Bezugnahme auf Brentano in der dritten Auflage seines Werkes erheblich erweitert, nämlich von vierzehn Zeilen (von S. 456, Zeile 20 bis S. 457, Zeile 10) in der zweiten Auflage zu mehr als zwei Seiten (von S. 593, Zeile 23 bis Seite 595 einschließlich) in der dritten Auflage. Das Leitmotiv von Zellers Erörterungen bleibt dasselbe, nämlich dass Aristoteles keine befriedigende Antwort auf die Frage hat: „[…] wie ein immaterielles Prinzip, das mit dem Körper schlechterdings nichts zu tun hat und kein körperliches Organ besitzt, dem Samen einwohnen und sich in ihm fortpflanzen soll, lässt sich nicht absehen" (^{3}*PhGE*, 543f.). In der 2. Auflage seiner Schrift macht Zeller darauf aufmerksam, dass wegen dieser Unklarheit sich sowohl traduzianistische als auch kreatianistische Lehren auf Aristoteles berufen konnten (Zeller 1862, 457; über die Bedeutung der Termini „Kreatianismus" und „Traducianismus" vgl. unten LI).

unkörperliche Form als das eigentümliche Wesen der Dinge. Dementsprechend besteht sie nicht an sich und getrennt von dem Einzelwesen, sondern hat ihrem Sitz in ihm. Dadurch ist die Form bei Aristoteles nicht nur „ursprüngliche und vollendete Wirklichkeit" wie die platonische Idee, sondern darüber hinaus die gestaltende, schöpferische Kraft der Dinge, die sich in ihrem Stoff darstellt (ebd., 798f.).

Aufgrund der Analyse der wichtigsten Gebiete der aristotelischen Philosophie kommt Zeller zu dem Schluss, dass es Aristoteles nicht gelungen sei, den genannten Dualismus zu überwinden, denn in seinem System zeigt sich „die Unmöglichkeit [...], den Begriff und die Erscheinung zu einer wirklichen Einheit zusammenzufassen, nachdem einmal in der Bestimmung der letzten Gründe ihr ursprünglicher Gegensatz ausgesprochen ist" (ebd., 176; vgl. auch 799–805). In der Psychologie wird dieser Dualismus in der schwierigen Frage nach der Einheit der unterschiedlichen aristotelischen Seelenteile und ihrem Verhältnis zum menschlichen Leib sichtbar:

> Eine weitere Schwierigkeit ergab sich aus den aristotelischen Bestimmungen über die lebenden Wesen, und namentlich über den Menschen, sofern es nicht leicht ist, die verschiedenen Seelentheile sich innerlich verknüpft zu denken [...]. Ihre Spitze erreicht aber diese Schwierigkeit in der Aufgabe, die Vernunft des Menschen mit den niedrigeren Seelenkräften zur persönlichen Lebenseinheit zusammenzufassen und ihren Antheil an den geistigen Thätigkeiten und Zuständen zu bestimmen; das leidenslose und vom Körper getrennte Wesen [des *νοῦς ποιητικός*; I. T.] sich zugleich als Theil einer Seele zu denken, welche als solche die Entelechie ihres Körpers ist, der Persönlichkeit ihren Ort zwischen den zwei Bestandtheilen der menschlichen Natur anzuweisen, von denen der eine für sich zu hoch, der andere zu tief steht." (Ebd., 803; vgl. auch 593)

Aus diesem Grund kann der *νοῦς ποιητικός* nichts zur Einheit des persönlichen Lebens beitragen und die Verbindung zwischen ihm und dem Leib bleibt rein äußerlich (ebd., 577f., 602, 604; vgl. dagegen *PsA*, 196). Zellers Hauptidee, die von Brentano schon in *PsA* abgelehnt wurde, besteht darin, dass derjenige Teil der menschlichen Seele, der unsterblich, getrennt von dem Körper, leidenslos, ewig und von vollendeter Wirklichkeit ist, nämlich der menschliche *νοῦς ποιητικός*, nicht individuell, sondern universell ist und vor der Zeugung existiert (ebd., 572f., 577, 593).[48] Auch wenn er im Prozesses der Zeugung in den menschlichen

48 Zur schwierigen Position Zellers angesichts der Individualität der menschlichen Seele als Form des Körpers vgl. Menn (2010, 113ff.), der Zellers Auseinander-

Fötus eingeht, bleibt er dem leiblichen Teil des Menschen äußerlich, denn weder ist er an seiner Entwicklung beteiligt, noch ist er an ein körperliches Organ gebunden, und er bedient sich auch nicht des Leibes als seines Werkzeugs, so wie es bei allen anderen seelischen Vermögen der Fall ist (ebd., 572ff., 593f.). Da aber die Individuation jedes Seeelenteils von ihrer Verbindung mit dem Leib herrührt und dem *νοῦς ποιητικός* eine solche fehlt, glaubt Zeller, dass wir es hier mit einer Frage zu tun haben, auf die Aristoteles keine klare Antwort gibt:

> Denn das menschliche Individuum, ein Kallias oder Sokrates, entsteht nach Aristoteles nur dadurch, dass sich die an sich allgemeine Form des Menschen mit diesem bestimmten menschlichen Leibe verbindet [...]; auch eine individuelle menschliche Vernunft wird daher nur dadurch entstehen können, dass *die* Vernunft in einen Menschenleib einzieht und sich desselben als ihres Werkzeugs bedient; wie sie dagegen die Vernunft dieses bestimmten Individuums, dieses vernünftige Ich sein könnte, wenn sie mit gar keinem Leibe verbunden ist, oder trotz ihrer Verbindung mit demselben kein körperliches Organ hat und keinen Einfluss vom Körper erfährt, lässt sich nicht absehen. (Ebd., 573f.; *LAE*, 1048)

Aus diesem Grund ist Zeller der Meinung – wieder im Widerspruch zu Brentano –, dass nur ein allgemeiner Nous den Tod überdauert ([3]*PhGE*, 604ff.; vgl. dagegen *PsA*, 128ff.). Zugleich fasst er die Abwesenheit einer klaren Antwort auf die Frage nach der Individualität des *νοῦς ποιητικός* und nach seiner Einheit mit den anderen Seelenteilen als Zeichen von Aristoteles' Unfähigkeit auf, das Problem der Individualität in seiner Metaphysik zu klären:

> So wenig uns seine Metaphysik einen klaren und widerspruchlosen Aufschluss über die Individualität gab, ebenso wenig gibt uns seine Psychologie einen solchen über die Persönlichkeit. Wie es dort unentschieden blieb, ob der Grund des Einzeldaseins in der Form oder im Stoff liege, so bleibt es hier im Dunkeln, ob die Persönlichkeit in den höheren oder den niederen Seelenkräften, in dem unsterblichen oder dem sterblichen Theil unserer Natur liegt. ([3]*PhG*E, 606)

Vor diesem Hintergrund betont Zeller wiederholt, dass Aristoteles zu wenig über dieses Problem sagt, und dass er es schlussendlich nie „mit wissenschaftlicher Bestimmtheit" angepackt hat ([3]*PhGE*, 572, 592ff.).[49]

setzung mit von Hertling und Brentano angesichts dieses Problems kritisch referiert.

49 Auch wenn Zeller glaubt, dass das aristotelische System „ein wohlgegliedertes,

Wie schon gesagt ist Brentano der wohl wichtigste Gesprächspartner Zellers in seiner Analyse der aristotelischen Seelenlehre. Dabei verläuft Zellers kritische Auseinandersetzung mit ihm sowohl auf philologischer als auch auf sachlicher Ebene. Was die sachliche Ebene betrifft, so zieht Zeller sowohl im Haupttext[50] als auch in zahlreichen Anmerkungen fast alle Thesen, auf denen Brentanos Argumentation in *PsA* aufbaut, in Zweifel: Brentanos Gleichsetzung des *νοῦς παθητικός* mit der Phantasie und die Unterscheidung des ersteren von dem *νοῦς δυνάμει*, der von Brentano als ein die intelligiblen Formen aufnehmendes Vermögen aufgefasst wird (*PsA* 165, 173f. und passim; vgl. dagegen ³*PhGE*, 576f.); die Unsterblichkeit des *νοῦς δυνάμει* (*PsA*, 205; dagegen ³*PhGE*, 571, 603f.); die These der Individualität des *νοῦς ποιητικός* sowohl beim lebenden Menschen als auch nach seinem Tod (*PsA*, 128ff.; ³*PhGE*, 604ff.[51]); und auch die These der Einwirkung Gottes beim Eingehen

nach Einem Grundgedanken mit sicherer Hand entworfenes Lehrgebäude" sei, ist er jedoch der Meinung, dass es dem Stagiriten „nicht gelungen ist, die leitenden Gesichtspunkte seines Systems in widerspruchsloser Weise zu verknüpfen." (³*PhGE*, 801) Brentano hingegen betont die Harmonie des aristotelischen Denkens: „Aber unsere Bewunderung wächst, wenn wir auf das Verhältniss seiner Erkenntnisstheorie zu seinen übrigen psychologischen Lehren und zu seiner ganzen Weltanschauung achten. Es besteht eine schöne Harmonie zwischen dem Verhältnisse, in welchem nach ihm einerseits Geist und Leib des Menschen, und andererseits Denken und Empfinden zu einander stehen. Die Verschiedenheit sowohl als die innige Verbindung beider hält er hier und dort in gleichem Masse aufrecht: und wie nach ihm der geistige Theil des Menschen zwar allerdings seine Vorbereitung im Leiblichen hat und mit der höchsten Entwickelung der Materie in den Fötus eingeht, dennoch aber nicht mit dem Leibe vermischt ist, oder aus der Kraft des körperlichen Erzeugers, sondern aus der des schöpferischen Geistes stammt: so setzt nach Aristoteles auch das intellective Erkennen zwar allerdings eine Vorbereitung in dem sensitiven Theile voraus und zeigt sich von dem Wirken der sensitiven Objecte nicht ganz unabhängig." (*PsA*, 230; über den harmonischen Charakter von Aristoteles' Denken vgl. auch *AW*, 13.)

50 Außer Brentano bezieht sich Zeller im Haupttext des genannten Kapitels nur noch auf Trendelenburg.

51 Hinsichtlich der These des persönlichen Charakters des *νοῦς ποιητικός* nach dem Tod sagt Zeller mit Bezug auf Brentano: „Und auf *diese* Frage zu antworten hat auch BRENTANO Psychol. d. Arist. S. 128f. nicht versucht; wiewohl vielmehr die Seele nach der Trennung vom Leibe etwas individuelles bleiben soll, räumt er doch ein, sie werde dann freilich ‚keine complete Substanz' mehr sein, und das gleiche wiederholt er S. 196f. Wie aber der Mensch noch die gleiche Person sein kann, wenn er die ‚vollendete Substanz', welche er im gegenwärtigen Leben ist, zu sein aufgehört hat, lässt sich nicht einsehen; davon nicht zu reden, dass

des *νοῦς ποιητικός* in den menschlichen Leib (^{3}*PhGE*, 594f.; *PsA*, 198ff.). Solche Gedanken, das ist der allgemeine Tenor von Zellers Ausführungen, haben entweder keine Grundlage im aristotelischen Text oder stehen kaum mit den Grundprinzipien des aristotelischen Systems im Einklang (^{3}*PhGE*, 571, 576f., 594f., 604f.).

Unter diesen Umständen lässt sich nicht nur von „Brentanos Habilitationsschrift über die Psychologie des Aristoteles als Antwort auf Zeller" sprechen, wie Dieter Münch seine Abhandlung betitelt hat (Münch, 1995/96), sondern auch von Zellers Kapitel über den menschlichen Nous in seiner *Geschichte der griechischen Philosophie* als Antwort auf Brentano. Wie wir von seinen Schülern (Stumpf 1919, 146; Husserl 1919, 160f., 164) wissen, reagierte Brentano sehr empfindlich auf die Kritik, sodass es nicht verwundert, dass er trotz seiner sonstigen publizistischen Zurückhaltung nach dem Erscheinen der dritten Auflage von Zellers Arbeit über Aristoteles nicht weniger als drei Schriften als Antwort darauf veröffentlichte, um von anderen Arbeiten über Aristoteles wie z. B. *AW*, die nicht ausschließlich dieser Frage gewidmet sind, ganz zu schweigen.

Der vorliegende Band gehört in diesen weiteren Zusammenhang, der von Zellers Antwort auf Brentanos Kritik, die dieser in *PsA* an ihm geübt hatte, abgesteckt wird. Aus diesem Grund sollte er nicht selbständig, sondern als Weiterführung von Brentanos Erörterungen über den aristotelischen *νοῦς ποιητικός* in der Habilitationsschrift gelesen werden. Wie wir schon gesehen haben, macht dieses Problem einer der wichtigsten philosophischen Höhepunkte der Vergangenheit aus, mit dem sich jeder systematische Philosoph einer aufsteigenden Phase zu befassen hat, um ihn im Einklang mit den Herausforderungen seiner Zeit weiterzudenken. Der erste Teil des Bandes: „Sechs Untersuchungen zum Nachweis des Kreatianismus als aristotelischer Lehre" wurde von Brentano schon 1882 unter dem Titel „Über den Creatianismus des Aristoteles" als Erwiderung auf Zellers Bemerkungen in der dritten Auflage von *PhGE* veröffentlicht. Zellers Aufsatz „Über die Lehre des Aristoteles von der Ewigkeit des Geistes" (1882) stellt seine Reaktion auf diese Schrift dar,[52] der wiederum Brentanos *Offener Brief an Herrn Professor Dr. Eduard Zeller* (1883) folgte. Zellers kurze Besprechung der eben genannten beiden Schriften

---

der wiedersprechende Begriff einer unvollständigen Substanz im aristotelischen System keinen Raum hat." (^{3}*PhGE*, 604, Anm. 5)

52 Das Separatum dieses Aufsatzes in Brentanos wissenschaftlicher Handbibliothek ist so stark annotiert, dass es beinahe als Manuskript zu betrachten ist. Die Handbibliothek befindet sich am Franz Brentano-Archiv Graz.

Brentanos in *Deutsche Litteraturzeitung* 1883. Nr. 7 stellt den Abschluss dieser Auseinandersetzung zu Zellers Lebzeiten dar. Darin besteht Zeller weiter auf seiner Position und behauptet, Brentanos Replik sei auf keinen Fall überzeugend „für jemanden, der seine Ansicht nicht schon vorher teilt", und zählt die wichtigsten Dissenspunkte auf (Zeller 1883, 229).

Wie Rolf George gezeigt hat, schrieb Brentano in den folgenden zwei Jahrzehnten nichts über Aristoteles. Seine erneute Beschäftigung mit der Philosophie des Stagiriten fällt in die Zeit nach der Jahrhundertwende, als Brentano den Plan fasste, eine Gesamtdarstellung der aristotelischen Philosophie zu verfassen. Dabei zieht er wieder Zellers *Geschichte der griechischen Philosophie* in Betracht (George 1980, VIII; 1986, X).[53] Die 1910 erfolgte Veröffentlichung des ersten Bandes von Zellers *Kleine Schriften*, wo auch seine Abhandlung „Über die Lehre des Aristoteles von der Ewigkeit des Geistes" enthalten war, bot Brentano den unmittelbaren Anlass, seine Schrift über den Kreatianismus des Aristoteles zu revidieren und ihm einen zweiten Teil: „Die Einwände von Eduard Zeller und ihre durchgängige Wiederlegung" hinzuzufügen. Die so entstandene Arbeit wurde ein Jahr später unter dem Titel *Aristoteles Lehre vom Ursprung des menschlichen Geistes* veröffentlicht.[54] Wie es oft in solchen Situationen der Fall ist, nahm keiner von den Teilnehmern an der Debatte die Argumente der anderen Partei als eine Gelegenheit wahr, die eigenen Thesen gründlich zu überdenken. Im Gegenteil, aufgrund einer erneuten Prüfung der aristotelischen Texte und der Argumente des Gegners verhärteten sich die Positionen und es wurden lediglich die Argumente zur Widerlegung der Thesen des Gegners vermehrt. Das zeigt sich besonders klar bei Brentano, der nach Zellers Tod 1908 das letzte Wort in der Debatte hatte. Er beschränkte sich nicht nur auf ein paar Bemerkungen oder auf einen Aufsatz wie Zeller, sondern erweiterte die schon 1882 veröffentlichte Abhandlung zu einem ganzen Buch, indem er ihr einen dreimal so umfangreichen Teil hinzufügte, in dem er Zellers Thesen viel ausführlicher als im *Offener Brief* darstellte und zu widerlegen versuchte. Trotz der Zugeständnisse, die er Zeller dabei ab und zu macht und trotz der Nuancierung vorheriger Behauptungen (*ALU*, 50, 53 und passim) besteht

53 Th. Binder machte mich darauf aufmerksam, dass Brentano dabei auch Gomperz' *Geschichte der antiken Philosophie* berücksichtigte, deren dritter Band der Philosophie des Aristoteles gewidmet ist (Gomperz 1909; zur kritischen Einstellung Brentanos zu Gomperz vgl. *ÜA*, 388ff.).

54 Im gleichen Jahr veröffentlichte Brentano *Aristoteles und seine Weltanschauung.* In der Schrift über den Kreatianismus weist er wiederholt auf die Ausführungen in *AW* (*ALU*, 34, 114, 125 und passim) hin, ebenso wie auf das Kapitel „Aristoteles" in Asters *Grosse Denker* (Aster, 1911, 153–207).

er weiter auf seiner Grundthese über den kreatianistischen Charakter von Aristoteles' Lehre vom Ursprung des Nous, was bei ihm mit der These vom schaffenden Wirken Gottes in Bezug auf die Welt eng verbunden ist.

Was den allgemeinen Rahmen der Diskussion betrifft, ist der folgende Kommentar Zellers von Bedeutung:

> Wie nun die allgemeinere Frage nach der Entstehung des Seelenlebens überhaupt drei Antworten zulässt, für deren eine man sich entscheiden oder ein Mittleres zwischen ihnen suchen muss, den Traducianismus, den Creatianismus und die Annahme einer Präexistenz, so gilt das gleiche auch von der specielleren nach der Entstehung der Vernunft. Man kann dieselbe entweder zugleich mit dem Leibe und durch die gleichen Faktoren wie diesen erzeugt werden lassen; oder man kann annehmen, dass sie durch einen schöpferischen Akt der Gottheit zu dem Leib und den niedrigeren Seelenkräften hinzugefügt werde; oder man kann sie mit Plato, wie es sich auch mit ihrer ersten Entstehung verhalten möge, der des menschlichen Individuums, dem sie inwohnt, in ihrem Dasein vorangehen lassen. Von diesen drei Annahmen ist nun die erste bei Aristoteles, wie allgemein anerkannt ist, durch die Natur der Sache wie durch seine eigenen Erklärungen ausgeschlossen […]. (*LAE*, 1033f.)

Es kommt hinzu, dass Zeller am Anfang seines Aufsatzes von 1882 die Geschichte der Rezeption des Problems bei den antiken Kommentatoren des Aristoteles und im Mittelalter untersucht und wiederholt unterstreicht, dass „die christlichen Theologen" bzw. die „christlichen Aristoteliker des Mittelalters", in erster Linie Thomas von Aquin, dem Kreatianismus den Vorzug gegeben haben, um danach auf den scholastisch-kreatianistischen Charakter von Brentanos Interpretation zu verweisen (*LAE*, 1034f, 1039, 1051; Zeller 1883, 228).[55] Zeller hat zwar Recht

55 Im *Offenen Brief* gibt es einige Stellen, die den scholastischen Einfluss auf Brentanos Interpretation deutlich erkennen lassen: „Daher [nämlich weil etwas ‚nicht vorher Ursache sein [kann] ehe die Wirkung eintritt'; I. T.] sagen die christlichen Aristoteliker, welche die Lehre des Aristoteles von der Ewigkeit der Welt aufgeben, […] der Name ‚Schöpfer' komme Gott nicht von Ewigkeit zu […]. (Vgl. Thom. Aquin. Summ. Theol. I^{a} q. 13 a. 7.)." (*OB*, 22) „Denn hätte er [der Nous; I. T.] (was vielleicht eher sich verteidigen liesse) nach Aristoteles nicht zwar, wie bei den Scholastikern, erst am Abschlusse der fötalen Entwickelung, aber doch nur um weniges früher im Samen des Vaters seinen Anfang genommen" (ebd., 24). Das Kapitel: „Zellers neu ersonnene Erklärung von Met. Λ, 3. 1070 a 21 und ihre Unmöglichkeit" (ebd., 17–25), zu dem die zwei Stellen gehören, wurde zum größten Teil in die Abhandlung Brentanos von 1911 übernommen (*ALU*, 84–91). Dabei wurden die beiden eben angeführten Stellen gestrichen. Es ist

darin, dass es genau diese mittelalterliche Tradition ist, deren zentralen Thesen sich Brentano als Aristoteles-Kommentator zu eigen macht, übersieht aber, dass es bei Brentano um mehr geht, nämlich um die Wiederbelebung eines „zeitlosen Problems" der Philosophiegeschichte, dessen Behandlung in jeder aufsteigenden Phase zu den wichtigsten Aufgaben eines systematischen Philosophen gehört.

Was Brentano betrifft, so stimmt er Zeller zu, dass die wichtigste Frage die ist, „ob Aristoteles Kreatianer war oder eine Präexistenz des höchsten Teiles der Seele behauptete" (*ALU*, 8). Seine Abhandlung über den Kreatianismus beginnt mit der Darstellung seines Programms als Aristoteles-Interpret, dessen Ziel es ist, das Verständnis der aristotelischen Lehre durch die Erschließung neuer Hilfsquellen – nämlich von Thomas' Kommentaren zu Aristoteles – zu fördern (*ALU*, 1; *MBS*, 181f.; *PsA*, 24f.). Darüber hinaus sind die hier zur Diskussion stehenden Arbeiten Brentanos über den Kreatianismus auch deshalb von Bedeutung, weil sie uns erlauben, die Art und Weise zu betrachten, in der Brentano seine Mereologie in der Analyse der aristotelischen Seelenlehre

nicht klar, ob das zufällig erfolgte oder nicht, aber ist es wohl möglich, dass Brentano für die Arbeit von 1911 einen neuen, viel neutraleren Titel: *Aristoteles Lehre vom Ursprung des menschlichen Geistes* auswählte, weil er nicht von vornherein durch den Ausdruck „Kreatianismus" auf die scholastische Färbung seiner Interpretation verweisen wollte. Nur nebenbei sei bemerkt, dass es im Manuskript *A.1.1.1* des dritten Kapitels über die Wahrheit aus seiner Dissertation mehrere Ausdrücke gibt: „actus essendi", „Actualität", „Composition von Subject und Prädicat", „substantielles Sein" (vgl. z. B. *A.1.1.1*, 24), die Thomas' Einfluss auf Brentanos Arbeit erkennen lassen. Aber in der veröffentlichten Fassung des Werkes sind fast alle diese Hinweise verschwunden, eben weil Brentano nicht den Eindruck erwecken wollte, dass seine Arbeit das Ziel verfolgte, „dem Doctor Angelicus einen neuen Titel des Ruhms" zu sichern (*ALU*, 1). All diesem zum Trotz wirft ihm J. F. Reiff, der Gutachter der Dissertation Brentanos, den „so beschränkten Standpunkt" in der Behandlung der Kategorien vor und bemerkt, dass dieser „zur mittelalterlichen Autorität des Aristoteles zurückführt". Vgl. E. u. W. Baumgartner, Hedwig, 2017, 100; vgl. auch Goes 1999–2001, 26; die letzte Bemerkung ist Tănăsescu 2021, 71, Anm. 104 entnommen worden; vgl. dazu Tănăsescu 2021, 35f, 66, 70ff.; vgl auch Antonelli und Sauer 2014, LXVIII, LXXVf. Das Manuskript *A.1.1.1* wurde von Thomas Binder und Georg Gimpl 1999 im ehemaligen Sommerhaus Brentanos in Schönbühel bei Melk entdeckt (briefliche Mitteilung vom 27. März 2018). Hinsichtlich der Wichtigkeit von Thomas' Kommentaren zu Aristoteles für Brentanos erste Entwürfe seiner Dissertation behauptet Hedwig: „[…] es fällt auf, dass die Analysen in ihrer Fachterminologie geradezu selbstverständlich mit scholastischen Begriffen operieren. In die eigenen Interpretationen fließen zwanglos Zitate, Verweise und Exzerpte der Thomaskommentare ein" (Hedwig 2012).

einsetzt: Die noetische Seele ist ein wirklicher Teil der beseelenden Form des menschlichen Individuums, der nach seinem Tod aufhört, Teil zu sein, um „als rein geistig“ Seiendes weiterzubestehen (*ALU*, 72–75, 79).[56]

Dabei schenken sowohl Brentano als auch Zeller Aristoteles’ Ausführungen über die Unterscheidung zwischen der wirkenden Ursache und der Zweckursache in Met. XII 3 besondere Aufmerksamkeit (*LAE*, 1048f.; *OB*, 17–25; *ALU,* 16ff., 47–65). Was diese Debatte betrifft, so entfaltet sie sich sowohl auf metaphysischer als auch auf psychologischer Ebene. Aus metaphysischer Perspektive dreht sich die Auseinandersetzung um die Frage, ob die aristotelische Gottheit nur Zweckursache oder aber sowohl Zweck- als auch wirkende Ursache ist, was bei Brentano einschließt, dass sie sowohl die schaffende Ursache des Weltalls als auch die des menschlichen *νοῦς ποιητικός* ist. Als Zweckursache ist der aristotelische Gott laut Zeller auch wirkende Ursache, weil er die Welt genauso bewegt wie der geliebte Gegenstand denjenigen, der ihn liebt, in Bewegung bringt, eine These, die mit seiner Position über die Präexistenz des Nous gut in Einklang steht ([3]*PhGE* 374; *LAE*, 1051ff., 1055). Brentano hingegen ist mit Zellers Engführung des wirkenden Charakters Gottes auf seine Rolle als Zweckursache nicht einverstanden, sondern fasst Gottes Wirkung in einer Weise auf, die dessen schöpferische Tätigkeit involviert, und wiederholt diese These in allen der Kontroverse mit Zeller gewidmeten Schriften (*PsA*, 234–250; *OB*, 25–32; *ALU*, 26–33, 123–133; *AW,* 77ff.).[57]

Aus der Vielfalt der psychologischen Aspekte der Debatte sei hier nur das Problem des Ursprungs des aristotelischen *νοῦς ποιητικός* aufgegriffen, wie es in De gen. anim. II, 3 und De an. III, 5 formuliert ist.

56 In diesem Zusammenhang unterscheidet Brentano genau zwischen „Wirklichkeit“ und „in Wirklichkeit Seiendem“: „Der Nus, während er Teil des Menschen ist, gehört zur Form des Menschen, und sowohl die ganze Form, als auch insbesondere ihr immaterieller noetischer Teil wird von Aristoteles Wirklichkeit genannt. Aber als ein in Wirklichkeit Seiendes kann weder die ganze Form noch dieser immaterielle Teil der Form betrachtet werden, sondern nur der Mensch, welcher das einheitliche wirkliche Ding ist, zu dem sie als Teile gehören.“ (*ALU*, 73)

57 Berti (2019, 199ff.) und ihm folgend Menn (2010, 94) akzeptieren Brentanos These, Gottes Wirken auf die Welt lasse sich nicht auf seine Rolle als Zweckursache (Zeller) reduzieren. Berti zeigt auch (2018, 202), welche Argumente sich für ein Wirken des aristotelischen Gottes anführen lassen, das sich nicht auf seinen zweckursächlichen Charakter beschränkt. Ross lehnt genauso wie Zeller den Gedanken der schöpferischen Tätigkeit der aristotelischen Gottheit strikt ab. Andererseits behauptet er: „the causal action of the prime mover is somewhat obscure“ (Ross 1924, CXXXV–CXXXI), was Berti als einen Hinweis für die Richtigkeit seiner Interpretation bewertet (Berti 2018, 202).

In De gen. anim. II, 3 trägt Aristoteles seine allgemeine Lehre von der Entstehung der vegetativen, sensitiven und intellektiven Seele vor.[58] Hinsichtlich der letzten unterstricht er: *„λείπεται δὲ τὸν νοῦν μόνον θύραθεν ἐπεισιέναι καὶ θεῖον εἶναι μόνον· οὐ θὲν γὰρ αὐτοῦ τῇ ἐνεργείᾳ κοινωνεῖ σοματικὴ ἐνέργεια.*“ (De gen. anim. II, 3, 736 b 27–29: „es bleibt also nur übrig, daß der Nus allein von außen dazu hineinkommt und göttlich ist, denn an seiner Tätigkeit nimmt keine körperliche Tätigkeit teil“; übersetzt von Brentano: *ALU*, 102). Von den drei Seelenteilen ist mithin die intellektive Seele die einzige, die nicht im Embryo dank der Einwirkung des männlichen Samens auf die weibliche Materie, die Katamenien, gebildet wird, sondern von außen kommt. Die Tatsache, dass Aristoteles an der angeführten Stelle der Seele die Eigenschaft „göttlich zu sein“ zuschreibt, stellt für Brentano einen ausreichenden Grund dar, um auf ihren göttlichen Ursprung zu schließen (*PsA*, 234–250; *ALU*, 47–65, 101–110). Zeller hingegen liest die Stelle im Sinne seiner These von der Präexistenz der Seele (*LAE*, 1040ff.).

Das fünfte Kapitel des drittes Buches von De an. 430 a 23–25 endet wie folgt: *„οὐ μνημονεύομεν δὲ, ὅτι τοῦτο μὲν ἀπαθές, ὁ δὲ παθητικὸς νοῦς φθαρτός, καὶ ἄνευ τούτου οὐθὲν νοεῖ.*“ („Wir haben (dann) aber keine Erinnerung, weil dieser [der *νοῦς ποιητικός*; I. T.] leidensunfähig ist, die leidensfähige Vernunft hingegen vergänglich ist, und ohne diese jenes nichts (von dem Erinnerbaren) erkennt.“ Aristoteles 1995, 173)

Zeller übersetzt *„οὐ μνημονεύομεν*“ als „wir erinnern uns nicht“, und versteht es hauptsächlich mit Bezug auf die Präexistenz des *νοῦς ποιητικός* vor der Geburt (*LAE*, 1045ff.). Unter diesen Umstände wird die Tatsache, dass wir uns nicht an jenes Leben erinnern, durch seine Leidensunfähigkeit erklärt. Auf diese Weise erhält Aristoteles die platonische Lehre von der Präexistenz des Nous aufrecht, die er schon früher geteilt hat (ebd., 1035; Zeller 1883, 228f.). Brentano hingegen bezieht *„οὐ μνημονεύομεν*“ im Einklang mit Trendelenburg auf das jetzige Leben und schlägt die folgende Lesart vor: „Denn warum sollte *‚οὐ μνημονεύομεν δὲ*‘ nicht heissen können: ‚wir vergessen aber‘, ‚wir verlieren aber etwas aus dem Gedächtnis‘, oder vielmehr ‚es kommt aber vor, dass wir etwas aus dem Gedächtnis, aus der Erinnerung verloren haben‘?“ (*OB*, 15) Dabei wird die genannte Stelle parallel zu De an. I 4, 408 b 24–29 gelesen. An

58 Zeller behandelt diese Frage in Zeller (1882, 1040–1042). Mit Ausnahme der Zeilen 2–4 auf Seite 1042 gibt Brentano Zellers Text in dem zweiten Teil seiner Schrift von 1911 wieder, gliedert seine Analyse in sechs Teile und weist alle gegen ihn gerichteten Einwendungen zurück (*ALU*, 47–65). Schon George (1980, XII) machte auf die philologischen Tüfteleien aufmerksam, die in dieser Polemik involviert sind.

dieser Stelle unterscheidet Aristoteles genau zwischen der Leidensunfähigkeit des vernünftigen Einsehens einerseits und der Vergänglichkeit des Denkens, der Liebe und des Hasses andererseits, die eben deshalb, weil sie Eigenschaften des Menschen als aus Seele und Leib bestehenden Ganzen sind, mit dem Alter schwächer werden. Auf jedem Fall stellt die Gegenüberstellung: vernünftiges Einsehen – Denken, Liebe – Hass und ihrer Attribute in De an. I, 4, 408 b 24–29 für Brentano einen ausreichenden Grund dar, „οὐ μνημονεύομεν" in De an. III, 5, 430 a 24f. nicht auf das vorige, sondern auf das jetzige Leben zu beziehen (*PsA*, 206ff.; *ALU*, 10, 44; *OB* 32f; über diese Stelle vgl. auch *LAE*, 1046f.).[59]

Brentanos publizistische Zurückhaltung ist bekannt. Die narzisstische Kränkung, die Zellers scharfe Kritik an seinen Thesen bewirkte, hat unter anderem dazu geführt, dass er 1911 zwei Bücher veröffentlichte, in denen er die Auseinandersetzung mit Zeller in metaphysischen Fragen weiterführte, von seinen unveröffentlichten Manuskripten über Aristoteles ganz zu schweigen.[60] Wie gesagt lehnen die Aristoteliker des 20. Jahrhunderts Brentanos scholastisch geprägte Interpretation des schöpferischen Charakters der aristotelischen Gottheit ab, obwohl sie alle auch darin übereinstimmen, dass Brentano gewisse Probleme bei Aristoteles subtiler ausgedeutet hat als Zeller. Im Vergleich mit seinen früheren Arbeiten über Aristoteles wurden diese späten Schriften von der Brentano-Forschung wenig beachtet. Ich bin jedoch der Meinung, dass es wichtig ist, ihre Bedeutung genau zu erfassen und vor allem – um einen Ausdruck der Tübinger Schule zu verwenden – ihren Zusammenhang mit Brentanos gesamter philosophischer Auffassung zu würdigen. Ihre Bedeutung besteht nicht zuletzt in der Forderung, dass der Philosoph jeder neuen Aufstiegsphase nicht nur die Aufgabe hat, eine der naturwissenschaftlichen entsprechende Methode auf das Studium der psychischen und physischen Phänomene zu verwenden. Darüber hinaus – und das war für Brentano vielleicht ein noch größeres Anliegen – hat er auch zu den Höhepunkten des metaphysischen

59 Dieselbe interpretative Doppeldeutigkeit gilt hinsichtlich anderer Ausdrücke sowohl an der genannten als auch an anderen Stellen aristotelischer Schriften über dieses Problem. Z. B. wird „θεῖον εἶναι μόνον" (De. gen. anim. II, 3, 736 b 28) von Zeller (1882, 1036f.) als „allein göttlich sein" gelesen. Brentano hingegen versteht den Ausdruck als von Gott geschaffen, „von Gott erschaffen" oder „von Gott uns geschenkt" (*ALU* 18f.) Über die bisher diskutierte psychologische Problematik vgl. auch Ross 1914, 289ff.

60 Wie die von George herausgegebenen Texte zeigen, hat Brentano seine Auseinandersetzung mit Zeller in zahlreichen Manuskripten weitergeführt (*ÜA*, 590).

Denkens der Vergangenheit zurückzukehren, um die dort aufgeworfenen Fragen wieder aufzunehmen, zu ergänzen und weiterzudenken. Auf diese Weise hört die Geschichte der Philosophie auf, Geschichte zu sein und wird systematisches Weiterdenken derjenigen ewigen Fragen, auf deren Behandlung die Philosophie im Interesse der Menschheit nicht verzichten kann (*ZPh*, 98).[61]

Literaturverzeichnis

Abkürzungen für Brentanos Schriften und Manuskripte

A.1.1.1 Manuskript von Brentanos Dissertation, das 1999 von Th. Binder und G. Gimpl in Schönbühel entdeckt wurde.

ALU *Aristoteles Lehre vom Ursprung des menschlichen Geistes* (1911). R. George (Hrsg.). Hamburg: Meiner, ²1980.

AW *Aristoteles und seine Weltanschauung* (1911). Hamburg: Meiner, ²1977.

DG *Vom Dasein Gottes* (1929). A. Kastil (Hrsg.). Nachdruck Hamburg: Meiner, 1968.

GGPh *Geschichte der griechischen Philosophie* (1963). F. Mayer-Hillebrand (Hrsg.). Bern: Franke, ²1988.

GkW „Geschichte der kirchlichen Wissenschaften“ (1867). In: J. A. Möhler, *Kirchengeschichte*, Bd. 2, P. B. Gams (Hrsg.). Regensburg: Manz, 526–584.

GMPh *Geschichte der mittelalterlichen Philosophie im christlichen Abendland* (1980). K. Hedwig (Hrsg.). Hamburg: Meiner.

GPhN *Geschichte der Philosophie der Neuzeit* (1987). K. Hedwig (Hrsg.). Hamburg: Meiner.

MBS *Von der mannigfachen Bedeutung des Seienden nach Aristoteles* (1862). W. Sauer (Hrsg.). In: F. Brentano, *Sämtliche veröffentlichte Schriften*, Bd. 4, Th. Binder, A. Chrudzimski (Hrsg.). Frankfurt/Berlin: De Gruyter, 2014.

OB *Offener Brief an Herrn Professor Dr. Eduard Zeller* aus Anlass seiner Schrift über die Lehre des Aristoteles von der Ewigkeit des Geistes (1883). Leipzig: Duncker & Humblot.

61 Ich möchte mich bei Thomas Binder vom Franz Brentano-Archiv Graz herzlich dafür bedanken, dass er mir die Gelegenheit gegeben hat, diesen Aufsatz zu schreiben. Darüberhinaus bedanke ich mich auch für seine großzügige bibliographische Hilfe und nicht zuletzt für die sprachlichen Korrekturen an dem hier veröffentlichten Text. Für die verbliebenen sprachlichen Ungereimtheiten trage ich allein die Verantwortung.

PeS *Psychologie vom empirischen Standpunkte* (1874). In F. Brentano: *Sämtliche veröffentlichte Schriften*, Bd. 1, Th. Binder, A. Chrudzimski (Hrsg.), Frankfurt a. M.: Ontos, 2008, 1–289.

PsA *Die Psychologie des Aristoteles, insbesondere seine Lehre vom Nous Poietikos* (1867). Nachdruck Darmstadt: Wissenschaftliche Buchgesellschaft, 1967.

ÜA *Über Aristoteles. Nachgelassene Aufsätze* (1986). R. George (Hrsg.). Hamburg: Meiner.

VPhPh *Die vier Phasen der Philosophie* (1926). O. Kraus (Hrsg.). Leipzig: Meiner.

ZPh *Über die Zukunft der Philosophie* (1929). O. Kraus (Hrsg.). Leipzig: Meiner.

Abkürzungen für Zellers Schriften

LAE „Über die Lehre des Aristoteles von der Ewigkeit des Geistes". *Sitzungsberichte der königlich preussischen Akademie der Wissenschaften zu Berlin*, 1882, zweiter Halbband, 1033–1055.

PhGG *Die Philosophie der Griechen. Eine Untersuchung über Charakter, Gang und Hauptmomente ihrer Entwicklung*. Erster Theil: Allgemeine Einleitung. Vorsokratische Philosophie (1844). Tübingen: Fues's Verlag.

[2]*PhGE* *Die Philosophie der Griechen in ihrer geschichtlichen Entwicklung* dargestellt von Eduard Zeller. Erster Theil: Allgemeine Einleitung. Vorsokratische Philosophie (1856). Zweite Auflage. Leipzig: Fues's Verlag.

[3]*PhGE* *Die Philosophie der Griechen in ihrer geschichtlichen Entwicklung*. Zweiter Theil, Zweite Abteilung. Aristoteles und die alten Peripatetiker (1879). Dritte Auflage. Leipzig: Fues's Verlag.

Antonelli, M. (2001): *Seiendes, Bewußtsein, Intentionalität im Frühwerk von Franz Brentano*. Freiburg/München: Alber.

Antonelli M., Sauer W. (2014): „Einleitung". In: *MBS,* XI–XCI.

Aristoteles (1830): *Opera*, ex rec. I. Bekkeri, 2 Bde. (Preuß. Akad.-Ausgabe). Berlin: Reimer.

Aristoteles (1995): *Über die Seele,* mit Einleitung, Übers. (nach W. Theiler) u. Kommentar hrsg. v. H. Seidl. Gr. Text in d. Edition von W. Biehl u. O. Apelt, Gr.-Dt. Hamburg: Meiner.

Baumgartner, E., Baumgartner, W., Hedwig, K. (2017): „Franz Brentano – Die Studienjahre". *Brentano Studien* 15/1, 17–143.

Baur, Ch., F. (1859): *Die Tübinger Schule und ihre Stellung zur Gegenwart.* Tübingen: Fues-Verlag.

Barnes, J. (1988/2018): „Review of F. Brentano, *Über Aristoteles*". *Philosophy and Phenomenological Research* 49, 1, 162–167. Wiederabgedruckt in: M. Antonelli, F. Boccaccini (Eds.). *Franz Brentano. Critical Assessments of Leading Philosophers*, vol. 1. London: Routledge, 102–107.

Berti, E. (2018): „Brentano and Aristotle's Metaphysics". In: R. W. Sharples (Ed.), *Whose Aristotle? Whose Aristotelianism?* Aldershot: Ashgate, 2011. Wiederabgedruckt in: M. Antonelli, F. Boccaccini (Eds.). *Franz Brentano. Critical Assessments of Leading Philosophers*, vol. 1. London: Routledge, 135–149.

Bonitz, H. (1967): „Über die Kategorien des Aristoteles". *Sitzungsberichte der Kaiserlichen Akademie der Wissenschaften*, Philos-hist. Classe, 10/5, 591–645. Nachdruck, Darmstadt: Wissenschaftliche Buchgesellschaft, 1–53.

Brandis, A. (1853): *Handbuch der Geschichte der Griechisch-Römischen Philosophie. Aristoteles und seine akademischen Zeitgenossen*. Zweiten Theils zweiter Abtheilung erste Hälfte. Berlin: Reimer.

Brentano, F., (2011): „Aristoteles". In: E. v. Aster (Hrsg.), *Grosse Denker*, Bd. I. Leipzig: Meyer, 153–207.

Frede, D. (2010): „Zellers Platon-Studien". In: G. Hartung (Hrsg.), *Eduard Zeller. Philosophie- und Wissenschaftsgeschichte im 19. Jahrhundert*. Berlin/New York: De Gruyter, 67–91.

George R. (1978): „Brentano's Relation to Aristotle". *Grazer Philosophische Studien* 5, 249–266.

George, R. (1980): „Einleitung". In: *ALU*, VII–XIV.

George, R. (1986): „Einleitung". In: *ÜA*, IX–XXVII.

George, R., Koehn, G. (2004): „Brentano's relation to Aristotle". In: D. Jacquette (Ed.), *The Cambridge Companion to Brentano*. Cambridge: Cambridge University Press, 20–44.

Goes, M. (1999–2001): „Franz Brentanos Promotion zum Doktor der Philosophie in Tübingen (1862)". *Mitteilungen aus dem Stadt- und Stiftsarchiv Aschaffenburg* 6, 22–28.

Hartung, G. (2006): „Theorie der Wissenschaften und Weltanschauung. Aspekte der Aristoteles-Rezeption im 19. Jahrhundert". *Zeitschrift für philosophische Forschung* 60/2, 290–309.

Hartung, G. (2010): „Eine Schatzkammer des Wissens. Leben und Werk des Gelehrten Eduard Zeller". In: G. Hartung (Hrsg.), *Eduard Zeller. Philosophie- und Wissenschaftsgeschichte im 19. Jahrhundert*, Berlin/New York: De Gruyter, 1–23.

Hedwig, K. (1987): „Einleitung". In: *GPhN*, IX–XXXIX.

Hedwig K. (2012): „‚... eine gewisse Kongenialität'. Brentanos Rückgriff auf Thomas von Aquin in seiner Dissertation". In: I. Tănăsescu (Ed.), *Franz Brentano's Metaphysics and Psychology. Upon the Sesquicentennial of Franz Brentano's Dissertation*. Bucharest: Zeta Books, 95–131; wiederabgedruckt in ders., *Circa Particularia. Studien zu Thomas von Aquin*. M. Gerwing (Hrsg.). Regensburg: Friedrich Pustet, 2015, 321–346.

Hegel, G. W. F. (1986): *Vorlesungen über die Geschichte der Philosophie* (1817–1820), Bd. I. Frankfurt a. M.: Suhrkamp.

Husserl, E. (1919): „Erinnerungen an Franz Brentano". In: O. Kraus (Hrsg.), *Franz Brentano. Zur Kenntnis seines Lebens und seiner Lehre*. München: Beck, 153–167.

Köpf, U. (1994): „Die theologischen Tübinger Schulen". In: U. Köpf, (Hrsg.), *Historisch-kritische Geschichtsbetrachtung: Ferdinand Christian Baur und seine Schüler.* Thorbecke: Sigmaringen, 9–52.

Krantz Gabriel, S. (2017): „Brentano on Darwin I: Teleology". *Brentano Studien* 15/1, 361–372.

Krantz Gabriel, S. (2018). „Brentano on Darwin II: Science". *Brentano Studien* 16, 143–156.

Krantz Gabriel, S. (2022): „Can We Have Scientific Knowledge About God? Brentano on Comte's Metaphysical Skepticism". In: I. Tănăsescu, A. Bejinariu, S. Krantz Gabriel, C. Stoenescu (Eds.), *Brentano and the Positive Philosophy of Comte and Mill. With Translations of Original Writings on Philosophy as Science by Franz Brentano*. Berlin: De Gruyter, 165–183.

Mezei B. M., Smith, B. (1998): *The Four Phases of Philosophy. With an Appendix: The Four Phases of Philosophy and Its Current State by Franz Brentano.* Amsterdam: Rodopi.

Menn, S. (2010): „Zeller and the Debates about Aristotle's Metaphysics". In: G. Hartung (Hrsg.), *Eduard Zeller. Philosophie- und Wissenschaftsgeschichte im 19. Jahrhundert*. Berlin/New York: De Gruyter, 93–122.

Mill, John Stuart (1843): *A System of Logic, Ratiocinative and Inductive, Being a Connected View of the Principles of Evidence, and the Methods of Scientific Investigation.* Vols. I–III. Collected Works VII, J. M. Robson (Ed.). University of Toronto Press, Routledge & Kegan Paul, 1974.

Mill, John Stuart (1843): *A System of Logic, Ratiocinative and Inductive, Being a Connected View of the Principles of Evidence, and the Methods of Scientific Investigation.* Vols. IV–VI. Collected Works VIII, J. M. Robson (Ed.), University of Toronto Press, Routledge & Kegan Paul, 1974.

Münch D. (1995/96): „Die Einheit von Geist und Leib. Brentanos Habilitationsschrift als Antwort auf Zeller". *Brentano Studien* 6, 125–144.

Ross, W. D. (1914): „Review of *Aristoteles Lehre vom Ursprung des menschlichen Geistes*. Von Franz Brentano". *Mind*, XXXIII, 289–291.

Ross, W. D. (1923): *Aristoteles.* New York: Routledge, [6]1995.

Ross, W. D. (1924): „Introduction". In: W. D. Ross (Ed.), *Aristotles' Metaxphysics,* Vol. 1. Oxford: Claredon, XIII–CLXVI.

Ruben, D. H. ([2]2012): *Explaining Explanation.* New York: Routledge.

Scarre, G. (2006): „Mill on Induction and Scientific Method". In: J. Skorupski (Ed.), *Cambridge Companion to Mill.* Cambridge: Cambridge University Press, 112–138.

Stumpf, C. (1919): „Erinnerungen an Franz Brentano". In: O. Kraus (Hrsg.), *Franz Brentano. Zur Kenntnis seines Lebens und seiner Lehre.* München: Beck, 87–149.

Tănăsescu, I. (2019): „Monism and Particularism: Methodology in Brentano's Psychology". *Axiomathes* 29/4, 397–412.

Tănăsescu, I. (2021): *Psychologie, Seiendes, Phantasie bei Franz Brentano*. Berlin: De Gruyter.

Trendelenburg, A. (1846): *Geschichte der Kategorien. Historische Beiträge zur Philosophie*, Bd. 1. Zwei Abhandlungen: I. *Aristoteles Kategorienlehre*, II. *Die Kategorienlehre in der Geschichte der Philosophie*. Berlin: Bethge.

Zeller, E. (1843/1910): „Die Geschichte der alten Philosophie in den letztverflossenen 50 Jahren mit besonderer Rücksicht auf die neuesten Bearbeitungen derselben". *Jahrbücher der Gegenwart*, 12–22, 53f., 62–64. Wiederabgedruckt in: ders., *Kleine Schriften*, Bd. 1. O. Leuze (Hrsg.). Berlin: De Gruyter, 1–85.

Zeller, E. (1844/1910): „Wie soll man Geschichte der Philosophie schreiben? Eine Entgegnung an Herrn Dr. Wirth". *Jahrbücher der Gegenwart*, 818–830. Wiederabgedruckt in ders., *Kleine Schriften*, Bd. 1. O. Leuze (Hrsg.). Berlin: De Gruyter, 87–99.

Zeller, E. (1872/1877): „Über die gegenwärtige Stellung und Aufgabe der deutschen Philosophie". Wiederabgedruckt in: ders., *Vorträge und Abhandlungen*. Zweite Sammlung. Leipzig: Fues's Verlag, 468–478.

Zeller, E. (1883): „Franz Brentano, Ueber den Creatianismus des Aristoteles. Ders. Offener Brief an Herrn Professor Dr. Eduard Zeller aus Anlass seiner Schrift über die Lehre des Aristoteles von der Ewigkeit des Geistes". *Deutsche Litteraturzeitung* 7, 228–230.
https://babel.hathitrust.org/cgi/pt?id=mdp.39015058336994&view=1up&seq=147&size=125 (zuletzt besucht am 15.08.2022)

Zeller, E. (1888/1910): „Die Geschichte der Philosophie, ihre Ziele und Wege". *Archiv für Geschichte der Philosophie* 1, 1–10. Wiederabgedruckt in: ders., *Kleine Schriften*, Bd. 1. O. Leuze (Hrsg.). Berlin: De Gruyter, 411–418.

Editorische Vorbemerkung

Die Herausgeber waren bemüht, den Text so weit wie möglich unverändert zu lassen. Orthographie und Zeichensetzung wurden beibehalten. Stillschweigende Korrekturen wurden nur bei offensichtlichen Schreibfehlern vorgenommen. Die abgekürzten Titel der zitierten Werke wurden ausgeschrieben. Die Buchtitel wurden kursiviert, die Titel anderer Werke in Anführungszeichen gesetzt. Die Zitierweise und die Abkürzungen wurden vereinheitlicht. Die von Brentano gelegentlich verwendete und heute unübliche Abkürzung „princ." wurde durch die Formel „am Anfang" ersetzt. Die durchaus uneinheitlichen Abkürzungen der aristotelischen Werke wurden vereinheitlicht und dem heutigen Standard behutsam angeglichen (siehe unten). Alle sonstigen Hinzufügungen der Herausgeber, vor allem bibliographische Hinweise, wurden durch die Verwendung geschwungener Klammern kenntlich gemacht. Die von Brentano zitierten Textstellen wurden überprüft und wo nötig berichtigt bzw. ergänzt. Erwähnt sei hier das Zitat aus der *Politik* auf S. 85 oben, wo Brentano zuerst seine deutsche Übersetzung und danach den griechischen Originaltext anführt. Da in diesem der letzte Satz der Übersetzung fehlt, wurde er in geschwungenen Klammern ergänzt. Die Texte des Aristoteles wurden anhand der Bekker-Ausgabe (Aristoteles, 1831a) geprüft; bei *De anima* und der *Metaphysik* wurden jeweils auch die Editionen von Trendelenburg (1833) und Bonitz (1848–1849) in Betracht gezogen, die Brentano des Öfteren verwendete.

Ganz besonders möchten sich die Herausgeber bei Werner Sauer bedanken, der sich der beträchtlichen Mühe unterzogen hat, die griechischen Zitate zu überprüfen.

Anbei folgt die Liste der von Brentano verwendeten und zitierten Literatur:

Alexander von Aphrodisias (1891): *Alexandri Aphrodisiensis in Aristotelis Metaphysica commentaria.* Consilio et auctoritate Academiae Litterarum Regiae Borussicae edidit M. Hayduck. Berolini: Tipis et impensis Georgii Reimeri.

Aristoteles (1831a): *Aristoteles Graece,* ex recensione Immanuelis Bekkeri, edidit Academia Regia Borussica. 2 vol. Berolini: Apud Georgium Reimerum (Aristotelis opera, vol. I–II).

Aristoteles (1831b): *De animalium generatione.* Theodoro Gaya interprete. In: *Aristoteles Latine,* interpretibus variis edidit Academia Regia Borussica.

https://doi.org/10.1515/9783110761054-003

Berolini: Apud Georgium Reimerum, 350–384 (Aristotelis opera, vol. III).

Aristoteles (1831c): *Metaphysica*. Bessarione interprete. In: *Aristoteles Latine*, interpretibus variis edidit Academia Regia Borussica. Berolini: Apud Georgium Reimerum, 481–536 (Aristotelis opera, vol. III).

Aristoteles (1831d): *De re publica*. Dionysio Lambino interprete. In: *Aristoteles Latine*, interpretibus variis edidit Academia Regia Borussica. Berolini: Apud Georgium Reimerum, 627–689 (Aristotelis opera, vol. III).

Aristoteles (1847–1848): *Die Metaphysik*. Grundtext, Übersetzung und Commentar nebst erläuternden Abhandlungen von A. Schwegler. 4 Bde. Tübingen: Fues.

Aristoteles (1860): *Fünf Bücher von der Zeugung und Entwickelung der Thiere*, übersetzt und erläutert von H. Aubert und F. Wimmer. Leipzig: Engelmann (Aristoteles' Werke. Griechisch und Deutsch und mit sacherklärenden Anmerkungen. Dritter Band).

Aristoteles (1909): *Nikomachische Ethik*. Ins Deutsche übertragen von Adolf Lasson. Jena: Diederichs.

Bonitz, Hermann (1848–1849): *Aristotelis Metaphysica*, recognovit et enarravit, 2 voll. Bonnae: Marcus. Pars prior. ΑΡΙΣΤΟΤΕΛΟΥΣ ΤΑ ΜΕΤΑ ΤΑ ΦΥΣΙΚΑ. Bonnae: Marcus, 1848. Pars posterior. *Commentarius in Metaphysica Aristotelis*. Bonnae: Marcus, 1849.

Bonitz, Hermann (1870): *Index Aristotelicus*, edidit Hermannus Bonitz. Berolini: Reimer. (Aristotelis opera, vol. V)

Brandis, Christian August (1853): *Handbuch der Geschichte der griechisch-roemischen Philosophie*. Theil 2, Abtheilung 2, Hälfte 1. *Aristoteles, seine akademischen Zeitgenossen und nächsten Nachfolger*. Berlin: Reimer. Photomechanischer Nachdruck Berlin: De Gruyter, 2015.

Brentano, Franz (1862): *Von der mannigfachen Bedeutung des Seienden nach Aristoteles*. Freiburg i. Br.: Herder. Photomechanischer Nachdruck Darmstadt: Wissenschaftliche Buchgesellschaft, 1960; Hildesheim: Olms, 1984.

Brentano, Franz (1867): *Die Psychologie des Aristoteles, insbesondere seine Lehre vom* ΝΟΥΣ ΠΟΙΗΤΙΚΟΣ. Mainz: Kirchheim. Photomechanischer Nachdruck Darmstadt: Wissenschaftliche Buchgesellschaft, 1960.

Brentano, Franz (1871): „Rezension. Friedrich Ferdinand Kampe: Die Erkenntnistheorie des Aristoteles". I. Teil. In: *Zeitschrift für Philosophie und philosophische Kritik* 59, 219–238.

Brentano, Franz (1872): „Rezension. Friedrich Ferdinand Kampe: Die Erkenntnistheorie des Aristoteles". II. Teil. In: *Zeitschrift für Philosophie und philosophische Kritik* 60, 81–127.

Brentano, Franz (1882): „Über den Creatianismus des Aristoteles“. In: *Sitzungsberichte der Kaiserlichen Akademie der Wissenschaften.* Philosophisch-historische Klasse, Bd. 100. Wien: C. Gerold's Sohn, 95–126. Auch separat erschienen.

Brentano, Franz (1883): *Offener Brief an Herrn Professor Eduard Zeller aus Anlaß seiner Schrift über die Lehre des Aristoteles von der Ewigkeit des Geistes.* Leipzig: Duncker & Humblot.

Brentano, Franz (1911): *Aristoteles und seine Weltanschauung.* Leipzig: Quelle & Meyer.

Elser, Konrad (1893): *Die Lehre des Aristoteles über das Wirken Gottes.* Münster i. W.: Aschendorff.

Fritzsche, Adolf Theodor Hermann (1851): *Aristotelis Ethica Eudemia.* Ratisbonae: G.I. Manz.

Goethe, Johann Wolfgang von (1828): *Goethe's Werke.* Vollständige Ausgabe letzter Hand. Fünfter Band. Stuttgart und Tübingen: Cotta.

Gomperz, Theodor (1896-1909): *Griechische Denker: Eine Geschichte der antiken Philosophie.* 3 Bde. Leipzig: Veit & comp.

Grote, George (1872): *Aristotle.* Ed. by A. Bain and G. C. Robertson. London: John Murray. 2nd ed., with additions. London: John Murray, 1880.

Kampe, Friedrich Ferdinand (1870): *Die Erkenntnistheorie des Aristoteles.* Leipzig: Fues's Verlag (R. Reisland).

Locke, John (1894): *An Essay Concerning Human Understanding.* Ed. by A. C. Fraser. 2 vols. Oxford: Clarendon Press.

Pacius, Julius (1621): Περι ψυχης βιβλια τρια / *De anima libri tres*, Graece et Latine, Iul. Pacio a Beriga interprete. Accesserunt eiusdem Pacii in eosdem libros commentarius analyticus, triplex index: primus librorum, tractatuum, & capitum: alter Graecorum verborum: postremus rerum memorabilium. Francofurti: Apud Andre Wecheli heredes, Claudium Marnium, & Ioan. Aubrium.

Ravaisson, Félix (1837): *Essai sur la Métaphysique d'Aristote*, Tome I. Paris: Imprimerie royale.

Stumpf, Carl (1869): *Verhältniß des Platonischen Gottes zur Idee des Guten.* Halle: Pfeffer.

Themistius (1899): *Themistii in libros Aristotelis De anima paraphrasis.* Consilio et auctoritate Academiae Litterarum Regiae Borussicae edidit Ricardus Heinze. Berolini: Georgii Reimeri (Commentaria in Aristotelem Graeca, vol. 5).

Theophrastus (1890): *De prima philosophia libellus*, ab H. Usenero editus. Bonnae: Typis C. Georgi.

Thomas von Aquin (1864): *Sancti Thomae Aquinatis Doctoris Angelici ordinis praedicatorum Opera omnia ad fidem optimarum editionum accurate recognita.* Tomus XVI: *Opuscula theologica et philosophica tam certa quam dubia adjectis brevibus adnotationibus: Volumen primum complectens opuscola septem et triginta.* Parmae: Typis Petri Fiaccadori.

Thomas von Aquin (1866): *Sancti Thomae Aquinatis Doctoris Angelici ordinis praedicatorum Opera omnia ad fidem optimarum editionum accurate recognita.* Tomus XX: *In Aristotelis Stagiritae nonnullos libros Commentaria adjectis brevibus adnotationibus: Volumen tertium complectens expositionem in 3. lib. De anima, de sensu et sensato, de memoria et reminiscientia, de somno et vigilia, de divinatione per somnum, tum in 12. lib. metaphysicorum.* Parmae: Typis Petri Fiaccadori.

Thomas von Aquin (1867): *Sancti Thomae Aquinatis Doctoris Angelici ordinis praedicatorum Opera omnia ad fidem optimarum editionum accurate recognita.* Tomus XXI: *In Aristotelis Stagiritae nonnullos libros Commentaria adjectis brevibus adnotationibus: Volumen quartum complectens Expositionem in 10. lib. ethicorum, in 8. lib. politicorum et in lib. de causis.* Parmae: Typis Petri Fiaccadori.

Torstrik, Adolf (1862): *Aristotelis De anima libri III.* Berolini: Apud Weidmannos.

Trendelenburg, Friedrich Adolf (1833): *Aristotelis De anima libri tres.* Ad interpretum graecorum auctoritatem et codicum fidem recognovit, commentariis illustravit Fridericus Adolphus Trendelenburg. Ienae: Sumtibus Walzii.

Zeller, Eduard (1879): *Die Philosophie der Griechen in ihrer geschichtlichen Entwicklung dargestellt.* Zweiter Teil, zweite Abhandlung: *Aristoteles und die alten Peripatetiker.* 3. Aufl. Leipzig: Fues's Verlag (R. Reisland).

Zeller, Eduard (1882): „Über die Lehre des Aristoteles von der Ewigkeit des Geistes". *Sitzungsberichte der königlich Preussischen Akademie der Wissenschaften zu Berlin*, philosophisch-historische Classe, 1882, XXVII, 1033-1055. Wiederabgedruckt in: E. Zeller, *Kleine Schriften*, unter Mitwirkung von H. Diels und K. Holl hrsg. von Otto Leuze, 3 Bde., Berlin, G. Reimer, 1910–1911. Bd. 1, 263–290. Photomechanischer Nachdruck Berlin: De Gruyter, 2011.

Zeller, Eduard (1883): „Rezension [Franz Brentano. Ueber den Creatianismus des Aristoteles. (Aus Jahrg. 1882 der Sitzungsberichte der k. Akad. der Wissensch.) Wien, Gerolds Sohn in Comm., 1882, 34 S. Ders. *Offener Brief an Herrn Prof. Dr. E. Zeller aus Anlass seiner Schrift über die Lehre des Aristoteles von der Ewigkeit des Geistes.* Leipzig, Duncker u. Humblot. 36 S.]". *Deutsche Literaturzeitung* 7, 17. Febr. 1883, 228–230.

Liste der Abkürzungen der Aristotelischen Schriften:

Analytica priora:	Anal. prior.
Analytica posteriora:	Anal. post.
Ars rhetorica:	Rhet.
De anima:	De an.
De divinatione per somnum:	De divinat.
De generatione animalium:	De gen. anim.
De generatione et corrputione:	De gen. et corr.
De partibus animalium:	De part. anim.
Ethica Eudemia:	Eth. Eudem.
Ethica Nicomachea:	Eth. Nic.
Historia animalium:	Hist. anim.
Magna Moralia:	Mag. Mor.
Metaphysica:	Met.
Meteorologica:	Meteor.
Physica:	Phys.
Politica:	Pol.
Topik:	Top.

Franz Brentano

Aristoteles Lehre vom Ursprung des menschlichen Geistes

https://doi.org/10.1515/9783110761054-004

Vorwort

Was ich hier gebe, kann gewissermaßen als eine neue, nur freilich um mehr als das Dreifache erweiterte Ausgabe meiner Abhandlung „Über den Creatianismus des Aristoteles" bezeichnet werden. Seit langem hatte sich das Bedürfnis nach einer solchen fühlbar gemacht. Im Jahre 1882 in den Sitzungsberichten der Wiener Akademie veröffentlicht, war sie in ihren wenigen Separatabzügen rasch vergriffen, und das gleiche gilt von der Gegenschrift, die Zeller in den Abhandlungen der Berliner Akademie noch in demselben Jahre ihr folgen ließ. Diese ist nun im ersten Bande der Sammlung von Zellers *Kleine Schriften* bei Reimer neu erschienen. Und so dürfte es denn selbst denjenigen, welche Zellers Auffassung für die richtige halten, erwünscht sein, wenn auch die Schrift, auf welche er sich hier fort und fort bezieht, allgemeiner zugänglich gemacht wird.

Die Berücksichtigung, welche ein so namhafter Forscher meinen Ausführungen zuteil werden ließ, war in hohem Grade dankenswert. Man darf sagen, daß alles, was von gegnerischem Standpunkt geltend gemacht werden kann, durch seine Einwände erschöpft ist. Manche erscheinen auch wohl geeignet, einen starken Eindruck zu machen, aber eben darum wird auch die Richtigkeit der von mir vertretenen Auffassung durch nichts mehr als durch ihre Widerlegung gesichert. Ein zweiter Teil, den ich dieser Neuausgabe beifüge, beschäftigt sich damit, für jeden einzelnen die Lösung zu geben, indem er nicht selten zugleich Anlaß nimmt, die für die eigene Ansicht schon erbrachten Beweisgründe durch ganz neue Momente zu vermehren.

Auch in dem ersten Teile wurden einige Änderungen notwendig befunden, welche die frühere Darstellung berichtigen. Es geschah dies allerdings nur in untergeordneten Punkten, dürfte aber doch nicht unwichtig sein, um gewisse Bedenken vollständig zu beheben. Dabei unterließ ich es in keinem Falle, die Abweichung von dem früheren Texte, wie er Zeller bei der Abfassung seiner Schrift „Über die Lehre des Aristoteles von der Ewigkeit des Geistes" vorgelegen, namhaft zu machen.

Inhalt

Erster Teil

Zweiter Teil

Erster Teil
Sechs Untersuchungen zum Nachweis des Kreatianismus als aristotelischer Lehre

Neuer, wesentlich unveränderter Abdruck aus dem Jahrgange 1882 der *Sitzungsberichte der philosophisch-historischen Klasse der kaiserlichen Akademie der Wissenschaften.*

Als ich meine Abhandlung *Von der mannigfachen Bedeutung des Seienden nach Aristoteles* und später meine *Psychologie des Aristoteles* schrieb, wollte ich in einer zweifachen Weise das Verständnis seiner Lehre fördern; einmal und vorzüglich direkt durch Aufhellung einiger der wichtigsten Lehrpunkte, dann indirekt, aber in allgemeinerer Weise, indem ich der Erklärung neue Hilfsquellen eröffnete. Ich machte auf die scharfsinnigen Kommentare des Thomas von Aquino aufmerksam, und zeigte, wie man in ihnen manche Lehre richtiger als bei späteren Erklärern dargestellt findet.

Doch meine Hoffnung sah sich getäuscht. Daß ein des Griechischen unkundiger Scholastiker uns Aristoteles verstehen lehren solle, schien den meisten allzu paradox, als daß sie es der Mühe wert gefunden hätten, seine Kommentare auch nur einmal in die Hand zu nehmen. Viele schöpften vielmehr aus meinen Worten den Verdacht, den meine damalige Stellung zur katholischen Kirche nahe legte, daß ich selbst, die Meinung des „Fürsten der Theologen" überschätzend, nur mit befangenem Blicke die Schriften des Aristoteles betrachte, thomistische Lehren hineininterpretiere, ja vielleicht gar weniger darauf ausgehe, Aristoteles zu erklären, als dem Doctor Angelicus einen neuen Titel des Ruhms zu sichern.[1]

Nur Trendelenburg machte hier, mit ganz Wenigen, in jeder Beziehung eine Ausnahme. Dankbar muß ich es ihm nachrühmen, daß er vorurteilslos meine Arbeiten prüfte, ihre Ergebnisse sich eigen machte und auch den neu angegebenen Hilfsmitteln sein Interesse zuwandte.[2]

---

1 Vgl. Friedrich Ferdinand Kampe, *Die Erkenntnistheorie des Aristoteles*, S. 307, Anm., und meine Entgegnung in der *Zeitschrift für Philosophie und philosophische Kritik* 1872, Bd. LX, S. 117.

2 Nachdem meine Abhandlung *Von der mannigfachen Bedeutung des Seienden nach Aristoteles*, die vielfach gegen seine Ansichten über die Kategorienlehre polemisiert, erschienen, besprach er sie öffentlich in den Vorlesungen über Geschichte der Philosophie, gab meine Darlegung des stufenweisen Herabsteigens von dem Terminus des Seienden zu den in der Kategorientafel aufgezählten Klassen und bemerkte, daß es mir gelungen sei, das Prinzip für ihre Unterscheidung in

Doch auch Zeller zeigt in seiner neuen (dritten) Auflage der Philosophie der Griechen, daß er wohl erkannt hat, wie meine aristotelischen Abhandlungen die Frucht eines ernsten, gewissenhaften Strebens sind. Häufiger und eingehender als fast irgendeine andere neuere Schrift über Aristoteles werden sie, sowohl was die Auffassung der Lehre, als die Emendation des Textes anlangt, von ihm berücksichtigt, und selbst bei der Darstellung des Theophrast fand ich, daß das, was ich nur gelegentlich über Fragmente dieses Philosophen bemerkt habe, ihm nicht entgangen ist.

Freilich ist damit nicht gesagt, daß Zeller überall den Resultaten meiner Forschung zustimme. Meine Darstellung entfernte sich von der seinigen weit und in sehr wesentlichen Stücken. Da ließ es sich von vornherein erwarten, daß Zeller sich schwer entschließen werde, seiner älteren und langjährigen Auffassung entsagend, eine ganz abweichende Anschauung sich eigen zu machen. So ist denn auch tatsächlich die Berücksichtigung, die er mir zuteil werden läßt, fast durchaus eine polemische. Er sucht seine alten Meinungen aufrecht zu halten und meine Neuerungen zu widerlegen.

Da nun auch ich durch das, was Zeller sagt, in keiner meiner Überzeugungen erschüttert bin, so könnte ich mich veranlaßt finden, seinen Angriffen im einzelnen in einer fortlaufenden Apologie entgegenzutreten, die, da es sich dabei um die wichtigsten Fragen handelt, eines allgemeinen Interesses nicht entbehren würde.

Doch in den meisten Beziehungen will ich mich einer solchen Entgegnung enthalten. Dem wissenschaftlichen Publikum liegen die beiden Auffassungen vor; die meinige habe ich bereits sorgfältig, ja vielfach, wie es mir scheint, in einer Weise begründet, die bei einem unbefangenen Leser jeden Zweifel ausschließen muß.[3] So überlasse ich es vertrauensvoll der Zukunft, welche von beiden Anschauungen sich als die richtige bleibend behaupten werde.[4]

---

wesentlicher Übereinstimmung mit Thomas von Aquino nachzuweisen. In demselben Semester suchte er darauf hin einen Studierenden (jetzt Professor an einer deutschen Universität), der sich für das Doktorat vorbereitete, zu bestimmen, sich zu seiner Abhandlung ein Thema aus diesem Scholastiker zu wählen.

3 In der ersten Auflage las man hier: „ja vielfach, wie es mir scheint, sogar erschöpfend begründet, ich könnte wenig sagen, ohne mich selbst zu wiederholen." {Brentano 1882, S. 97} Dies war zu viel gesagt und hatte die üble Folge, daß Zeller in seiner Schrift „Über die Lehre des Aristoteles von der Ewigkeit des Geistes" gewisse Nachträge, die ich noch in dieser Abhandlung selbst an späterer Stelle geliefert habe, ganz unberücksichtigt lassen zu dürfen glaubte.

4 Nur ein paar Worte mögen hier in der Anmerkung eine Stelle finden. Hinsichtlich meiner Erläuterung der Kategorienlehre äußert Zeller fünf Bedenken:

Nur in betreff *einer* Frage, in welcher der Gegensatz unserer Ansichten über Aristoteles auf psychologischem und metaphysischem Gebiet gipfelt, dünkt es mir gut, eine Ausnahme zu machen. Es ist die über den Ursprung der

---

1. Wenn ich *κατηορία* die Bedeutung Prädikat revindizieren wolle, so gehe dies nicht an, da die Kategorien die Bedeutungen (Zeller würde richtiger sagen die Gattungen) *τῶν κατὰ μηδεμίαν συμπλοκὴν λεγομένων* bezeichnen, während das Prädikat als solches nur im Satze vorkommt (*Philosophie der Griechen* III. Aufl. S. 259, Anm. 1). Hierauf antworte ich, daß ich keineswegs behauptet habe, daß *κατηορία* hier die Bedeutung Prädikat habe, sondern nur zeige, daß dieser Name von *κατηορεῖν* im Sinne des Prädizierens hergenommen, darum auf die höchsten Gattungen des Seienden übertragen worden sei, weil sie diejenigen Begriffe sind, die als höchste Prädikate von der ersten Substanz ausgesagt werden können (*Von der mannigfachen Bedeutung des Seienden nach Aristoteles*, S. 98 ff., 102 ff.) und sich nach den verschiedenen Weisen der Prädikation von einander unterscheiden (S. 113 ff.).
2. Wenn ich ferner sage, die Kategorien seien reale Begriffe, welche aus der Erfahrung abstrahiert seien, wie etwa die Begriffe Schwere, Ausdehnung, Denken, so gehe dies nicht an, da sie den verschiedenartigsten Inhalt in sich aufnehmen können. Auch erkenne ich selbst an, daß die Verschiedenheit der Kategorien nicht notwendig eine reelle Verschiedenheit sei (a. a. O. {Zeller 1882} S. 263, Anm. 2). Aber warum sollte ein aus der Erfahrung abstrahierter Gattungsbegriff nicht verschieden*artigen* und, wenn er sehr allgemein ist, sogar sehr verschieden*artigen* Inhalt haben? Nur ein vollkommen heterogener Inhalt kann nicht darin vorkommen. Damit aber, daß zwei verschiedene Begriffe beide real und aus der Erfahrung geschöpft sind, ist nicht gesagt, daß das, was unter den einen, und das, was unter den anderen fällt, reell verschieden sein müsse, wie z. B. ein und dasselbe lebende Wesen als Pudel, Hund und Säugetier zu bezeichnen ist. Wenn Zeller seinerseits der Ansicht ist, die Kategorien bezeichneten „bloß formale Verhältnisse" (ebd.), so hat er dafür nicht den geringsten Anhalt und scheint Gedanken der Kantischen Kategorienlehre mit der des Aristoteles zu vermengen.
3. Meint Zeller, es lasse sich nicht wohl annehmen, daß Aristoteles durch logische Deduktion zu seiner Kategorientafel gekommen, weil er nie auf eine solche hinweise. Zeller würde besser sagen: „weil wir eine Darlegung des betreffenden klassifikatorischen Verfahrens (Deduktion, wenn man dieses Wort im strengen Sinne nimmt, ist allerdings dafür nicht der passendste Name) nirgends bei ihm finden". Denn ein Hinweis liegt in Ausdrücken wie *αἱ διαιρεθεῖσαι κατηορίαι* u. dgl. oft genug vor und besonders in den zwei Stellen, in welchen er das Prinzip seiner Kategorieneinteilung aufs klarste ausspricht, nämlich Anal. prior. I, 37. 49, a, 6 und Met. Δ, 7. 1017, a, 22 (zu dem *λέγεσθαι* vgl. Met. Z, 3. 1028, b, 36 und Top. I, 9. 103, b, 35), welche ich in meinen *Mannigfachen Bedeutungen des Seienden*, S. 116, eingehend erörtere. Daß uns aber nirgends die vollständige Darlegung seines klassifikatorischen Verfahrens erhalten ist, kann bei der

menschlichen Seele, bzw. des höchsten, geistigen Teiles derselben. Und dieser Untersuchung sollen die folgenden Blätter gewidmet sein.

Aristoteles lehrt bekanntlich, daß die Seele des Menschen ihrem höchsten Teile nach unkörperlich und unvergänglich sei, und sich somit auch nicht aus

---

Lückenhaftigkeit der aristotelischen Metaphysik unter solchen Umständen keinen ernsten Einwand mehr bilden.
4. Wendet Zeller ein, daß die Unterscheidung der Inhärenzen und Affektionen, die ich einmal bei der Erläuterung der Kategorien mache, „nicht aristotelisch" sei. Dagegen bemerke ich, daß sie sich ausdrücklich bei Aristoteles findet, und zwar (wie ich auch a. a. O. S. 177 angebe) Met. Θ, 6. 1048, b, 7. Will einer die dortigen aristotelischen Termini, das *ἐν τῷδε* und *πρὸς τῷδε*, mit anderen Namen als „Inhärenz" und „Affektion" wiedergeben, so habe ich dagegen nichts einzuwenden, denn nicht auf den Namen, sondern auf die Sache kommt es an. Endlich 5. meint Zeller, daß die zehn Kategorien, wenn sie wirklich auf dem von mir angegebenen Wege gefunden worden wären, „auch in der ihm entsprechenden Ordnung von Aristoteles aufgezählt werden müßten". „Statt dessen", sagt er, „drängt sich das *πρός τι*, welches nach Brentano die letzte Stelle einnehmen müßte, in allen Aufzählungen zwischen die anderen ein" {Zeller 1879, S. 565, Anm. 2} usw. Darauf antworte ich, daß es nicht mehr von Bedeutung ist, ob Aristoteles die Kategorien in der entsprechenden Ordnung und überhaupt in einer festen Ordnung aufzuführen pflegt oder nicht, wenn anderweitig bewiesen werden kann, daß er an eine bestimmte Ordnung als die naturgemäße geglaubt hat (und dies zeigen viele seiner Aussprüche), und daß dieselbe mit der von mir angegebenen zusammentrifft. Gerade in bezug auf das *πρός τι*, dessen Stellung als letztes Glied der Kategorienreihe Zeller beanstandet, zeigt dies glücklichweise eine Stelle im vierzehnten Buch der Metaphysik auf das deutlichste. Met. N, 1. 1088, a, 22. *τὸ δὲ πρός τι πάντων ἥκιστα φύσις τις ἢ οὐσία τῶν κατηγοριῶν ἐστί, καὶ ὑστέρα τοῦ ποιοῦ καὶ ποσοῦ*. Aristoteles sagt hier nicht bloß, daß das *πρός τι* weiter von der Substanz abstehe als das *ποιόν* und *ποσόν*, sondern als alle Kategorien insgesamt, womit auch andere Stellen, wie Eth. Nic. I, 4. 1096, a, 21 und Met. Z, 4. 1029, b, 22, zusammenstimmen, wie ich schon in meinen *Mannigfachen Bedeutungen des Seienden*, S. 152, gezeigt habe. Dieses möge zur Verteidigung meiner Darstellung der Kategorienlehre genügen.

Bezüglich dessen, was Zeller an meiner Darstellung der aristotelischen Psychologie und namentlich an meiner Auffassung des Nus Poietikos mißbilligt, verweise ich auf das, was ich in meiner Abhandlung gegen Kampes *Erkenntnistheorie des Aristoteles* in der *Zeitschrift für Philosophie und philosophische Kritik* (Bd. LIX 1871 {und Bd. LX 1872}), die Zeller nicht gekannt zu haben scheint, gesagt habe. Seine Angriffe treffen mit denen Kampes vielfach zusammen, und er hätte dort zum Voraus ihre Widerlegung finden können. Unter anderem stimmt Zeller auch darin mit Kampe überein, daß er meine Emendation von De An. III, 4. 429, b, 15 (wo *αἰσθητῷ* statt *αἰσθητικῷ* gelesen werden muß) verwirft. Es sei diese, sagt er, „durch den Zusammenhang nicht bloß nicht gefordert, der körperlichen Materie entwickelt haben könne. Zeller erkennt dies, ebenso wie ich, auf das bestimmteste an.

Hiernach bleibt nur eine zweifache Annahme möglich: entweder hat Aristoteles die *Präexistenz* dieses höchsten Seelenteiles gelehrt, oder er hat geglaubt,

sondern geradezu unmöglich gemacht" {Zeller 1879, S. 567, Anm. 2}. Inwiefern sie unmöglich sei, hat Zeller mit keinem Worte zu zeigen sich bemüht, aber auch den Nachweis, den ich in meiner *Psychologie des Aristoteles* und abermals in der Abhandlung gegen Kampe (a. a. O. {Brentano 1872} S. 98) geliefert, daß die Konjektur schlechterdings notwendig ist, hat er nicht entkräftet. Wenn Aristoteles sagt: τὸ σαρκὶ εἶναι καὶ σάρκα· ἢ ἄλλῳ ἢ ἄλλως ἔχοντι κρίνει {429, b, 12}, so soll er dadurch nach Zeller nicht ausdrücken, daß entweder das eine oder das andere richtig sei, so daß das eine das andere ausschließe. Und doch besteht zwischen den beiden Gliedern eine deutliche Kontradiktion; es ist, wie wenn Aristoteles sagte: ἢ ἄλλῳ ἢ τῷ αὐτῷ ἀλλ' ἄλλως ἔχοντι. Wenn nun dies nicht angeht, so müßte nach Zellers Zugeständnis das ἄλλῳ, nicht aber das ἄλλως ἔχοντι von Aristoteles für das Richtige erklärt werden, während in der Stelle deutlich genug das Gegenteil hervortritt, ja der ganze Passus nur dadurch überhaupt begreiflich wird. Insofern hat selbst Kampe richtiger gesehen als Zeller. Gegenüber meinem Nachweise, daß nach Aristoteles außer dem wirkenden auch das aufnehmende Prinzip der Gedanken, der νοῦς δυνάμει unkörperlich und inkorruptibel sei, 429, a, 15, beruft sich Zeller S. 577, 2 darauf, daß Aristoteles De an. III, 5. sage: „der tätige Nus *allein* sei χωριστός, ἀπαθής, ἀμιγής, ἀθάνατος, ἀΐδιος, aber von diesem „*allein*" ist in dem ersten Teile des Kapitels 430 a, 10–19 (und einzig dieser handelt vom νοῦς ποιητικός) nichts zu finden. Ja die Worte: καὶ οὗτος ὁ νοῦς χωριστὸς καὶ ἀπαθὴς καὶ ἀμιγὴς τῇ οὐσίᾳ ὢν ἐνεργείᾳ· ἀεὶ γὰρ τιμιώτερον τὸ ποιοῦν τοῦ πάσχοντος καὶ ἡ ἀρχὴ τῆς ὕλης lassen aufs neue deutlich erkennen, daß wie das wirkende auch das aufnehmende Prinzip der Gedanken diese Eigenschaften haben müsse, denn sonst entbehrt ja der Schluß jedes Stützpunktes. Was wäre alberner als der Schluß: der aufnehmende Verstand ist korruptibel, das wirkende Prinzip ist höher als das aufnehmende, also ist es inkorruptibel, als ob innerhalb des Korruptibeln nach Aristoteles ein Rangunterschied gar nicht mehr bestände. Anders, wenn der aufnehmende Verstand (wie tatsächlich im vorausgegangenen Kapitel) schon als inkorruptibel dargetan ist. Dann, aber auch nur dann, kann gefolgert werden: also muß auch das wirkende Prinzip der Gedanken als das höhere inkorruptibel sein. Wegen dieser notwendigen Rücksichtsnahme auf die bereits festgestellte Tatsache der Inkorruptibilität des νοῦς δυνάμει halte ich es darum nach wie vor für das geeignetste, das καὶ οὗτος ὁ νοῦς mit „*auch* dieser Verstand" zu übersetzen. Dem Einwand Zellers, daß dies sprachlich nicht angehe, indem sonst hinter οὗτος ein δὲ stehen müßte, um den Satz an den vorangehenden anzuknüpfen, wird niemand ein großes Gewicht beilegen können; nichts wäre ja leichter tunlich, als, ähnlich wie Bonitz Met. Λ, 9., wo ebenso ein Asyndeton sich findet, zu dessen Vermeidung zwischen ὥσπερ daß eine *schöpferische* Kraft, wie sie nach ihm der Gottheit eigen ist, auf einer gewissen Stufe der fötalen Entwicklung diesen höchsten Teil zu den niederen hinzufüge.

---

und ὁ ἀνθρώπινος νοῦς ein γὰρ eingeschoben hat, hier zwischen οὗτος und ὁ νοῦς ein δ' ausgefallen zu denken. 430 a, 22 und 23 aber, wo wir wirklich zweimal das Wort „allein" (μόνον) lesen, handelt Aristoteles nicht mehr vom νοῦς ποιητικός, sondern von dem, was für die beiden noetischen Vermögen, den νοῦς δυνάμει und den νοῦς ποιητικός, gemeinsames Subjekt ist, nämlich von dem noetischen Teil der substantiellen Form des Menschen, der nach Met. Λ, 3. nach dem Tode des Menschen fortbesteht. Einzig hier wird auch der Ausdruck „Unsterbliches" (ἀθάνατον) gebraucht, der, da der Tod als Korruption die lebendige Substanz anlangt, nicht ebenso für ein bloßes aktives Vermögen der Substanz, eine ἕξις, wie der νοῦς ποιητικός 430, a, 15 genannt worden ist, passend erschiene. Doch ich will hier abbrechen und erlaube mir nur nochmals, außer auf meine *Psychologie des Aristoteles*, auf ihre Verteidigung gegen Kampe zu verweisen.

Zeller hat in seiner Schrift von der Ewigkeit des Geistes (S. 1043, 1) auf das, was ich in dieser Anmerkung über den Nus gesagt, polemisch Rücksicht genommen und mich dadurch veranlaßt, im Vorstehenden durch gewisse redaktionelle Änderungen und namentlich durch den Hinweis auf das, was wir Met. Λ, 9. finden, meine wahre Meinung deutlicher zu machen. Hiermit entfällt ein Teil seiner Gegenbemerkungen von selbst. Was noch bleibt, hat schon in meinem *Offenen Brief* an Zeller, S. 34, Anm. 5, seine Beantwortung gefunden. Ich zeige dort, wie unrichtig es ist, wenn er bestreitet, daß in den Worten des Aristoteles ἀεὶ γὰρ τιμιώτερον τὸ ποιοῦν τοῦ πάσχοντος usw. ein wirklicher Schluß vorliegt. Das γὰρ deutet einen solchen an, und Aristoteles konnte ja auch die Behauptung, daß der νοῦς ποιητικός unkörperlich sei, nicht ohne Beifügung irgendwelcher Begründung aussprechen. Und ebenso erledige ich dort, was Zeller noch weiter beifügt:

> wie unstatthaft aber Brentanos Erklärung dieser Worte ist, zeigt schon der Ausdruck πάσχοντος. Statt diesen auf den νοῦς παθητικός zu beziehen, auf den er allein bezogen werden kann, deutet er ihn auf den von ihm ersonnenen „aufnehmenden" Nus (πάσχειν heißt aber nicht aufnehmen, sondern „leiden", und dieses beides fällt so wenig zusammen, daß der Nus De an. III, 4. 429, a, 15 zugleich ἀπαθής und δεκτικὸς τοῦ εἴδους genannt und Met. Λ, 7. 1072, b, 22 selbst der göttliche Nus, dem doch sicher kein Leiden zukommt, zu dem δεκτικὸν τοῦ νοητοῦ gerechnet wird), und er legt damit dem Philosophen statt des albernen Schlusses, gegen den er ihn in Schutz nehmen will, den gewiß nicht besseren in den Mund: wenn schon das πάσχον ein ἀπαθής ist, müsse es das ποιοῦν noch viel mehr sein. {Zeller 1882, S. 1043, Anm. 1}

Ich antworte darauf in meinem *Offenen Brief* S. 35, Anm.:

> … es ist nicht richtig, daß πάσχειν bei Aristoteles nie „aufnehmen", sondern immer ‚leiden' bedeute (vgl. De an. II, 5. 417, b, 2: οὐκ ἔστι δ' ἁπλοῦν οὐδὲ τὸ πάσχειν, ἀλλὰ τὸ μὲν φθορά τις ὑπὸ τοῦ ἐναντίου, τὸ δὲ σωτηρία

Die Frage ist also, wie Zeller ganz richtig bemerkt, die, ob Aristoteles Kreatianer war oder eine Präexistenz des höchsten Teiles der Seele behauptete.

Zeller sagt, Aristoteles lehre die Präexistenz, und beruft sich dabei auf zwei Stellen, die ihm jeden Zweifel auszuschließen scheinen, während die Argumente, die ich für den Kreatianismus des Aristoteles erbrachte, nach seiner Meinung aller Kraft entbehren und, bei so klaren Belegen für das Gegenteil, gar keiner Beachtung wert sind. „Den klaren Wortlaut dieser Stellen durch so allgemeine, weder auf der aristotelischen Psychologie, noch auf richtig erklärten Aussprüchen ihres Urhebers beruhende Gründe, wie sie Brentano {1882} S. 196 f. beibringt, zu beseitigen, geht natürlich nicht an." ({Zeller 1879} S. 595, Anm. 2.)

Wenn irgendwo, so dürfte es hier leicht erweisbar sein, daß Zeller meinen Gründen nicht genug Gerechtigkeit widerfahren läßt. Es scheint, daß ihm, neben einigen allgemeineren Betrachtungen, die ich allerdings anstelle, um die betreffende aristotelische Lehre als von vornherein nicht unwahrscheinlich darzutun, das Hauptargument ganz und gar entgangen ist.

μᾶλλον τοῦ δυνάμει ὄντος ὑπὸ τοῦ ἐντελεχείᾳ ὄντος καὶ ὁμοίου, οὕτως ὡς δύναμις ἔχει πρὸς ἐντελέχειαν). Es ist dies aber ein uneigentlicherer Gebrauch des Wortes, und daher sagt Aristoteles De An. III, 4. wie das Empfinden, so sei auch das geistige Denken nur etwas dem Leiden Verwandtes (429, a, 13: εἰ δή ἐστι τὸ νοεῖν ὥσπερ τὸ αἰσθάνεσθαι, ἢ πάσχειν τι ἂν εἴη ὑπὸ τοῦ νοητοῦ ἤ τι τοιοῦτον ἕτερον), nämlich ein δέχεσθαι τὸ εἶδος unter der Einwirkung des νοητόν (ebd. a, 15). Und ebendarum fügt er auch De an. III, 5. 430, a, 18 den Worten: ἀεὶ γὰρ τιμιώτερον τὸ ποιοῦν τοῦ πάσχοντος die Worte bei: καὶ ἡ ἀρχὴ τῆς ὕλης, wo der Ausdruck ὕλη den Begriff des πάσχον erweitert und, wie der Vergleich mit dem Anfange des Kapitels zeigt, der eigentlich zutreffende ist. Daher sehen Sie wohl, daß Ihre spöttische Bemerkung: „er (Brentano) legt dem Philosophen statt des albernen Schlusses, gegen den er ihn in Schutz nehmen will, den gewiß nicht besseren in den Mund: wenn schon das πάσχον ein ἀπαθές ist, müsse es das ποιοῦν noch viel mehr sein", in keiner Weise am Platze war.

Beiläufig sei hier zugleich bemerkt, daß es ein großer Irrtum ist, wenn Sie (a. a. O. S. 1043, Anm. 1) aus Met. Λ, 7. 1072, b, 22 schließen zu können glauben, daß auch der aristotelische Gott, dem weder im eigentlicheren noch uneigentlicheren Sinne ein Leiden zukommt, zu dem δεκτικὸν τοῦ νοητοῦ zu rechnen sei. Es stände dies im Widerspruch mit dem Charakter der Gottheit als reiner Energie, und nicht minder mit ihrer Unveränderlichkeit, da ja dann auch das: νοητὸς γὰρ γίγνεται θιγγάνων καὶ νοῶν (b, 21) auf die Gottheit bezogen werden müßte. Die richtige Deutung ergibt sich leicht aus dem: εἰ δὲ μᾶλλον, ἔτι θαυμασιώτερον (ebd. b, 25) am Schlusse der ganzen Erörterung.

Dennoch, glaube ich, läßt sich hier noch manches Weitere zur Bestätigung beifügen, und ich werde darum der Reihe nach folgende Punkte zu erhärten suchen:

I. Aristoteles lehrt an keiner Stelle die Präexistenz des Nus klar und unzweideutig.
II. Aristoteles leugnet ausdrücklich seine Präexistenz.
III. Aristoteles lehrt den Kreatianismus.
IV. Aristoteles findet sich, indem er dieses tut, in Übereinstimmung mit seiner Lehre von den übrigen zur Welt gehörigen immateriellen Wesen (Sphären und Sphärengeistern).
V. Aristoteles zeigt hier wie anderwärts eine weitgehende Übereinstimmung mit seinem Lehrer Platon; wie endlich
VI. wieder bei seinen unmittelbaren Schülern, Theophrast und Eudemus, sich deutlich Spuren derselben Lehre erkennen lassen.

I.
Aristoteles lehrt an keiner Stelle die Präexistenz des Nus klar und unzweideutig.

Zeller sucht das Gegenteil in drei Anmerkungen darzutun. In einer beruft er sich auf De an. III, 5., in den zwei anderen auf De gen. anim. II, 3. Neben ihnen hätte er mit einem gewissen Schein auch De an. I, 5, § 12 anführen können; wir wollen darum auch diese Stelle berücksichtigen.

De an. III, 5. 430, a, 23 sagt Aristoteles, nachdem er eben bemerkt hat, der höhere Nus sei ein *ἀθάνατον καὶ ἀΐδιον: οὐ μνημονεύομεν δὲ, ὅτι τοῦτο μὲν ἀπαθές, ὁ δὲ παθητικὸς νοῦς φθαρτός, καὶ ἄνευ τούτου οὐθὲν νοεῖ.* Diese Stelle soll den ersten Beweis für die Präexistenz des höheren Nus bei Aristoteles enthalten.

Zeller {1879}, S. 574, Anm. 3, bemerkt dazu folgendes: „Ob man diese Worte ihrem *nächsten* Sinne nach davon versteht, daß wir uns im jetzigen Leben des früheren, oder davon, daß wir uns nach dem Tode des jetzigen nicht erinnern, oder auch unbestimmter davon, daß das ewige Leben des tätigen Nus überhaupt mit keiner Erinnerung verknüpft sei, ist in der Sache deshalb nicht sehr erheblich, weil die Begründung des *οὐ μνημονεύομεν* die Kontinuität des Bewußtseins zwischen dem Leben des mit der leidentlichen Vernunft verbundenen und des von ihr freien Nus sowohl nach rückwärts wie nach vorwärts aufhebt. Zunächst gehen aber die Worte [...] allerdings wohl darauf, daß wir im gegenwärtigen Leben uns keiner Präexistenz erinnern. Denn nur davon zu reden gab der Zusammenhang Veranlassung, und auch schon das Präsens *μνημονεύομεν* weist hierauf."

Wäre die von Zeller befürwortete Erklärung die einzig mögliche, so würde in dieser Stelle allerdings ein Zeugnis für die Präexistenz des Nus liegen.[5] Das ist sie aber keineswegs. Selbst Zeller schließt nicht mit Entschiedenheit eine zweite Deutung aus, wonach das *οὐ μνημονεύομεν* auf die Zeit nach dem Tode gehen würde, und durch sie ginge das Argument für die Präexistenz verloren. Er übersieht aber, daß noch eine dritte Deutung möglich ist, die ich schon in meiner *Psychologie des Aristoteles*, S. 206 ff. und S. 209, als die allein richtige darzutun suchte. Nach ihr spricht Aristoteles hier von nichts anderem als von der bekannten Tatsache, daß eine bereits erworbene Erkenntnis uns oft wieder verloren geht, und bringt sie mit der Inkorruptibilität seines Nus in Einklang. Diese Erklärung entgeht dem Bedenken Zellers gegen jene andere, daß das Präsens *οὐ μνημονεύομεν* nicht wohl auf die Zukunft bezogen werden dürfe. Auch sie bezieht es ja auf das gegenwärtige Leben. Zugleich paßt sie, wie ich a. a. O. zeigte, aufs vollständigste in den Zusammenhang, und wird überdies durch eine Parallelstelle (De an. I, 4. 408, b, 24) wahrscheinlich gemacht. Doch zu unserem Zwecke genügt schon die Möglichkeit abweichender Deutungen der Stelle. Sie kann dann offenbar für die Präexistenz des Nus nicht mehr als beweisend angesehen werden.

Um sogleich die andere Stelle aus den Büchern von der Seele, die Zeller nicht erwähnt hat, die aber einen gewissen Schein der Präexistenz des Nus erwecken könnte, zu besprechen, so ist sie folgende. De an. I, 5. 410, b, 10 sagt Aristoteles, indem er die Lehre des Empedokles bekämpft, nach welcher jedes der körperlichen Elemente das ihm Ähnliche erkennt: *ἀπορήσειε δ' ἄν τις καὶ τί ποτ' ἐστὶ τὸ ἑνοποιοῦν αὐτά· ὕλῃ γὰρ ἔοικε τά γε στοιχεῖα· κυριώτατον γὰρ ἐκεῖνο τὸ συνέχον ὅ τί ποτ' ἐστίν· τῆς δὲ ψυχῆς εἶναί τι κρεῖττον καὶ ἄρχον ἀδύνατον· ἀδυνατώτερον δ' ἔτι τοῦ νοῦ· εὔλογον γὰρ τοῦτον εἶναι προγενέστατον καὶ κύριον κατά φύσιν, τὰ δὲ στοιχεῖά φασι πρῶτα τῶν ὄντων εἶναι.* Der Ausdruck *προγενέστατος* scheint mit der Annahme einer Schöpfung des Nus während der fötalen Entwicklung nicht vereinbar. Ja der Nus scheint nach dieser Stelle so alt wie irgend etwas, was sonst besteht, also ewig präexistiert zu haben.

Allein auch sie ist näher betrachtet nicht beweiskräftig. Was mit dem Ausdrucke *προγενέστατος* gesagt sein soll, zeigt die Zusammenstellung mit *κύριος κατὰ φύσιν*. Der Nus darf nicht, wie eine Mischung aus den Elementen gebildet, von ihnen herstammen, sonst wäre er abhängig von ihnen, während er das

5 Sie wäre ihr jedenfalls sehr günstig, obwohl Trendelenburg De Anim. Comm. 1. Aufl. {1833} S. 491 auch unter solcher Voraussetzung den Mangel der Präexistenz damit in Einklang bringen will.

Herrschende sein soll. Dem entspricht aber offenbar nicht bloß die Annahme, daß er ewig sei, sondern auch die, daß der Mensch seinem noetischen Teile nach unmittelbar von Gott schöpferisch hervorgebracht werde, denn in beiden Fällen hat er sich nicht aus der Materie als einem Früheren entwickelt. Zudem spricht die Stelle nicht bloß von dem Nus des Menschen, sondern von dem Nus überhaupt, so daß auch der göttliche Nus mit darunter zu begreifen ist. (Hatte ja doch auch Empedokles seine Erkenntnistheorie auf den göttlichen Sphairos ausgedehnt, und gerade vorher findet sich (410, b, 4) hierauf eine Anspielung.) Da nun dieser göttliche Nus der Ursprung aller Dinge ist, so ist der Ausdruck *προγενέστατος* (vgl. Sophokles, Antigone 938: *θεοὶ προγενεῖς*) gewiß vollständig gerechtfertigt.

Vielleicht hat Zeller diese Stelle nicht für sich angerufen, nicht darum, weil sie ihm entgangen war, sondern weil auch er sie nicht als einen wahren Beleg für seine Auffassung betrachtete. Dagegen führt er, wie gesagt, und offenbar als schlechterdings entscheidend, eine Stelle De gen. anim. an. In zwei Anmerkungen {S. 569, Anm. 1; S. 573, Anm. 3} teilt er sie stückweise mit, eigene Erwägungen einschaltend. Wir ziehen es vor, sie hier als Ganzes vorzuführen und dann zu zeigen, wie Zeller sie verwerten zu können glaubt.

De gen. anim. II, 3. 736, a, 31 wirft Aristoteles die Frage auf: *πότερον ἐνυπάρχει [ἡ ψυχὴ] τῷ σπέρματι καὶ τῷ κυήματι ἢ οὔ, καὶ πόθεν*; und nachdem er (b, 5) auf die besondere Schwierigkeit der Frage in bezug auf den Nus aufmerksam gemacht (*διὸ καὶ περὶ νοῦ, πότε καὶ πῶς μεταλαμβάνει καὶ πόθεν τὰ μετέχοντα ταύτης τῆς ἀρχῆς, ἔχει τ' ἀπορίαν πλείστην, καὶ δεῖ προθυμεῖσθαι κατὰ δύναμιν λαβεῖν καὶ καθ' ὅσον ἐνδέχεται*), antwortet er (b, 8): *τὴν μὲν οὖν θρεπτικὴν ψυχὴν τὰ σπέρματα καὶ τὰ κυήματα τὰ χωριστὰ* (?) *δῆλον ὅτι δυνάμει μὲν ἔχοντα θετέον, ἐνεργείᾳ δ' οὐκ ἔχοντα, πρὶν ἢ καθάπερ τὰ χωριζόμενα τῶν κυημάτων ἕλκει τὴν τροφὴν καὶ ποιεῖ τὸ τῆς τοιαύτης ψυχῆς ἔργον. πρῶτον μὲν γὰρ ἅπαντ' ἔοικε ζῆν τὰ τοιαῦτα φυτοῦ βίον, ἑπομένως δὲ δῆλον ὅτι καὶ περὶ τῆς αἰσθητκῆς λεκτέον ψυχῆς καὶ περὶ τῆς νοητικῆς. πάσας γὰρ ἀναγκαῖον δυνάμει πρότερον ἔχειν ἢ ἐνεργείᾳ. ἀναγκαῖον δὲ ἤτοι μὴ οὔσας πρότερον ἐγγίνεσθαι πάσας, ἢ πάσας προϋπαρχούσας, ἢ τὰς μὲν τὰς δὲ μή, καὶ ἐγγίνεσθαι ἢ ἐν τῇ ὕλῃ μὴ εἰσελθούσας ἐν τῷ τοῦ ἄρρενος σπέρματι, ἢ ἐνταῦθα μὲν ἐκεῖθεν ἐλθούσας, ἐν δὲ τῷ ἄρρενι ἢ θύραθεν ἐγγινομένας ἁπάσας ἢ μηδεμίαν ἢ τὰς μὲν τὰς δὲ μή. ὅτι μὲν τοίνυν οὐχ οἷόν τε πάσας προϋπάρχειν, φανερόν ἐστιν ἐκ τῶν τοιούτων. ὅσων γὰρ ἐστιν ἀρχῶν ἡ ἐνέργεια σωματική, δῆλον ὅτι ταύτας ἄνευ σώματος ἀδύνατον ὑπάρχειν, οἷον βαδίζειν ἄνευ ποδῶν· ὥστε καὶ θύραθεν εἰσιέναι ἀδύνατον. οὔτε γὰρ αὐτὰς καθ' αὐτὰς εἰσιέναι οἷόν τε ἀχωρίστους οὔσας* οὔτ' ἐν σώματι εἰσιέναι· τὸ γὰρ σπέρμα περίττωμα μεταβαλλούσης τῆς τροφῆς ἐστίν. λείπεται δὲ τὸν νοῦν μόνον θύραθεν ἐπεισιέναι καὶ θεῖον εἶναι μόνον· οὐθὲν γὰρ αὐτοῦ τῇ ἐνεργείᾳ κοινωνεῖ σωματικὴ ἐνέργεια.

Das ist die von Zeller angezogene Stelle, und er macht dazu folgende Bemerkungen:

Von den Worten: ἀναγκαῖον δὲ ἤτοι μὴ οὔσας πρότερον ἐγγίνεσθαι πάσας, ἢ πάσας προϋπαρχούσας, ἢ τὰς μὲν τὰς δὲ μή sagt er, sie hießen: „Was die ψυχὴ αἰσθητική und νοητική betreffe, so müssen entweder alle ihre Teile erst durch die Zeugung entstehen, oder alle präexitieren, oder es müsse bei den einen jenes, bei den anderen dieses anzunehmen sein." {Zeller 1879, S. 569, Anm. 1}

Und weiter bemerkt er: „Da er (der Nus) von außen her in den Leib kommen soll, muß er vor seinem Eintritt in den letzteren schon existieren, wie dies Aristoteles auch unverkennbar voraussetzt." {Ebd., S. 573} „In der angeführten Stelle wird nämlich mit Beziehung auf die ψυχὴ αἰσθητική und νοητική ausgeführt: ἀναγκαῖον δὲ ἤτοι μὴ οὔσας πρότερον (sc. τὰς ψυχὰς) ἐγγίνεσθαι πάσας, ἢ πάσας προϋπαρχούσας, ἢ τὰς μὲν τὰς δὲ μή, καὶ ἐγγίνεσθαι ἢ ἐν τῇ ὕλῃ (also den Katamenien) μὴ εἰσελθούσας ἐν τῷ τοῦ ἄρρενος σπέρματι, ἢ ἐνταῦθα (in die Mutter) μὲν ἐκεῖθεν (aus dem σπέρμα) ἐλθούσας, ἐν δὲ τῷ ἄρρενι ἢ θύραθεν ἐγγινομένας ἁπάσας ἢ μηδεμίαν ἢ τὰς δὲ μή. Wenn nun im unmittelbaren Anschluß hieran fortgefahren wird: ὅτι μὲν τοίνυν οὐχ οἷόν τε πάσας προϋπάρχειν, φανερόν ἐστιν, denn manche seien an körperliche Organe gebunden, ὥστε καὶ θύραθεν εἰσιέναι ἀδύνατον, so liegt am Tage, daß nach Aristoteles das προϋπάρχειν und das θύραθεν εἰσιέναι untrennbar verknüpft sind, daß demnach von dem Nus, wenn dieses von ihm und von ihm allein gilt, auch jenes gelten muß." {Ebd., Anm. 3}

Betrachten nun auch wir die Stelle, um zu sehen, inwieweit das, was Zeller sagt, zutreffend sei oder nicht.

Vor allem müssen wir die nebensächliche Bemerkung machen, daß der Anfang der Stelle einer Emendation des Textes bedarf; statt τὰ σπέρματα καὶ τὰ κυήματα τὰ χωριστὰ ist zu lesen τὰ σπέρματα καὶ τὰ κυήματα τὰ ἀχώριστά, denn nur so entsteht ein Gegensatz zu τὰ χοριζόμενα τῶν κυημάτων. Es sind die unreifen, noch nicht zum Hervorgang aus dem Mutterschoß bereiten Embryonen gemeint. Daß auch Theodor Gaza ἀχώριστὰ gelesen, zeigt seine Übersetzung: Animam igitur vegetalem in seminibus et conceptibus, scilicet *nondum* separatis haberi potentia statuendum est, non actu, priusquam eo modo, quo conceptus, qui jam separantur cibum trahant et officio ejus animae fungantur. {Aristoteles 1831b, 360a}

Dann müssen wir die Übersetzung oder Paraphrase beanstanden, welche Zeller von dem ἤτοι μὴ οὔσας πρότερον ἐγγίνεσθαι πάσας gegeben hat. Es heißt dies nicht: es „müssen entweder alle ihre Teile erst *durch die Zeugung entstehen*", sondern nur: es müssen entweder alle Teile hineinkommen, ohne vorher bestanden zu haben, oder usw. Diese Differenz ist sehr wesentlich. Würde Aristoteles sagen, die Seelenteile müßten entweder durch die Zeugung entstehen oder präexistieren, so bliebe kein Zweifel darüber, daß er den Nus präexistierend gedacht hätte, denn durch die Zeugung entsteht er nach ihm sicher nicht. Wenn die noetische Seele nicht präexistiert hat, so wird der Mensch diesem seinem höchsten Teile nach während der Entwicklung des Fötus und bei einer gewissen Reife desselben schöpferisch von Gott hervorgebracht. So hat Zeller durch ungenaue Wiedergabe der Worte sie für seine Auffassung beweiskräftiger gemacht, als sie es faktisch sind.

In Wahrheit wird man, wenn man die ganze Stelle durchmustert, nirgends die Präexistenz des Nus deutlich behauptet finden. Zeller selbst erkennt dies in der zuletzt angeführten Bemerkung in gewisser Weise an. Er meint nur, es lasse sich aus ihr *erschließen*, daß Aristoteles sie gelehrt habe, und zwar aus einem doppelten Grunde: einmal, weil er lehre, daß der Nus von außen her in den Leib komme, was nicht der Fall sein könnte, wenn er nicht präexistierte, und dann, weil aus dem Zusammenhang erhelle, daß nach Aristoteles das Präexistieren und das von außen Hineinkommen untrennbar verknüpft seien. Also Zeller gibt zu, daß die Präexistenz des Nus in der Stelle nicht direkt ausgesprochen ist, und meint nur, daß sie aus ihr erschlossen werden könne.

Aber auch dieser Schluß ist nicht zwingend. Vor allem ist der Ausdruck „von außen" (θύραθεν) in keiner Weise dafür beweisend. Denn wenn Aristoteles den Nus nicht präexistierend dachte, aber annahm, daß er, im Gegensatz zu den niederen Seelenteilen, welche sich aus der Materie entwickeln, durch eine unmittelbare Einwirkung der göttlichen Schöpferkraft dem Fötus eingefügt werde, so scheint der Ausdruck θύραθεν ebensowohl am Platze. Ähnlich ist auch das zweite Argument nicht ganz stichhaltig, und zwar aus doppeltem Grunde. Einmal ist nämlich der Zusammenhang der Worte, genau besehen, etwas anders, als er bei Zeller erscheint. Zeller läßt Aristoteles aus der Unmöglichkeit des προϋπάρχειν auf die Unmöglichkeit des θύραθεν εἰσιέναι schließen. Das tut er aber nicht. Vielmehr zeigt der Blick auf die Stelle, wie wir sie oben angeführt haben, daß Aristoteles die Unmöglichkeit des θύραθεν εἰσιέναι nur als eine zweite Folgerung aus derselben Prämisse wie die Unmöglichkeit des προϋπάρχειν ableitet, nämlich aus *ὅσων γάρ ἐστιν ἀρχῶν ἡ ἐνέργεια σωματική, δῆλον ὅτι ταύτας ἄνευ σώματος ἀδύνατον ὑπάρχειν*. Somit fehlt hier der Faden des logischen Zusammenhanges. Ja noch mehr. Nicht einmal, wenn dieser insoweit gegeben wäre, würde es richtig sein, daß die untrennbare Verknüpfung der einen mit der anderen Unmöglichkeit, die untrennbare Verknüpfung der einen mit der anderen

Wirklichkeit besagte. Man könnte zwar schließen: was nicht vorbestehen kann, kann auch nicht θύραθεν hineinkommen, also *kann*, was θύραθεν hineinkommen kann, auch vorbestehen, nicht aber: was nicht vorbestehen kann, kann auch nicht θύραθεν hineinkommen, also *besteht*, was θύραθεν hineinkommt, auch vorher.[6]

Das Ergebnis einer genauen Prüfung ist also, daß auch in dieser Stelle die Präexistenz des Nus weder direkt deutlich ausgesprochen ist, noch auch aus dem, was darin gesagt wird, erschlossen werden kann.

Und hiemit ist die erste Aufgabe, die wir uns gestellt haben, erledigt. Es steht fest, daß Aristoteles nirgends die Präexistenz des Nus deutlich behauptet hat.[7]

---

6 In der ersten Ausgabe {Brentano 1882} hatte ich Zellers Argumentation nur aus dem ersten Grunde, der freilich auch für sich allein genügend wäre, beanstandet.

7 In der ersten Auflage fand sich hier {ebd., S. 15, Anm. 1} folgende Anmerkung: „Außer den drei hier besprochenen Stellen könnte man eine im weiteren Verlaufe des dritten Kapitels des zweiten Buches De gen. anim. dafür anführen, aber nur indem man eines groben Mißverständnisses sich schuldig machte. 737, a, 7, wo es heißt: *τὸ δὲ τῆς γονῆς σῶμα, ἐν ᾧ συναπέρχεται τὸ σπέρμα τὸ τῆς ψυχικῆς ἀρχῆς, τὸ μὲν χωριστὸν ὂν σώματος, ὅσοις ἐμπεριλαμβάνεται τὸ θεῖον (τοιοῦτος δ' ἐστὶν ὁ καλούμενος νοῦς), τὸ δ' ἀχώριστον, τοῦτο τὸ σπέρμα τῆς γονῆς διαλύεται καὶ πνευματοῦται, φύσιν ἔχον ὑγρὰν καὶ ὑδατώδη* ist nämlich, wie ich schon in meiner *Psychologie des Aristoteles* S. 201 f., Anm. 281 hervorhob, unter dem *σώματος* nicht der Leib des Fötus, sondern des weiblichen Erzeugers zu verstehen. Im übrigen habe ich selbst die Stelle dort nicht ganz richtig gedeutet, indem ich meinte, Aristoteles weise hier auf den Gegensatz zwischen dem Fötus bei lebendig gebärenden und Eier legenden Tieren hin. Es ist ungleich wahrscheinlicher, daß die Worte wie b, 9 (wo wir oben *χωριστὰ* in *ἀχώριστα* emendierten) auf den Gegensatz zwischen dem unentwickelteren und dem bereits zur vollen Entwicklung gelangten, zum Hervorgang aus dem Mutterschoß bereiten menschlichen Embryo sich beziehen. Schon in dem früher angezogenen Aufsatz in der *Zeitschrift für Philosophie und philosophische Kritik* (Bd. LX, 1872), S. 126, habe ich dies mich selbst berichtigend bemerkt, und möchte dem dort Gesagten nur noch beifügen, daß nach dieser veränderten Interpretation die Ausscheidung der Worte *ὅσοις* bis *νοῦς* (737, a, 9. 10), welche bisher völlig sinnstörend schienen und darum von mir in meiner *Psychologie des Aristoteles* als das Einschiebsel einer mißverstehenden Note betrachtet wurden, nicht mehr wie früher geboten erscheint. Die *κυήματα χωριστὰ* im Sinne der entwickelten, zur Trennung vom Mutterschoße bereiten Fötus sind ja in der Tat unter allen menschlichen *κυήματα* diejenigen, welche im Gegensatze zu den minder entwickelten allein den Nus in sich haben. (Vgl. die in meiner *Psychologie des Aristoteles* S. 200 ff., Anm. 278–281 zitierten Stellen.) Die Stelle ist also nicht, wie sie früher schien, sinnlos, und ihr Sinn steht mit der anderweitig erwiesenen Lehre des Aristoteles in schönstem Einklange. Eines aber (und darauf möchte ich

II.
Aristoteles leugnet ausdrücklich die Präexistenz des Nus.

Dies ist der zweite Punkt, den ich erweisen wollte. Ich tue dies unter Berufung auf das dritte Kapitel des Buches Λ der Metaphysik, eine Stelle, welche in so klaren Worten spricht, daß sie jeden Zweifel ausschließt. Zeller hat sie, obwohl ich schon in meiner *Psychologie des Aristoteles* auf sie hinwies, ganz unbeachtet gelassen, sonst hätte sie ihn entweder von der Unrichtigkeit seiner Interpretation der Stelle De gen. anim. überzeugt, oder genötigt anzuerkennen, daß Aristoteles, wenigstens als er das Buch Λ der Metaphysik schrieb, seinen Glauben an die Präexistenz des Nus aufgegeben haben müsse.

Aristoteles bespricht nämlich hier die Frage, ob die Form, jenes Prinzip seiner Metaphysik, das am meisten Verwandtschaft mit Platons Ideen hat, vor dem von ihr Verursachten existiere oder nicht, und entscheidet sie negativ. „Die wirkende Ursache eines Dinges", sagt er, „ist vor ihm entstanden, seine formale aber beginnt mit ihm zugleich. Denn, wenn der Mensch gesund ist, dann ist auch die Gesundheit, und die Gestalt der ehernen Kugel zugleich mit der ehernen Kugel." (*τὰ μὲν οὖν κινοῦντα αἴτια ὡς προγεγενημένα ὄντα, τὰ δ' ὡς ὁ λόγος ἅμα. ὅτε γὰρ ὑγιαίνει ὁ ἄνθρωπος, τότε καὶ ἡ ὑγίειά ἐστιν, καὶ τὸ σχῆμα τῆς χαλκῆς σφαίρας ἅμα καὶ ἡ χαλκῆ σφαίρα.* {1070, a, 21–24}) Da Aristoteles die Seele zu den Formen rechnete, so könnte aus diesen Worten, da sie allgemein sprechen, bereits der Schluß gezogen werden, daß auch die Seele, und somit der Nus, der ja ein Teil derselben ist, nicht präexistiert habe. Doch würde, ich gebe es zu, ein solcher Schluß nicht die volle Sicherheit

Zeller noch aufmerksam machen) geht aus dieser Lehre deutlich hervor, nämlich daß Aristoteles mit der ihm eigenen Kürze und Nachlässigkeit keine Sorge getragen hat, die 736, b, 15–20 aufgeworfenen Fragen und die Antworten darauf (21–29) genau einander anzupassen. Wenn einer zu dem *ἐν δὲ τῷ ἄρρενι ἢ θύραθεν ἐγγινομένας ἁπάσας ἢ μηδεμίαν ἢ τὰς μὲν τὰς δὲ μή*, das *λείπεται δὲ τὸν νοῦν μόνον θύραθεν ἐπεισιέναι* in Beziehung setzen und daraus schließen würde, daß der Nus im Samen des Vaters sei und von ihm aus in die Katamenien und in den Embryo eingehe, so würde er vollständig fehlgehen. Auch hieraus könnte Zeller ersehen, auf wie wenig verlässigem Fundamente er sein Argument aufzurichten versucht hat." So in der ersten Auflage. Indessen habe ich erkannt, daß, wie meine erste, auch diese meine zweite Interpretation der Stelle nicht wohl zu empfehlen und wahrscheinlich *τὸ δ' ἐκ τῆς γονῆς σῶμα* statt *τὸ δὲ τῆς γονῆς σῶμα*, sowie *τούτῳ τὸ σπέρμα* statt *τοῦτο τὸ σπέρμα* zu lesen ist. Daß die Stelle irgendwie korrumpiert sei, war schon von Aubert und Wimmer {Aristoteles 1860} bemerkt worden. Vgl. hierzu die ausführliche Erörterung im 2. Teil dieser Abhandlung I, 2.

gewähren. Zeller würde vielleicht sagen, daß Aristoteles in betreff der menschlichen Seele und ihres Nus eine Ausnahme gemacht habe, die er nur hier zu erwähnen versäume.

Allein das unmittelbar Folgende macht eine solche Ausflucht unmöglich, indem Aristoteles ausdrücklich auf die menschliche Seele und ihren unsterblichen Teil zu sprechen kommt. Er fährt nämlich fort: „Ob aber von ihr später nach dem Untergang des Dinges noch etwas fortbesteht, muß untersucht werden; denn bei einigen steht dem nichts im Wege, wie denn vielleicht die Seele ein solches ist, nicht die ganze (vgl. das *πᾶσα* De gen. anim. I, 1. 641, b, 9), aber der Nus, denn für die ganze ist es vielleicht nicht möglich.“ (*εἰ δὲ καὶ ὕστερόν τι ὑπομένει, σκεπτέον· ἐπ’ ἐνίων γὰρ οὐθὲν κωλύει, οἷον ἐι ἡ ψυχὴ τοιοῦτον, μὴ πᾶσα ἀλλ’ ὁ νοῦς· πᾶσαν γὰρ ἀδύνατον ἴσως.* {Met. Λ 3. 1070, a, 24–26}) Das sind Worte, die jeden vernünftigen Widerspruch verstummen machen. Aristoteles scheidet ganz deutlich die Fragen nach der Präexistenz und Postexistenz der Form; ihre Präexistenz wird ganz allgemein verworfen, in bezug auf die Postexistenz dagegen ein Ausnahmsfall vermerkt, indem auf die Unsterblichkeit des Nus hingewiesen wird. Also subsumiert Aristoteles aufs unzweideutigste auch den Nus dem allgemeinen Satze, wonach keine Form vor dem von ihr Verursachten Bestand hat, mit anderen Worten, er leugnet, daß der Nus präexistiert habe.

Wir kommen zum dritten Punkte.

III.
Aristoteles lehrt, daß der Mensch den unsterblichen Teil seiner Seele durch ein unmittelbares Eingreifen der schöpferischen Kraft Gottes bei seiner Erzeugung empfängt.

Dieser Satz kann, nachdem die Präexistenz des Nus als von Aristoteles geleugnet nachgewiesen wurde, schon von vornherein kaum mehr bezweifelt werden. Wenn der Nus nicht präexistiert hat, so ist er geworden; aber nicht aus einer Materie, da er ja immateriell ist; also wurde der Mensch diesem Teile nach schöpferisch hervorgebracht; also wurde er von Gott erschaffen.

Oder hat vielleicht Aristoteles es unterlassen, diesen Schluß zu ziehen, und ist bei den Prämissen stehen geblieben? – Eine Reihe von Stellen zeigen, die einen mehr, die anderen minder deutlich, daß er dies nicht getan hat.

Vor allem spricht dafür schon die früher angeführte Stelle De gen. anim. II, 3. 736, b, 27, wo er sagt: *λείπεται δὲ τὸν νοῦν μόνον θύραθεν ἐπεισιέναι καὶ θεῖον εἶναι μόνον.* Es fragt sich, wie dieses *θεῖον* zu verstehen sei. Nennt Aristoteles den Nus göttlich, nur weil er ihn als immateriell für gottähnlich hält, oder gibt er uns damit eine Bestimmung über das Woher des Nus, und lehrt uns, daß er von Gott uns geschenkt werde?[8] Zeller, da er Aristoteles die Lehre von der Präexistenz des Nus zuschrieb und sie aus dem Zusammenhang der Stelle selbst nachweisen zu können glaubte, war der ersteren Meinung; anders haben dagegen andere Ausleger, wie Brandis,[9] Trendelenburg[10] und Julius Pacius, geurteilt.[11] Und in der Tat ist ihre Auslegung die ungleich wahrscheinlichere, und zwar aus einem doppelten Grunde.

Erstens und vornehmlich spricht dafür, daß Aristoteles im vorausgehenden sich die Frage gestellt hat, woher die Seele stamme (*πότερον ἐνυπάρχει τῷ σπέρματι καὶ τῷ κυήματι ἢ οὔ, καὶ πόθεν*, 736, a, 31), und insbesondere woher der Nus komme (*διὸ καὶ περὶ νοῦ, πότε καὶ πῶς μεταλαμβάνει καὶ πόθεν τὰ μετέχοντα ταύτης τῆς ἀρχῆς*, 736, b, 5). Da er nun of-

---

8 Analog wie *δαιμόνιον* De divinat. 2. 463, b, 14. Vgl. Rhet. II, 23. 1398, a, 15 und *φυσικόν*, im Sinne von *τῆς φύσεως ἔργον*, De part. anim. I, 5. 645, a, 17. 23. 24; Met. Λ, 4. 1070, b, 30 und öfter.

9 *Handbuch der griechisch-römischen Philosophie* II {Brandis 1853}, 2, S. 1178.

10 De Anim. Comm. {Trendelenburg 1833} S. 175 sagt er: Ita intellectus, si a reliqua animi natura tanquam major sejungitur, illa facultatum continua series interrumpitur, neque ex his quasi semine naturali quoddam ordine enasci potest. Est igitur consentaneum, intellectum humanae naturae extrinsecus ingigni de generat. animal. II, 3. *λείπεται δὲ τὸν νοῦν μόνον θύραθεν ἐπεισιέναι καὶ θεῖον εἶναι μόνον.* Quorsum tandem *divina* haec in naturali rerum ordine *origo*, si re vera intellectus sensibus contineretur? Ipsam igitur humanam mentem tanquam reliquis majorem Aristoteles segregavit et *divinitus genuit*. Und ebenso sagt er S. 496: Quodsi Aristoteles mentem adeo divinum aliquid esse statuit, ut a reliqua naturali facultatum serie sejungeret: consentaneum fuit, ut ex hac non enasci, sed ad eam extrinsecus accedere putaret; id quod in secundo de generat. animal. libro disertis verbis declaravit. [Er zitiert nun die Stelle 736, b, 22–33 und 737, a, 7–10 und fährt fort:] Ita mens sola divinitus in foetum intrat; id quod cum universa, qualis posita est, mentis ratione plane consentit.

11 J. Pacius, In Lib. De Anima Comment. Analyt. III, 6, § 5 (Francof. 1621, S. 385, 5). Quapropter de hoc intellectu (sc. agente) accipiendum est, quod ait Philosophus lib. 2. de generat. animal. cap. 3. eum non educi ex potentia materiae ut educuntur aliae formae, sed extrinsecus advenire; non quia fuerit ante corpus; quia cum sit facultas animae non est sine anima, et cum anima sit forma corporis, non potest esse ante corpus: *sed quia dum natura constituit corpus, eodem momento Deus creat animam*, ut sit forma illius corporis: adeo ut haec forma principium habeat una cum materia, sed nihilominus post hominis mortem permaneat et consistat sine materia, ut Aristoteles pulcherrime pronuntiavit dicto capite tertio, libro undecimo Metaphysicorum. (Die Stelle Met. Λ, 3., welche wir soeben analysierten.)

fenbar hier die Antwort darauf geben will, indem er sagt, der Nus komme θύραθεν in den Fötus und sei θεῖος, so muß auch das θεῖος auf die Frage nach dem Ursprung des Nus bezogen werden und den Ausdruck θύραθεν näher bestimmen. Dies wäre nicht der Fall, wenn der Nus nur einfach als immateriell göttlich genannt würde. Vielmehr haben wir nur zwischen zwei Annahmen zu wählen: entweder daß Aristoteles durch das θεῖος auf die Ewigkeit des Nus hindeutete (dann wäre der Sinn: er kommt von außen her in die Materie und hat, als göttlich, ewig präexistiert), oder daß er darin seinen Ursprung aus der Gottheit aussprach. Nun ist das erstere ausgeschlossen, da wir ja früher gezeigt haben, daß Aristoteles die Präexistenz des Nus leugnete, also läßt das θεῖος sich nicht wohl anders als im Sinne von „gottentsprungen" fassen.

Hiezu kommt dann noch ein zweites Moment, welches dieselbe Auslegung empfiehlt. Es ist dies der Zusammenhang mit dem unmittelbar Folgenden. Nachdem nämlich Aristoteles gesagt hat, der Nus allein sei θεῖος, fügt er bei, es scheine nun freilich das Vermögen auch einer jeden niederen Seele etwas von einem höheren und göttlicheren Körper als den sog. Elementen überkommen zu haben und infolge davon diesem verwandt zu sein,[12] und die Natur, die Aristoteles πνεύμα nennt, sei darum analog dem Elemente der Gestirne. Er meint hiermit nicht, daß bei den lebenden Wesen ein himmlisches Element den irdischen Substanzen beigemischt sei,[13] denn die Himmel gelten ihm für inkorruptibel, während das πνεύμα aufgelöst wird (737, a, 11); er will vielmehr nur

12 πάσης μὲν οὖν ψυχῆς δύναμις ἑτέρου σώματος ἔοικε κεκοινωνηκέναι καὶ θειοτέρου τῶν καλουμένων στοιχείον (736, b, 30). κεκοινωνηκέναι heißt „teilgehabt haben", „teilgenommen haben". Fragt man, in welcher Weise, so scheint die einzig mögliche Antwort: als unter seinem Einfluß stehend, von seiner Kraft mit hervorgebracht. Das πνεύμα ist göttlicher als die Elemente, weil der Einfluß der göttlichen Körper es aus den Elementen bildet. So wird es, wo Aristoteles von den Bienen spricht (De gen. anim. III, 10. 761, a, 5) auch geradezu göttlich genannt, wie der Nus an unserer Stelle um seines göttlichen Ursprungs willen. Mit größter Deutlichkeit weisen auch die Worte: ἡ ἐν τοῖς ζώοις θερμότης οὔτε πῦρ οὔτε ἀπὸ πυρός ἔχει τὴν ἀρχήν {737, a, 6} darauf hin, daß mit den Ausdrücken θειότερον und θεῖον die höhere Herkunft angedeutet wird, womit dann freilich auch, da Ähnliches Ähnliches wirkt, eine besondere Verwandtschaft mit dem höheren Prinzip ausgesprochen erscheint. Vgl. zu unserem κεκοινωνηκέναι das κοινωνήσασιν Eth. Nic. IX, 1. 1164, b, 3.

13 Zeller ist hierin mit mir gegen Kampe, welcher sogar den Nus zu einem Partikelchen himmlischen Äthers machen will, einverstanden (Philosophie der Griechen, 3. Aufl., II, 2, S. 569, Anm. 3). Auch Grote {1872}, in seinem Opus posthumum über Aristoteles, ist einem ähnlichen Irrtum wie Kampe verfallen.

sagen, daß zur Entwicklung des Lebens der Einfluß der Sonne (vgl. De gen. et corr. II, 10. 336, b, 17 und a. a. O.) oder der tierischen Wärme, die selbst wieder von der Sonne herstammt, nötig sei, nicht aber die Wirksamkeit des irdischen Feuers und der anderen niederen Elemente genüge. Wenn nun hier der Ausdruck κεκοινωνηκέναι θειοτέρου τῶν καλουμένον στοιχείων (736, b, 30) einen Bezug auf den Ursprung hat, so wird es dadurch um so wahrscheinlicher, daß der unmittelbar vorher (b, 28) und auch wieder unmittelbar nachher (737, a, 10) gebrauchte Ausdruck θεῖον ebenso zu nehmen ist.

Wir werden also nicht umhin können, das θεῖον mit Brandis und Trendelenburg in dem Sinne von „gottentsprungen" zu fassen, und dann haben wir in der Stelle De gen. anim. selbst einen ersten direkten Beleg dafür, daß Aristoteles den Menschen seiner noetischen Seele nach unmittelbar aus der Schöpferkraft Gottes hervorgehen ließ.

Andere Stellen dienen dem zur Bestätigung. So das vierzehnte Kapitel im achten Buche der Nikomachischen Ethik, wo Aristoteles (1162, a, 6) von den Eltern und den Göttern sagt, sie seien uns Ursachen des Seins (*αἴτιοι τοῦ εἶναι*), was nicht gesagt werden könnte, wenn der geistige Teil, der am meisten unser Ich ausmacht (ebd. IX, 8. 1168, b, 35), nicht entstanden wäre. Von den Eltern ist er nun freilich nach dem, was wir gehört haben, nicht eigentlich erzeugt, doch veranlassen sie nach Aristoteles auch sein Dasein, indem sie durch die Erzeugung die Entwicklung des Fötus beginnen, die regelmäßig für die Entstehung des Menschen auch seinem geistigen Teile nach entscheidet; im vollkommensten Sinne aber ist diesem Teile nach die Gottheit für ihn wirkendes Prinzip.

Doch ich sehe voraus, daß gegen diese Belegstelle von mancher Seite eingewendet werden wird, Aristoteles spreche in der Nikomachischen Ethik manchmal in einer ungenaueren Weise, indem er sich den Volksmeinungen anbequeme, und gerade auch hier scheine er dies zu tun, wie es schon der populäre Plural θεοί erkennen lasse.[14] Ich kann dem nicht beistimmen und habe auch in bezug auf andere Stellen, wo man eine solche Akkommodation an die Volksanschauung zu finden glaubte, anderwärts nachgewiesen, daß sie sich mit der wahren Lehre des Aristoteles vollkommen im Einklange befinden.[15] Doch stehen uns noch zwei weitere Stellen zu Gebote, welche, den Büchern von der Seele

14 Vgl. Zeller, *Philosophie der Griechen*, S. 372, 3.

15 Vgl. meine *Psychologie des Aristoteles*, S. 194, und das Vorausgehende und die Beilage über das Wirken des Aristotelischen Gottes.

entnommen, gegen diesen Einwand von vornherein gesichert sind. Es sind dies die Stellen De an. III, 5. 430, a, 19 und 7. 431, a, 1. Sie sind auch wegen der Klarheit, mit der sie sprechen, vor allen anderen entscheidend.

Im zweiten Teile des fünften Kapitels spricht Aristoteles, nachdem er von dem die Gedanken aufnehmenden Vermögen[16] und von der Kraft der Seele, welche als wirkendes Prinzip die Gedanken erzeugt,[17] gehandelt hat, von ihrem gemeinsamen Produkt, dem wirklichen Denken. „Das Wissen in Wirklichkeit", sagt er, „ist aber eins mit seinem Objekte" (*τὸ δ' αὐτό ἐστιν ἡ κατ' ἐνέργειαν ἐπιστήμη τῷ πράγματι*); ein Gedanke, der bei ihm häufig wiederkehrt, und den er auch am Schlusse des vierten Kapitels ausgesprochen hatte (430, a, 4). Dann fährt er fort: das Wissen in Möglichkeit geht diesem aber in dem Einzelnen der Zeit nach voran (*ἡ δὲ κατὰ δύναμιν χρόνῳ προτέρα ἐν τῷ ἑνί*). {430, a, 20} Allgemein gesprochen ist aber auch der Zeit nach das Wissen in Möglichkeit nicht das frühere (*ὅλως δὲ οὐδὲ χρόνῳ*).

Schon diese Worte, welche Aristoteles am Anfange des siebenten Kapitels wiederholt, könnten den, der sie genügend erwägt, von der Wahrheit unserer Behauptung überzeugen.

Das Wissen in Möglichkeit, lehrt Aristoteles, ist nicht bloß der Natur nach, es ist, allgemein gesprochen, auch der Zeit nach nicht früher als das Wissen in Wirklichkeit, obwohl es in dem Einzelnen der Zeit nach vorangeht. Was will er damit sagen? Ist vielleicht nur dies seine Meinung, daß, da das Menschengeschlecht nach ihm anfangslos besteht, wenn auch der Einzelne früher in Möglichkeit als in Wirklichkeit ein Wissen erlangt, das wirkliche Wissen doch so alt sei wie das mögliche, weil vor ihm schon andere Menschen es gehabt haben? – Diese Auslegung könnte nur der versuchen, der mit der aristotelischen Metaphysik gänzlich unbekannt wäre. Denn was Aristoteles hier ausspricht und für den Fall des Wissens geltend macht, ist nichts anderes als das Gesetz der Synonymie zwischen Wirkendem und Gewirktem. Es genügt, eine einzige Parallelstelle zu zitieren, um dies außer Zweifel zu setzen, z. B. Met. Θ, 8. 1049, b, 17: *τῷ δὲ χρόνῳ πρότερον* (sc. *ἐστὶν ἐνέργεια δυνάμεως*) *τὸ τῷ εἴδει τὸ αὐτὸ ἐνεργοῦν πρότερον, ἀριθμῷ δ' οὔ. λέγω δὲ τοῦτο ὅτι τοῦδε μὲν τοῦ ἀνθρώπου τοῦ ἤδη ὄντος κατ' ἐνέργειαν καὶ τοῦ σίτου καὶ τοῦ ὁρῶντος πρότερον τῷ χρόνῳ ἡ ὕλη καὶ τὸ σπέρμα καὶ τὸ ὁρατικόν, ἃ δυνάμει μέν ἐστιν ἄνθρωπος καὶ σῖτος καὶ ὁρῶν, ἐνεργείᾳ δ' οὔπω. ἀλλὰ τούτων πρότερα τῷ χρόνῳ ἕτερα ὄντα ἐνεργείᾳ ἐξ ὧν ταῦτα ἐγένετο· ἀεὶ γὰρ ἐκ τοῦ δυνάμει ὄντος γίγνεται τὸ ἐνεργείᾳ ὂν ὑπὸ ἐνεργείᾳ*

16 De an. III, 4. 429, a, 15.

17 Ebd. 5. 430, a, 10–19.

ὄντος. Es handelt sich also nicht einfach um die Präexistenz des wirklichen Wissens, sondern um seine Präexistenz in der wirkenden Ursache. Und dies wird ausdrücklich bestätigt durch die Stelle De an. III, 7. am Anfang, wo Aristoteles, nachdem er die Bemerkung wiederholt: *τὸ δ' αὐτό ἐστιν ἡ κατ' ἐνέργειαν ἐπιστήμη τῷ πράγματι. ἡ δὲ κατὰ δύναμιν χρόνῳ προτέρα ἐν τῷ ἑνί, ὅλως δὲ οὐδὲ χρόνῳ*, beifügt: *ἔστι γὰρ ἐξ ἐντελεχείᾳ ὄντος πάντα τὰ γιγνόμενα*. Dies macht es nun unmöglich, das *ὅλως οὐδὲ χρόνῳ* darauf zu beziehen, daß andere Menschen schon vor uns Wissen hatten.[18] Denn ein Zusammenhang, wie zwischen Ursache und Wirkung, besteht hier nicht, weder insofern, als alles Wissen überliefert, nie etwas von einem Menschen selbständig gefunden wird, noch auch – und das ist, was, wenn man die Stelle Met. Θ, 8. vergleicht, als das Bedeutsamere erscheint – insofern, als das Kind seinem höchsten Teile nach, d. i. nach seinem Nus, durch die Zeugung von den Eltern hervorgebracht wird, worin alle einig sind, und Zeller, der Aristoteles die ewige Präexistenz des Nus lehren läßt, mit uns übereinstimmt. Met. Θ, 8.

---

18 Auch Zellers Auffassung der Stelle, wonach Aristoteles „das fortwährende Denken, welches er der tätigen Vernunft beilegt, von ihr nur im allgemeinen, aber nicht wiefern sie in dem Einzelnen ist, behaupten will" (a. a. O. S. 575), wird durch diesen Zusatz absolut unmöglich gemacht. Und Zeller schützt sich dagegen nur, indem er (S. 571, Anm. 2) die ersten Sätze des 7. Kapitels für eingeschoben erklärt. Daß man hierzu kein Recht hat, indem sie keineswegs, wie Zeller meint, „den Zusammenhang in der störendsten Weise unterbrechen", habe ich schon in meiner *Psychologie des Aristoteles* {S. 182} im Gegensatz zu Torstrik {1862} nachgewiesen. Doch gewänne Zeller damit nichts Wesentliches, da auch ohne diesen Zusatz die Stelle klar genug ist, und Zellers Annahme, daß Aristoteles ein Denken im allgemeinen, das außer und vor jedem Einzeldenken ewig und unveränderlich bestehe, gelehrt habe, nichts anderes als ein Stück der von diesem zurückgewiesenen Ideenlehre Platons wäre. Zeller steht daher selbst perplex vor der Absurdität der Theorie, die er Aristoteles zumuten will: „Auch eine individuelle menschliche Vernunft wird daher nur dadurch entstehen können, daß *die* Vernunft in einen Menschenleib einzieht und sich desselben als ihres Werkzeuges bedient[??]; wie sie dagegen die Vernunft dieses bestimmten Individuums, dieses vernünftige Ich sein könnte, wenn sie mit gar keinem Leibe verbunden ist, oder trotz ihrer Verbindung mit demselben kein körperliches Organ hat und keinen Einfluß vom Körper erfährt, läßt sich nicht absehen." {Zeller 1879, S. 574} Und: „Wo sollen wir dann aber jene unveränderliche ewige, in das leibliche Leben nicht verflochtene, in unablässiger Denktätigkeit begriffene Vernunft suchen, wenn sie weder mit dem göttlichen Denken, noch mit dem der menschlichen Individuen zusammenfällt?" {Ebd., S. 575} Ich muß auf diese Frage antworten: In den aristotelischen Schriften sicher nirgends, sondern nur in der schlechterdings unmöglichen Erklärung, die Zeller von ihnen gibt.

hat darum ganz bezeichnend nur ὁρατικὸν und ὁρῶν, nicht aber νοητικόν und νοοῦν als Beispiele angeführt.

Aber unsere Stelle zeigt, daß nun doch auch auf den Nus und sein mögliches und wirkliches Wissen das Gesetz der Synonymie Anwendung finden soll. Und somit ist es klar, daß wir nach Aristoteles, wie unserm Sehvermögen nach von einem Sehenden, so auch unserm geistigen Denkvermögen nach von einem denkenden Geiste herstammen, und daß also unser Nus nicht ursachlos von Ewigkeit existiert, wie Zeller behauptet. Ferner, daß dies Prinzip selbst ein erkennendes Wesen sein muß. Und das eine wie das andere stimmt damit zusammen, daß eben Gott es ist, der den Menschen seinem noetischen Teile nach hervorbringt. Und daß es wirklich der göttliche Nus ist, auf welchen Aristoteles hier als wirkende Ursache hinweist, das würden – wenn überhaupt noch ein Zweifel bestehen könnte – die Worte, welche De an. 5. auf ὅλως οὐδὲ χρόνῳ folgen, zur vollen Gewißheit erheben: ἀλλ' οὐχ ὁτὲ μὲν νοεῖ ὁτὲ δ' οὐ νοεῖ. {430, a, 22} Auch der Zeit nach geht ein Wissen in Wirklichkeit allem möglichen Wissen voraus, „doch dieses ist nicht ein solches, das bald denkt, bald nicht denkt“. Das sind Worte, die aufs deutlichste den göttlichen Verstand, wie ihn Aristoteles lehrte, im Gegensatz zum menschlichen, charakterisieren. Auf ihn weisen darum die besprochenen Stellen De an. III, 5. und De an. III, 7. unverkennbar hin, wie dies auch in dem zwischen ihnen liegenden Kapitel III, 6. 430, b, 23 einmal deutlich geschieht (δεῖ δὲ δυνάμει εἶναι τὸ γνωρίζον καὶ ἐνεῖναι ἐν αὐτῷ. εἰ δέ τινι μή ἐστιν ἐναντίον τῶν αἰτίων, αὐτὸ ἑαυτὸ γινώσκει καὶ ἐνεργείᾳ ἐστὶ καὶ χωριστόν).

Wir haben also außer De gen. anim. II, 3. und Eth. Nic. VIII, 14., von denen die eine wegen des Gebrauchs mehrdeutiger Ausdrücke, die andere in Rücksicht auf die Denkbarkeit einer Akkommodation an populäre Meinungen vielleicht von manchen bemängelt werden könnte, in den Büchern von der Seele selbst zwei Stellen, welche klar und unwidersprechlich für den Ursprung des Nus aus der Gottheit, als ihrem wirkenden Prinzip, Zeugnis geben. Der darin ausgesprochene Gedanke ist wesentlich derselbe, wie der, welchen wir in der modernen Zeit bei dem auch in vielen anderen Lehren Aristoteles verwandten Begründer der englischen Psychologie, nämlich bei John Locke finden, wo er von dem Denken des Menschen auf ein denkendes, schöpferisches Prinzip als seine notwendige Vorbedingung zurückschließt.[19]

Hiermit ist auch der dritte Punkt, den wir erweisen wollten, dargetan. Denn, um es noch einmal zu wiederholen, der Nus des Menschen ist nach Aristoteles, wie allgemein zugestanden wird, unkörperlich und immateriell, und

19 Vgl. Locke, *Essay concerning human understanding*, IV, 10, §§ 5 und 10.

kann darum nicht aus einer Materie erzeugt, sondern muß, wenn überhaupt verursacht, ohne Beihilfe einer Materie, also schöpferisch hervorgebracht worden sein.

Daß dies von Aristoteles angenommen wurde, kann auch für den, der mit seiner Metaphysik sich vertraut gemacht hat, gar nichts Auffallendes haben, und das ist es, worauf wir an vierter Stelle aufmerksam machen wollten.

IV.
Der Kreatianismus des Aristoteles stimmt mit seinen übrigen metaphysischen Lehren und insbesondere mit seiner Lehre von der Verursachung aller zur Welt gehörigen Wesen, auch der immateriellen und inkorruptibeln Sphären und Sphärengeister, durch die Gottheit aufs vollkommenste zusammen.

In einer Beilage zu meiner *Psychologie des Aristoteles*, „Von dem Wirken, insbesondere dem schöpferischen Wirken des aristotelischen Gottes“, habe ich sowohl durch eine Fülle von direkten Zeugnissen, als durch Deduktion aus den allgemeinen Lehren der aristotelischen Ontologie den Nachweis erbracht, daß nach Aristoteles die Gottheit Prinzip alles Seienden, sowohl im Sinne des Zweckes als der wirkenden Ursache sei, und daß dies insbesondere auch bezüglich der himmlischen Substanzen, der Sphären und Sphärengeister gelte, die in einer Zahl, wie sie dem Bedürfnis der Welt entspricht, von Ewigkeit von Gott hervorgebracht worden sind; nicht aus einer Materie, denn sie sind immateriell; also, wie wir sagen würden, schöpferisch. Auch die wesentlichsten Einwände gegen diese Auffassung habe ich dort erhoben und im einzelnen widerlegt.

Ich bin dabei mit viel Sorgfalt vorgegangen, so daß ich, wenn ich auch das ganze reichhaltige Beweismaterial nicht eigentlich erschöpft habe, nur relative Kleinigkeiten nachtragen könnte.[20] Und ich glaube in der Tat, daß der

20 So wäre S. 234 (Abs. I) nach Zeile 4 einzuschalten: Met. B, 4. 1000, a, 5 ff., besonders auch b, 28. Zu weiterer Bestätigung dient auch Met. E, 1. 1026, a, 17, wo gesagt wird, daß Geistiges Ursache sei für das Sichtbare unter dem Göttlichen, also für Sonne, Mond und Sterne. Auch diese also sind verursacht, obwohl sie immateriell sind, und die Gottheit ist das erste Prinzip ihres Seins. – S. 235 (Abs. II), Zeile 4 von unten, wäre beizufügen: auch A, 8. 988, a, 33, b, 10; ein deutlicher Beleg dafür, daß die von Aristoteles so höchlich gebilligte anaxagoreische Lehre vom Nus diesem als Prinzip im Sinne des *ὅθεν ἡ ἀρχὴ τῆς κινήσεως* gefaßt hatte. Im folgenden b, 10 wird die Ursache in diesem Sinn als *ὡς ἀπὸ τούτων τὰς κινήσεις οὔσας* aufs deutlichste durch Gegenüberstellung gegen jede Konfusion mit der Ursache im Sinne des *οὗ ἕνεκα* gesichert. – Zu S. 236, Zeile 2 von oben, könnte als Note die Bemerkung gefügt werden: Zu irgend einem Prinzip hatte schon Heraklit den Gott

erbrachte Beweis für jede entgegengesetzte Auffassung vollständig vernichtend ist. Trendelenburg hat mir seine volle Zustimmung zu dem in der Beilage Gesagten noch vor seinem Tode brieflich ausgesprochen. Zeller aber, der sich auch

gemacht, von dem er annahm, er sei das Feuer, aus welchem alles hervorgegangen, und welches nach Heraklit ein vernünftiges Wesen ist. Wozu also dann das besondere Lob des Anaxagoras? Auch Andere und Frühere waren dann nicht minder „nüchtern". – S. 237 (zu der aus De gen. et corr. II, 10. zitierten Stelle): Vgl. auch die weiter unten zu S. 244 nachgetragenen Stellen. – S. 237, zwischen Zeile 5 und 6 von unten, sind einzuschalten: Ferner De gen. anim. II, 1. 731, b, 24; 731, b, 31–732, a, 1, eine Parallelstelle zu dem Zitat aus De gen. et corr. II, 10. Ferner Met. A, 8. 988, b, 27, womit, um aufs deutlichste zu erkennen, daß vom wirkenden Prinzip und von Gott die Rede ist, Λ, 10. 1075, b, 24, und A, 3, 984, a, 16 ff. zu vergleichen ist. Ferner Met. α, 2. 994, a, 5, welches, obwohl von Pasikles stammend, die reine aristotelische Lehre enthält, und wo ein erstes Prinzip im Sinne des Bewegenden verlangt wird. Es ist offenbar, daß Aristoteles keines gelehrt hätte, oder daß ihm als solches die Gottheit galt. – S. 238, zwischen Zeile 18 und 19 von oben, ist einzuschalten: Ferner ebendaselbst S. 1073, a, 8 ἔχει δύναμιν ἄπειρον. – Ebendaselbst, zwischen Zeile 13 und 14 von unten, ist einzufügen: Ferner Eth. Nic. I, 1. 1094, b, 10 θειότερον [ἐστιν] ἔθνει καὶ πόλεσιν σώζειν τὸ ἀγαθόν; man gleicht dann mehr dem Gotte, weil dieser dasselbe als wirkendes Prinzip für einen noch weiteren Kreis, nämlich für das Weltall, leistet. – S. 239, zwischen Zeile 10 und 11 von oben, ist einzuschalten: Pol. VII, 4. 1326, a, 32 θείας δυνάμεως ἔργον. Die menschliche Kraft, sagt Aristoteles, reicht nicht aus, ein Reich von so gewaltigem Umfang zu regieren, das könne nur eine göttliche Kraft, wie diese ja auch tatsächlich das Weltall trotz seiner kolossalen Größe als Herrscherin aufs beste zu ordnen vermöge. Endlich Zeile 17 von oben ist beizufügen: Ich würde diese Stelle freilich nicht für sich allein geltend machen, da einer entgegnen könnte, Aristoteles spreche hier nur Platon nach (vgl. Gomperz, *Griech. Denker* {S. 170 f.; 423}), allein die Übereinstimmung mit so vielen anderen und besonders die Wiederholung des Ausdrucks ἔργον in Pol. VII zeigt, daß er bei dem gewählten Beispiel, wie es ja auch von vornherein das Wahrscheinlichere ist, nicht zu etwas gegriffen hat, was nach seiner Meinung eine Absurdität sein würde. – S. 241, Zeile 3 von unten, nach dem Zitat aus Met. Λ, 7. könnte eingefügt werden: De an. wird gelehrt: am Göttlichen so weit als möglich teil zu haben, danach strebe die ganze Natur; vgl. auch Eth. Nic. VII, 18. 1153, b, 32. – S. 242, Zeile 7 von oben, nach dem Zitat aus Met. K, 1. könnte beigefügt werden auch B, 2. 996, a, 22–29 ff. – S. 244 zu Zeile 5 von oben: Vgl. auch Met. A, 3. 984, b, 12, wo ἔχειν dem γίγνεσθαι entgegensteht, für beide Arten der Dinge ein Zweck verlangt wird. Vgl. den Gegensatz οὖσι und γιγνομένοις 5. 985, b, 28. Ebenso Met. A, 8. 989, b, 19 (also auch die ἀγέννηται und ἀφθαρταὶ οὐσίαι haben ἀρχαί.) Dasselbe zeigt b, 24–990, a, 8. – S. 246, Anm. 2 (am Schlusse), ist beizufügen: Vgl. auch Met. Λ, 5. 1071, hier abwehrend verhalten möchte, sieht sich zu einer Unterscheidung gedrängt, die, wenn je eine der berüchtigten Distinktionen der späten Scholastik, eine geradezu verzweifelte zu nennen ist. „Die Frage ist nicht," sagt er S. 374, Anm. 2, „ob Gott die Welt bewegt, sondern wie er sie bewegt, und es ist deshalb nicht zutreffend, wenn Brentano a. a. O. S. 235 ff. die Behauptung bestreitet, daß Gott ‚nicht das erste wirkende Prinzip, sondern nur die Zwekkursache des Seienden sei', daß ihm nach Aristoteles ‚ein Wirken überhaupt nicht zukomme'. *Diese* Behauptung wäre allerdings seltsam; denn wenn Gott das erste Bewegende ist, muß er auch das erste Wirkende sein, da das *κινητικὸν αἴτιον* und das *ποιητικόν* dasselbe ist, und nur eine bestimmte Art der *ποίησις* der Gottheit abgesprochen wird. Aber ein anderes ist es, wenn gesagt wird, Gott wirke nach Aristoteles auf die Welt nicht unmittelbar, sondern mittelbar, nicht dadurch, daß er selbst eine auf sie gerichtete Tätigkeit ausübt, sondern

---

a, 3 *νοῦς καὶ ὄρεξις καὶ σῶμα*, wo *σῶμα* die Sphäre, *νοῦς καὶ ὄρεξις* (wofür Aristoteles ebendaselbst fast *ψυχή* zu setzen versucht ist, obwohl er es, wenn er sich ganz genau ausdrücken will, nicht tun kann) den geistigen Beweger bezeichnet. Hiermit im Einklange steht das berühmte *τὸ ὀρεκτὸν καὶ τὸ νοητὸν* im 7. Kapitel (1072, a, 26). Wie dann gezeigt wird, daß das *νοητόν* der *νοῦς*, so ist auch das *ὀρεκτόν* die *ὄρεξις* selbst. – S. 248, Zeile 10, ist hinter (De coelo II, 12. 292, b, 5) einzufügen: es heißt an der betreffenden Stelle nicht, es sei ohne Handlung, sondern das Gute wohne ihm, ohne ihm durch eine Handlung verschafft zu sein, inne. Zeile 15 von unten ist endlich noch anzufügen: Zu beachten ist besonders, daß Aristoteles in der Nikomachischen Ethik, nachdem er im zehnten Buche, Kapitel 7 und 8 erklärt hat, das theoretische Leben sei das beste, als das dem Leben Gottes ähnlichste, der nicht ein poietisches oder praktisches, sondern nur ein theoretisches Leben führe, sogleich im folgenden (neunten) Kapitel (1179, a, 22) und mit deutlicher Beziehung auf die soeben gegebenen Erörterungen erklärt, daß die Götter den dem theoretischen Leben sich Ergebenden und so das ihnen Verwandte Pflegenden gewiß eine besonders liebevolle Fürsorge zuwenden und ihnen zum Lohne Wohltaten erweisen werden (*ἀντευποιεῖν*), so daß auch aus diesem Grunde das kontemplative Leben das glückseligste sei. Unmöglich konnte er dies tun, wenn das früher Gesagte einen Sinn hatte, der jede Fürsorge und jede Werktätigkeit der Gottheit ausschloß. – S. 250, Z. 21, ist hinter *μεταβολῶν* einzufügen: Man beachte auch, daß Aristoteles, der die *φορά* als erste der Umwandlungen bezeichnet, doch auch sagt, die Prinzipien der Substanzen seien Prinzipien für alles Seiende, weil die Akzidenzien von Substanzen abhängig seien. Also haben auch die Substanzen, an welchen sich die erste *φορά* vollzieht, Prinzipien. Auch ist es nicht nötig (nach Aristoteles wenigstens), daß alles von anderem Hervorgebrachte einen Anfang und somit ein Werden habe. So sind denn die Geister und Sphären des Himmels ungewordene Geschöpfe und die lokale Bewegung früher als jedes Werden der Substanz.

dadurch, daß er als das vollkommene Wesen durch sein bloßes Dasein ihre Tätigkeit hervorruft; er sei wirkende Ursache, nur weil er Zweckursache ist. Um *diese* Auffassung zu widerlegen, genügt es nicht, daß man Stellen aufzeigt, in denen die Gottheit nur überhaupt als das bewegende oder wirkende Prinzip bezeichnet wird – daß sie dies sei, bezweifelt ja niemand –; sondern man müßte solche nachweisen, in denen ihm eine *direkt auf die Welt gerichtete Tätigkeit* beigelegt wird, man müßte ferner zeigen, wie sich damit diejenigen Aussagen vereinigen lassen, die ihm eine solche Tätigkeit absprechen, man müßte endlich dartun, wie sich diese Tätigkeit mit der Natur eines absolut unveränderlichen und in seinem Denken auf sich selbst beschränkten Wesens, wie der aristotelische Gott, vertrüge."

Zeller will also nicht behauptet haben, daß der aristotelische Gott „nur die Zweckursache des Seienden sei", wohl aber, daß er „wirkende Ursache sei, nur weil er Zweckursache ist", d. h. offenbar nur insofern er Zweckursache ist; er wäre also dennoch *nur Zweckursache*, und wirkende Ursache nur in einem Sinne, in welchem es Zeller hier gefällt den Ausdruck zu gebrauchen, den aber weder Aristoteles, noch meines Wissens ein anderer Philosoph bisher jemals mit dem Wort verbunden hat.

Zeller will ferner nicht gesagt haben, Gott wirke gar nicht auf die Welt, sondern nur, er wirke darauf „nicht unmittelbar, sondern mittelbar". Ob er aber nach ihm gar nicht unmittelbar wirke und doch mittelbar, oder ob er zwar unmittelbar wirke, aber auf etwas anderes als die Welt – in bezug auf diese interessante Frage gibt er uns nicht die leiseste Andeutung.

Zeller will ferner zwar geleugnet haben, daß Gott nach Aristoteles „eine auf die Welt gerichtete Tätigkeit ausübe, nicht aber, daß er durch sein Dasein ihre Tätigkeit hervorrufe". Da aber durch sein Dasein in einem anderen etwas hervorrufen nichts anderes heißt als eine Tätigkeit, oder wie man sich gewöhnlicher ausdrückt, eine Wirkung darauf ausüben, so wird auch hier mit der einen Hand genommen, was die andere gibt.

Zeller verlangt von seinem Gegner, daß er nicht bloß nachweise, daß der aristotelische Gott das bewegende oder wirkende Prinzip sei, denn das allerdings könne niemand bezweifeln, sondern auch, daß er ihm „eine direkt auf die Welt gerichtete Tätigkeit" beilege; was will man aber für einen besseren Beweis dafür, als die sichtliche und fast unmittelbare Absurdität, die darin liegt, das eine anzunehmen und das andere zu verwerfen? Diese Forderung Zellers ist also leicht zu erfüllen.

Ebenso leicht gelingt der von ihm geforderte Nachweis, „wie sich diese Tätigkeit mit der Natur eines absolut unveränderlichen Wesens, wie der aristotelische Gott, vertrüge", da ja nach des Aristoteles ausdrücklichen und wiederholten Bestimmungen die Veränderung in dem aufnehmenden, nicht aber in dem wirkenden Prinzipe vorgeht.[21]

Um so schwieriger freilich wäre es, seinen zwei weiteren Forderungen zu entsprechen. Man soll zeigen, wie eine solche Einwirkung auf die Welt vereinbar sei auch mit der Natur eines „in seinem Denken auf sich selbst beschränkten Wesens, wie der aristotelische Gott", und wie sich mit der Lehre „diejenigen Aussagen des Aristoteles vereinigen lassen, die ihm eine solche Tätigkeit absprechen". Beides ist unmöglich. Das erste nicht, denn, wie ich schon in meiner *Psychologie des Aristoteles* nachwies,[22] hat er, und zwar nicht bloß in der Ethik, sondern auch in der unbezweifelt streng esoterischen Metaphysik die Kenntnis der Welt vonseiten Gottes nicht bloß nirgendwo geleugnet, sondern seinen Glauben daran deutlich zu erkennen gegeben. Das zweite nicht, denn wie ich in der Beilage zur *Psychologie des Aristoteles* gezeigt, hat man nur durch ein Mißverständnis diese Lehre in gewissen Stellen des Aristoteles ausgesprochen finden wollen. Vergleiche dazu auch noch den Zusatz zu S. 248 Z. 15 von unten meiner *Psychologie des Aristoteles*, den ich oben (S. 32) in der Anmerkung machte, und der vollends zeigt, wie meine Auffassung von Eth. Nic. X, 8. trotz dem, was Zeller S. 369 dagegen einwendet, die einzig mögliche ist.

Es steht also fest, die Gottheit ist nach Aristoteles für alles Seiende nicht bloß Zweckursache, sondern auch wirkende Ursache, und zwar im wahren, und insbesondere auch allein wahrhaft aristotelischen Sinne. Und da er dies, wie es Aristoteles auch noch im besonderen ausspricht, auch für die oberste Himmelssphäre und für die Geister ist, welche die übrigen Himmelssphären bewegen und alle diese an keiner Materie teil haben, also auch nicht aus einer solchen gebildet sein können und von Ewigkeit bestehen, so sind dieselben nach ihm Produkte einer ewigen Schöpfertätigkeit Gottes.

Das ist ein Punkt, an dem Zeller (S. 380, Anm. 1) noch ganz besonders Anstoß nimmt. Er meint, auf dem Boden des aristotelischen, wie jedes konsequenten Theismus sei die Annahme einer Schöpfung von Ewigkeit unmöglich. Wer die Gottheit als außerweltliches persönliches Wesen betrachte und von ihr andere Wesen als ebenso viele eigene Substanzen unterscheide, der würde sich durch die Annahme, diese seien von Ewigkeit her von jener geschaffen, in einen greifbaren Widerspruch verwickeln, da die Schöpfung als ein von einem persönlichen Willen ausgehender Akt notwendig in die Zeit falle. Einen solchen Widerspruch könne man sich aber doch nicht wohl entschließen, Aristoteles zuzuschreiben. Als ich dies las, freute ich mich aufrichtig, daß Zeller

21 Vgl. Phys. III, 3. 202, a, 13 und Met. K, 9. Ende.

22 *Die Psychologie des Aristoteles,* S. 190 ff.

sich einmal wenigstens darin mit mir einverstanden zeigt, daß man Aristoteles nicht ohne Bedenken eine handgreifliche Absurdität zuschreiben dürfe, während er sonst nicht anzustehen pflegt, die krassesten Widersprüche bei ihm gehäuft zu denken. Daß aber in diesem Falle nicht bloß Aristoteles, sondern sehr allgemein die strengsten Theisten den von Zeller entdeckten Widerspruch nicht gefühlt haben, dafür gibt die ganze Geschichte der Philosophie fortlaufend reiche Belege. Zum Überfluß verweise ich auf ein minder bekanntes, aber ebenfalls sehr bezeichnendes Beispiel, nämlich das des christlichen, streng theistischen und Aristoteles noch besonders geistesverwandten mittelalterlichen Philosophen Thomas von Aquino und seine ausführliche und scharfsinnige Erörterung in dem interessanten Opusculum De aeternitate mundi contra murmurantes {Thomas von Aquin 1864, S. 318 ff.}.[23]

Wenn es nun feststeht, daß Aristoteles Gott als das erste wirkende Prinzip aller Dinge, der Substanzen ebensogut wie ihrer Eigenschaften und Bewegungen, und insbesondere auch als das erste schöpferische Prinzip aller immateriellen, zur Welt gehörigen Substanzen betrachtet hat, wie wäre es annehmbar, daß er gerade nur hinsichtlich des menschlichen Nus anders gedacht und hier eine Ausnahme gemacht hätte? Gewiß in keiner Weise. Und hätten wir darum auch nicht die direkten Zeugnisse, die, namentlich De an. III, 5. und 7. die Lehre in klarster Weise aussprechen, so könnten wir schon wegen der allgemeineren metaphysischen Anschauungen des Aristoteles kaum in betreff ihrer einen Zweifel hegen. Nur darüber, ob nicht vielleicht auch der menschliche Nus von Ewigkeit geschaffen sei, wie die Geister der Sphären, würde uns, wenn nicht das dritte Kapitel des zwölften Buches der Metaphysik dies ausdrücklich ausschlösse,[24] ein Zweifel bleiben können. Doch stimmt auch dieser Punkt, wie ich in meiner *Psychologie des Aristoteles* zeigte,[25] am besten mit den allgemeinen Ansichten des Philosophen zusammen.

23 Es ist auch nicht abzusehen, warum es schwieriger sein soll, sich eine Substanz ewig und doch verursacht zu denken, als eine Bewegung. Und daß eine solche wenigstens Aristoteles von Ewigkeit verursacht gedacht habe, wird von niemand bestritten.

24 Daß auch noch andere Lehren des Aristoteles einen sicheren Anhalt dafür bieten könnten, habe ich in dem dieser 2. Auflage hinzugefügten II. Teile nachgewiesen. Vgl. daselbst II, 2.

25 S. 195 ff. Ein Ausdruck, den ich hier gebrauche, hat bei Zeller in einer mir verwunderlichen Weise Anstoß erregt. Ich sage, daß der Nus des Menschen nach dem Tode keine komplette Substanz sei, da Aristoteles den Menschen mit Geist und Leib als eine einheitliche Substanz betrachte. Zeller findet diesen Begriff einer inkompletten Substanz unaristotelisch und undenkbar; offenbar infolge

V.
Aristoteles zeigt da, wo er den Menschen seiner intellektiven Seele nach unmittelbar von Gott geschaffen werden läßt, ähnlich wie anderwärts, eine nahe Verwandtschaft seiner Lehre mit der des Platon.

Da ich eben davon sprach, daß sich mit einer theistischen Weltanschauung sehr häufig die Annahme einer Schöpfung von Ewigkeit vereinigt finde, hätte ich in gewisser Weise auch auf Platon hinweisen können, der seinen Gott (die Idee des Guten) die übrigen Ideen von Ewigkeit hervorbringen läßt.[26] Wenn ich es nicht tat, so unterließ ich es nur darum, weil die Hervorbringung dieser Ideen nicht im vollen Sinne eine Schöpfung genannt werden kann, insofern wir aus Aristoteles wissen, daß Platon auch für die Ideen eine Materie angenommen hat. Immerhin kommt Platon hier, da diese Materie fast wie ein Nichts erscheint (er bezeichnet sie geradezu als *μὴ ὄν*), dem Schöpfungsbegriff bis aufs äußerste nahe.

Und so darf seine Lehre um so mehr eine Anbahnung der aristotelischen Lehre von der ewigen Schöpfung der Sphärengeister genannt werden, als diese, wie Met. Λ, 1. 1069, a, 30 (vgl. ebd. 6 und die folgenden Kapitel) zeigt, in der

eines Mißverständnisses, denn, was ich meine, ist etwas sehr Einfaches und ähnlich, wie wenn man z. B. sagen würde, daß ein Mensch mit abgehauenem Fuß oder abgeschlagener Hand kein komplettes Exemplar der Gattung Mensch, sondern nur das Bruchstück eines Menschen sei. In gleicher Weise sei nun auch der Nus des Menschen nach seinem Tode nur noch ein Bruchstück des Menschen zu nennen. Das Mißverständnis ist aber von mir um so weniger verschuldet, als ich (S. 197) den Begriff sogar ausdrücklich durch dieses Beispiel illustriert habe. Man mag, was die Ausdrucksweise betrifft, auch noch die Stelle De gen. anim. II, 3. 737, a, 27, wo Aristoleles sogar sagt, daß das Weibchen gleichsam ein verstümmeltes Männchen sei (*τὸ γὰρ θῆλυ ὥσπερ ἄρρεν ἐστὶ πεπηρωμένον*), vergleichen. Übrigens bin ich heute nicht mehr der Ansicht, der ich in meiner *Psychologie des Aristoteles* (S. 195 ff.) Ausdruck gegeben, daß Aristoteles nicht ebenso wie sein Lehrer Platon den körperlosen Bestand des Nus für vollkommener als den in Verbindung mit dem Leibe gehalten habe. Der Verlust des niederen Teiles unserer menschlichen Natur bedeutet für uns nicht einen Übergang zur Untätigkeit, vielmehr den zu einem höheren, rein theoretischen Leben. Man vgl. hiefür meine Abhandlung *Aristoteles und seine Weltanschauung* (Leipzig 1911) und hier unten im zweiten Teil II, 2 und V.

26 Vgl. Rep. X, 2 und dazu Stumpf, *Verhältniß des Platonischen Gottes zur Idee des Guten* {1869}, eine treffliche kleine Abhandlung, deren Argumenten Zeller nicht genügend Rechnung trägt.

aristotelischen Metaphysik in gewisser Weise die Stelle der platonischen Ideen einnehmen.

Demgemäß dürfen wir erwarten, daß die richtig verstandene Lehre des Aristoteles von dem Ursprung der Seele und ihres *νοητικὸν μέρος* mit dem, was Platon darüber gelehrt, auch noch eine gewisse Ähnlichkeit haben werde. Und ist dies nach unserer Auffassung der Fall, so wird darin für sie etwas Empfehlendes und in gewissem Maße eine neue Bekräftigung liegen.

So ist es nun aber tatsächlich. Allerdings könnte es auf den ersten Blick scheinen, als ob Zeller Platon und Aristoteles hier einander näher rücke als wir, indem er diesen die Präexistenz des Nus lehren läßt. Allein die Verwandtschaft wäre eine bloß scheinbare, und ein genetischer Zusammenhang zwischen den beiden Anschauungen bestünde durchaus nicht, da alles das, was Platon zur Annahme der Präexistenz der Seele bestimmt hat, nämlich die *ἀνάμνησις* und die Unmöglichkeit, in der sinnlichen Welt Objekte für die Begriffe nachzuweisen, von Aristoteles verworfen wird. Nur in der Begründung liegt, wie Aristoteles, Met. A, 2. 982, a, 29 selbst treffend sagt, die Belehrung. Hätte Aristoteles sogar die Präexistenz der Seele gelehrt, so wäre Platon hier nicht sein Lehrer gewesen, sondern die Übereinstimmung mit ihm eine ganz zufällige.

Anders dagegen ist es, wenn wir das, was wir oben über den Ursprung der Seele und des Nus bei Aristoteles dargetan, mit dem vergleichen, was Platon in seinem Timäus darüber lehrt. Die wesentlichste Verwandtschaft zwischen den Ansichten des Lehrers und des Schülers tritt hier sofort unverkennbar hervor. Schon Platon unterschied nicht bloß Sterbliches und Unsterbliches im Menschen, sondern auch einen sterblichen und unsterblichen Teil in seiner Seele. Sterblich sind die niederen Teile, unsterblich dagegen das *νοητικὸν μέρος*. Und diesen höchsten Teil läßt er, während die niederen Teile auch niederer Abkunft sind, allein von dem Demiurgen, d. i. von dem Gotte, der nach ihm auch die Ideen selbst gebildet hat, unmittelbar hervorgebracht werden.[27]

In allem dem deckt sich also die aristotelische Lehre vollkommen mit der seines Lehrers, und es bleibt nur der eine Unterschied, der nach dem, was wir hinsichtlich der höheren Wesen gefunden, hier von vornherein erwartet werden mußte, nämlich daß das *νοητικὸν μέρος* nach Platon nicht vollkommen immateriell ist, und darum auch nicht ohne Materie, und in vollem Sinne schöpferisch hervorgebracht wird.

27 Tim. 41.

VI.
Bei den unmittelbaren Schülern des Aristoteles, Theophrast und Eudemus, lassen sich deutlich noch die Spuren derselben Lehre erkennen.

Dies ist der letzte Punkt, der uns, nachdem wir im übrigen unsere Aufgabe gelöst, noch zu erörtern bleibt. Es ist klar, daß auch diese Übereinstimmung von Gewicht ist.

Die beiden Fragen, auf die es vorzüglich ankommt, sind offenbar, ob Aristoteles wirklich die Präexistenz des Nus leugnete, ob er ihn während der Entwicklung des leiblichen Teiles entstehend glaubte, und ob er annahm, daß die Gottheit es sei, von der er hervorgebracht werde. Für das eine gibt uns Theophrast, für das andere Eudemus die Bestätigung.

Betrachten wir zunächst Theophrast. In dem Fragmente, das uns Themistius von ihm erhalten hat, spricht er sich über unsere Frage in sehr knappen Worten, aber mit aller nur wünschenswerten Bestimmtheit aus: *ὁ δὲ νοῦς πῶς ποτε ἔξωθεν ὢν καὶ ὥσπερ ἐπίθετος ὅμως συμφυής; … ἀλλὰ τὸ ἔξωθεν ἄρα οὐχ ὡς ἐπίθετον, ἀλλ' ὡς ἐν τῇ πρώτῃ γενέσει συμπεριλαμβανόμενον θετέον.*[28]

Theophrast wirft hier das Bedenken auf, wie es doch geschehen könne, daß der Nus, obwohl er nicht aus dem elterlichen Zeugungsstoffe stamme, sondern von außen komme und wie etwas Dazugesetztes sei, dennoch zur Natur des Menschen gehöre. Und er findet die Lösung der Schwierigkeit darin, daß der Nus nicht fertig zu dem leiblichen Menschen hinzugesetzt, sondern in seinem ersten Entstehen mitbegriffen sei. Die Präexistenz also wird von ihm deutlich geleugnet.

Bekannter ist die Stelle des Eudemus. Da sie in der eudemischen Ethik sich findet, konnte sie nicht unbeachtet bleiben und wurde unter anderen von Ravaisson {1837, S. 586–588} angerufen, da er nachweisen wollte, daß der Nus poietikos des Aristoteles die Gottheit sei. Wirklich lehrt Eudemus an dem betreffenden Orte (Eth. Eudem. VII, 14. 1248, a 24), daß Gott die wirkende Ursache unseres Erkennens sei; denn er sagt: *τὸ δὲ ζητούμενον τοῦτ ἐστί, τίς ἡ τῆς κινήσεως ἀρχὴ ἐν τῇ ψυχῇ. δῆλον δή, ὥσπερ ἐν τῷ ὅλῳ θεός, καὶ πᾶν ἐκείνῳ* (l. *καὶ ἂν ἐν ἐκείνῃ.* corr. Fritzsche {1851}) *κινεῖ γάρ πως πάντα τὸ ἐν ἡμῖν θεῖον. λόγου δ' ἀρχὴ οὐ λόγος ἀλλά τι κρεῖττον. τί οὖν ἂν κρεῖττον καὶ ἐπιστήμης εἴποι* (l. *εἴη*?) *πλὴν θεός; ἡ γὰρ ἀρετὴ τοῦ νοῦ ὄργανον.* Beachtet man aber die Stelle genau, so sieht man, daß Eudemus hier Gott nicht als das nächste, sondern nur als das erste wirkende Prinzip unseres Erkennens behauptet. Denn er sagt, er sei es hier wie in dem Universum (*ὥσπερ ἐν τῷ*

28 Theophrast bei Themistius. De Anim. 91. {Themistius 1899, 107.31–108.1}

ὅλῳ). Nur wenn er ihn für das nächste wirkende Prinzip erklärt hätte, würde er ihn mit dem Nus poietikos selbst identifiziert haben. Indem er ihn dagegen für das erste wirkende Prinzip hält, denkt er ihn offenbar als die wirkende Ursache des Nus selbst, und so deckt sich seine Ansicht vollkommen mit dem, was wir bei Aristoteles De an. III, 5. und 7. so unzweifelhaft ausgesprochen fanden.

Man sieht also wohl, daß der Kreatianismus des Aristoteles, den Zeller a. a. O. S. 594 f. als eine völlig grundlose Behauptung abweisen wollte, aus ihm selbst direkt gesichert, mit seiner ganzen Lehre in Einklang, und auch sonst von den verschiedensten Seiten her bestätigt ist.

Indem ich hier für die früher von mir ausgesprochene Ansicht eintrat und die abweichende Darstellung Zellers bekämpfte, leitete mich nicht bloß Goethes Wort {1828, S. 67}:

Was bringt zu Ehren?
Sich wehren!

ich hatte eine viel weniger eigennützige Absicht.

Wer, als Schüler Trendelenburgs, durch Aristoteles die erste philosophische Weihe empfing und mit seinem Lehrer die Überzeugung teilt, daß dieser mächtige Geist noch heute fördernd auf die Forschung einzuwirken vermöge, der kann nicht gleichgültig zusehen, wenn irrige Darstellungen das System des Philosophen ins Unkennbare verunstalten, und wenn das, was er selbst für sein Verständnis gewonnen zu haben glaubt, für weitere Kreise verloren zu gehen droht. Aristoteles, wie ihn uns Zeller gibt, wäre nicht der klare Denker, als welcher er von alters her ruhmvoll bekannt ist. Es wäre unbegreiflich, wie ein so verworrener Kopf Jahrhunderte hindurch als Erzieher des Menschengeschlechtes fördernd auf seine Bildung einzuwirken vermocht hätte. Wie nun gar könnte man hoffen, daß einer, dem ein solches Bild von seiner Lehre entworfen wird, sich heutigen Tages zu seinem Studium hingezogen fühlen werde?

Zweiter Teil
Die Einwände von Eduard Zeller und ihre durchgängige Widerlegung

Als Zeller, wie schon erwähnt, meiner Schrift *Über den Kreatianismus des Aristoteles* sofort in einer akademischen Abhandlung „Über die Lehre des Aristoteles von der Ewigkeit des Geistes" entgegengetreten, hatte ich die Absicht, ihm meinerseits in einer neuen, der Wiener Akademie zu übergebenden Abhandlung eingehend zu antworten. Doch ihre damaligen Einrichtungen gestatteten eine ähnlich prompte Erwiderung nicht, wie denn z. B. meine Schrift *Über den Kreatianismus* erst volle neun Monate nach ihrer Einreichung zum Drucke gelangt war. Und so kündigte ich meine Replik in einem *Offenen Brief* an Zeller,[29] in welchem ich mich zunächst nur gegen solche Vorwürfe, die auch Persönliches berührten, verteidigte, als nahe bevorstehend an. Die Weise, wie Zeller hierauf in einem Artikel der *Deutschen Literaturzeitung* vom 7. Februar 1883, Nr. 7, Seite 228 f., erwiderte, bestimmte mich aber zum Abbruch der Debatte, von der ich keine Hoffnung mehr hatte, daß sie von seiten meines Gegners mit der gebührenden Objektivität werde geführt werden. Ob ich hier richtig gedacht, mögen diejenigen beurteilen, welche den betreffenden Artikel vergleichen.[30] Doch hatte mein damaliges Verhalten die bedauerliche Folge, daß man vielfach meinte, eine Widerlegung Zellers sei überhaupt nicht

29 *Offener Brief an Herrn Professor Eduard Zeller aus Anlaß seiner Schrift über die Lehre des Aristoteles von der Ewigkeit des Geistes.* 1883.

30 Zur Charakteristik nur ein Beispiel. Ich hatte in meinem *Offenen Brief* meiner Verwunderung darüber Ausdruck gegeben, daß Zeller die Lehre, daß Aristoteles außer dem *νοῦς παθητικός* einen *νοῦς δυνάμει* angenommen habe, der ebenso wie der *νοῦς ποιητικός* geistig und das eigentliche Korrelat zu ihm sei, eine von mir „ersonnene" nenne, da dieselbe doch von einer unabsehbaren Zahl von Interpreten ihm zugeschrieben worden sei. Zeller erwidert darauf: „Ich bemerke, daß ich nicht, wie er sagt, den *νοῦς δυνάμει*, sondern den ‚aufnehmenden *νοῦς*', in den er diesen verwandelt, einen von Brentano ersonnenen genannt habe, und er für diesen keinen Vorgänger nachzuweisen vermocht hat." {Zeller 1883, S. 229} In der Tat hatte Zeller nicht den Ausdruck *νοῦς δυνάμει*, sondern „aufnehmender Nus" gebraucht, Aristoteles selbst aber beide Ausdrücke in einem Atem zur Bezeichnung ein und desselben Vermögens angewandt. An der Stelle, um die es sich handelt, heißt es nämlich: *εἰ δή ἐστι τὸ νοεῖν ὥσπερ τὸ αἰσθάνεσθαι, ἢ πάσχειν τι ἂν εἴη ὑπὸ τοῦ νοητοῦ ἤ τι τοιοῦτον ἕτερον. ἀπαθὲς ἄρα δεῖ εἶναι, δεκτικὸν δὲ τοῦ εἴδους καὶ δυνάμει τοιοῦτον ἀλλὰ μὴ τοῦτο, καὶ ὁμοιως ἔχειν, ὥσπερ τὸ αἰσθητικὸν πρὸς τὰ αἰσθητά, οὕτω τὸν νοῦν πρὸς τὰ*

möglich gewesen, wenigstens nicht eine solche, welche alle Aussprüche des Aristoteles mit meiner Auffassung in Einklang gebracht hätte. Meinen doch manche, dieser Philosoph schwanke hier haltlos hin und her. So will ich denn das damals Versäumte nachholen und, so wie Zeller von den sechs Thesen, die ich in meiner Abhandlung über den Kreatianismus des Aristoteles aufgestellt, keine unangefochten gelassen hat, auf jeden seiner Einwände in eingehender Weise erwidern. Es ist nicht wahrscheinlich, daß noch ein weiteres Moment, welches mit einigem Schein gegen die wahre Deutung der Lehre des Aristoteles spräche, sich werde finden lassen. Und somit darf ich hoffen, daß eine Frage, welche für das Verständnis der Weltanschauung dieses Philosophen von allerhöchster Wichtigkeit ist, nunmehr endgültig erledigt sein werde.

Doch indem ich die Schrift Zellers Teil für Teil beantworte, scheint es geboten, ihre Angriffe nicht in der Reihenfolge, in der sie bei Zeller erscheinen, zu berücksichtigen, sondern mich an die Ordnung der Thesen zu halten, gegen welche sie sich kehren. Daß Zeller von dieser abwich, hatte für mich den Nachteil, daß gewisse Erörterungen, die auf Vorausgehendes Bezug nehmen, nun, dieser Unterstützung beraubt, bei dem Leser den Eindruck von unbegründeten Behauptungen machen mußten, und es wird sich zeigen, daß gewisse Vorwürfe, die er zu erheben wagt, ohne eine solche Verkehrung von vornherein ausgeschlossen gewesen wären.

I.

Meine erste These hatte gelautet:

„Aristoteles lehrt an keiner Stelle die Präexistenz des Nus klar und unzweideutig“,

und ich hatte, um sie zu erweisen, jene Stellen, die man dafür angerufen und auf die insbesondere auch Zeller hingewiesen, ja mit ihnen noch eine andere, die dafür günstig erscheinen konnte, einer Analyse unterzogen. Zeller will dieselbe, so weit es die damals von ihm erbrachten Argumente anlangt, nicht gelten lassen und behauptet, daß ihm auch noch eine Reihe anderer zu Gebote ständen, alle jene nämlich, worin Aristoteles den Nus als ewig (*ἀΐδιος*) oder auch nur als unsterblich (*ἀθάνατος*) und inkorruptibel (*ἄφθαρτος*) bezeichnet, da die Unvergänglichkeit nach den allgemeinen Prinzipien des Aristoteles zugleich die Möglichkeit jedes Entstehens ausschließe. Auch solche, wo er ihn

---

νοητά usw. {De an. III, 4. 429, a, 13} Irrte ich, wenn ich meinte, daß ich es hier mit einer bloßen Nörgelei zu tun habe?

immateriell, körperfrei oder dgl. nennt, würden dann als Beweise geltend gemacht werden können.

Die betreffenden Ausführungen nehmen in seiner Abhandlung einen breiten Raum ein, sie reichen von S. 1040 bis S. 1047, ein gutes Drittel der ganzen Schrift, so weit sie in das Sachliche eingeht. Doch je mehr Zeller sich anstrengt, eine Stelle als klaren Beleg für die Lehre von der Präexistenz darzutun, um so deutlicher wird es ersichtlich, daß keine von Einwand frei ist. Zeigen wir zunächst, wie wenig es ihm gelingt, die von mir in meinem *Kreatianismus* beanstandeten Beweisversuche aufrecht zu erhalten.

1. Der eine stützt sich auf das *οὐ μνημονεύομεν* De an. III, 5., das nach Zeller auf solches, was wir in einem Leben vor der Geburt erfahren haben, sich beziehen, und indem es den Mangel der Erinnerung daran aus der Korruptibilität des *παθητικὸς νοῦς* erkläre, jene Erfahrung und somit auch das frühere Leben selbst anerkennen soll. Gegenüber meiner Ausführung, welche nicht bloß die ausschließliche Möglichkeit einer solchen Deutung bestreitet, sondern auch zeigt, daß Aristoteles aller Wahrscheinlichkeit nach hier von nichts anderem als von den Fällen verlorenen Gedächtnisses spricht, welche man als Instanz gegen die Inkorruptibilität des denkenden Teiles geltend machen könnte, behauptet nun Zeller erstens, daß die Worte sprachlich eine solche Deutung gar nicht zuließen, zweitens, daß der Sinn, den ich ihnen gebe, auch nicht in den Zusammenhang passe. „Es bedarf“, sagt er, „keines Beweises, daß die Worte, so wie sie lauten, dieses nicht besagen und nicht besagen können; und der Satz von der Ewigkeit des Nus konnte auch nicht zu dem Einwurf Veranlassung geben, das Gedächtnis sei doch der Vergänglichkeit unterworfen.“ {Zeller 1882, S. 1046}

Gegenüber dem letzteren Argument habe ich schon in meinem *Offenen Brief* an Zeller {S. 15 f.} bemerkt, daß es, wenn irgend etwas, nicht gegen mich, sondern gegen Zeller selbst beweise, der dann das Vorausgehende völlig mißverstanden haben müsse, denn den Einwand, den ich Aristoteles hier erheben lasse, erhebe auch Theophrast in den Aporien zu dieser Stelle und in Worten, die an Deutlichkeit nichts zu wünschen übrig ließen. Er sagt nämlich: „Oder woher kommt Vergessen, Täuschung und Irrtum?“ (*ἢ διὰ τί λήθη καὶ ἀπάτη καὶ ψεῦδος;*) {Themistius 1899, 108.27–28}

Daraufhin ließ denn auch Zeller in einer zweiten Entgegnung in der *Deutschen Literaturzeitung* dieses Argument fallen, doch nur um aufs neue das erstere geltend zu machen. Er erklärt, daß die von ihm bestrittene sprachliche Zulässigkeit meiner Deutung des *οὐ μνημονεύομεν* De an. III, 5. durch die Bemerkungen S. 15 nicht dargetan sei, „solange Verf. nicht wenigstens eine Stelle aufzeigt, in der sich ein griechischer Schriftsteller einer Ausdrucksweise bedient, die der von ihm angenommenen analog wäre". {Zeller 1883, S. 229} Statt mir einen solchen Nachweis für etwas zuzumuten, was, wenn es nicht richtig wäre, die griechische Sprache zu jeder anderen mir bekannten in Gegensatz brächte, wäre es, denke ich, besser am Platze gewesen, sich selbst erst ein wenig in der griechischen Literatur umzusehen. Zeller hätte dann das verlangte Beispiel eines analogen Gebrauches gar leicht, sowohl bei anderen Klassikern ersten Ranges, als insbesondere bei Platon im ersten Buch der Republik Kap. 13, 339c finden können. Sokrates fragt: *οὐκοῦν ἐπιχειροῦντες νόμους τιθέναι τοὺς μὲν ὀρθῶς τιθέασι, τοὺς δέ τινας οὐκ ὀρθῶς;* „stellen sie nun, indem sie Gesetze zu geben suchen (da sie fehlbar sind), die einen richtig auf, einige andere aber unrichtig?", was offenbar soviel heißt, als: Geschieht es nicht, daß die Gesetzgeber (von denen Thrasymachos eben zugegeben hatte, daß sie fehlbar seien), wenn sie Gesetze geben wollen, die einen richtig, einige andere aber unrichtig aufstellen? Ebenso unmittelbar darauf im vierzehnten Kapitel 340c, wenn Sokrates sagt: *ἔγωγε, εἶπον ᾤμην σε τοῦτο λέγειν, ὅτε τοὺς ἄρχοντας ὡμολόγεις οὐκ ἀναμαρτήτους εἶναι, ἀλλά τι καὶ ἐξαμαρτάνειν.* „Ich glaubte, du sagtest das, da du zugibst, daß die Herrscher nicht unfehlbar seien, sondern auch etwas verfehlen, d. h. daß es auch vorkommt, daß sie einen Fehler begehen."[31]

Ist nun aber so an der Möglichkeit meiner Deutung des *οὐ μνημονεύομεν* schlechterdings nicht mehr zu zweifeln, so ist es im Hinblick auf die Parallelstelle De an. I, 4. 408, b, 22 und die angezogenen Worte des Theophrast, die geradezu als eine Paraphrase erscheinen, auch in ihrer überwiegenden Wahrscheinlichkeit dargetan. Und ich brauche nicht erst noch alle die schwerwiegenden Momente geltend zu machen, die im besonderen gegen Zellers Deutung sprechen. Zu dem, was ich in dieser Beziehung schon in meinem *Offenen Brief* S. 12 ff. gesagt, will ich indeß noch kurz hinzufügen, daß Zeller das Wort *χωρισθείς* in ungetreuer Übersetzung wiedergibt. Hätte er, statt Aristoteles sagen zu lassen: „wenn er (der *νοῦς*) aber getrennt ist", in treuerer

31 Sogar in dem Kap. De gen. anim. II, 3., mit dem Zeller gerade unmittelbar zuvor sich beschäftigt hatte, hätte ihm eine genauere Erwägung der Worte: *οὐδὲν γὰρ ἧττον τά τε σπέρματα καὶ τὰ κυήματα τῶν ζῴων ζῇ τῶν φυτῶν,* ... {736, a, 33} ein Beispiel, wie er es verlangt, finden lassen können, denn, wie Aristoteles im unmittelbar Folgenden lehrt, gilt von den Samen und befruchteten Keimen nicht, daß sie durchwegs, sondern nur, daß sie in einem gewissen Falle, nämlich bei schon beträchtlich vorgeschrittener Entwicklung am vegetativen Leben teilhaben. Doch ich hielt es für besser, mich statt auf diese Stelle eines sehr nachlässig stilisierten Kapitels, auf eine des mit anerkannter Meisterschaft geschriebenen 1. Buches der platonischen Republik zu berufen.

Wiedergabe gesagt, „nachdem er aber getrennt worden ist“, so hätte dies den Leser vor der Versuchung bewahrt zu glauben, die Worte könnten ebenso auf einen getrennten Zustand vor der Geburt, von welchem Aristoteles hier so wenig wie jemals anderwärts etwas andeutet, als, wie es sichtlich der Fall ist, ausschließlich auf den getrennten Zustand nach dem Tode bezogen werden. Auch das ἀθάνατος weist nur auf diesen hin, und wenn Zeller von dem ἀΐδιος, das neben ἀθάνατος steht und, wie Zeller nicht leugnen kann, sich ganz wohl mit „endlos“ übersetzen läßt, meint, diese Übersetzung sei hier unzulässig, weil es dann neben dem ἀθάνατος als müßig erschiene, so hätte ihn die Erinnerung an das ἀνώλεθρος neben dem ἀθάνατος im platonischen Phädon (106ac) von der Nichtigkeit seiner Argumentation überzeugen können. Das Argument aus dem οὐ μνημονεύομεν ist also, das darf ich doch wohl jetzt hoffen, für jeden urteilsfähigen Leser definitiv abgetan, und die betreffende im *Kreatianismus*[32] von mir geführte Erörterung voll gerechtfertigt.

2. Eine zweite Stelle, wo Aristoteles unzweideutig die Präesistenz des Nus behaupte, wollte Zeller De gen. anim. II, 3. finden. Und er hält auch hier gegenüber dem, was ich dagegen gesagt, seine Meinung aufrecht, indem er nunmehr außer 736, b, 5 auch 737, a, 7 nachdrücklich geltend macht.

Diese letztere ist eine so schwer verständliche Stelle, daß sie leicht irre führen kann. Und ich muß bekennen, daß ich selbst mich zunächst so wenig mit ihr zurecht zu finden wußte, daß ich in meiner *Psychologie des Aristoteles* {S. 201, Anm. 281} gewisse eingeschaltete Sätze für bloße Einschiebsel eines mißverstehenden Interpreten hielt und ihnen, als ich später in meiner Schrift *Über den Kreatianismus des Aristoteles* {S. 15, Anm. 1} sie als echt gelten lassen zu können glaubte, doch zunächst nur einen Sinn beizulegen wußte, der sie als eine etwas befremdliche Abschweifung erscheinen lassen würde. Erst eine wiederholte, sehr sorgfältige Erwägung hat mir, wie ich mir jetzt schmeichle, den wahren Sinn in einer vollkommen befriedigenden Weise erschlossen.

Das Verständnis war durch eine Mannigfaltigkeit von Umständen erschwert. Einmal durch die Sorglosigkeit, mit welcher Aristoteles in demselben Kapitel gewisse hoch wichtige Ausdrücke in mehrfachem Sinne anwendet. Es gilt dies sowohl von dem Ausdruck σπέρμα, als auch von dem Ausdruck χωριστός. Denn der erstere erscheint hier bald auf Leibliches beschränkt, bald auch auf Geistiges ausgedehnt, das, indem es sich mit dem Fötus verbindet, eine Art Element des einheitlichen geistig-leiblichen Lebewesens wird. Und auch im ersteren Falle bedeutet er bald den männlichen Samen oder einen

32 a. a. O. S. 101 (siehe oben S. 16).

besonderen Teil in ihm, der ihn belebungsfähig macht, bald aber ein nach seiner Vereinigung mit den Katamenien entstandenes Keimgebilde. Der Ausdruck χωριστός aber, der bei Aristoteles sehr gewöhnlich im Sinne von geistig und, als geistig, in seinem Bestand nicht an etwas Körperliches gebunden, gebraucht wird, erscheint zwar auch in diesem Kapitel in solcher Bedeutung, allein an einer anderen Stelle desselben geht er auf eine Trennbarkeit, wie sie der zum Abgang reifen Leibesfrucht dem Mutterleibe gegenüber eigen ist. Hiezu kommt die syntaktische Vieldeutigkeit der Genetive, die ja den mannigfachsten Beziehungen zum Ausdruck dienen können. Der Same eines Hengstes, der einen Maulesel erzeugt, kann, wie Aristoteles De part. anim. {I, 1. 641, b, 34} ausdrücklich hervorhebt, in gewissem Sinne, weil er Same für den Maulesel ist, auch als Same des Maulesels bezeichnet werden, und Zeller trug kein Bedenken in der Stelle τὸ σπέρμα τὸ τῆς ψυχικῆς ἀρχῆς für den Genetiv diese gewiß ungewöhnlichere Wendung anzunehmen. Dann könnte einer aber auch bei der Stelle τὸ δὲ τῆς γονῆς σῶμα den Genetiv so interpretieren, daß es sich bei dem σῶμα nicht um einen Körper, welcher, sei es das Ganze des männlichen Samens, sei es ein gewisser festerer Bestandteil von ihm ist (τὸ σωματῶδες αὐτοῦ, 736, a, 26), sondern um das in dem Weibchen entstehende leibliche Gebilde (τὸ συνιστάμενον ἐν τῷ θήλει 736, a, 28, vgl. 737, a, 13. 15), zu welchem als Frucht der Samen hingeordnet ist, handle. Dazu kommt noch, daß bei der Erzeugung des Menschen und anderer tierischer Wesen ein doppelter Abgang in Betracht kommt, einmal der des männlichen Samens bei der Begattung, dann der der Leibesfrucht bei der Geburt, und daß in unserem Kapitel die unleugbare Gefahr besteht, eine Stelle, die, wenn man genau zusieht, nur von dem letzteren sprechen kann, auf den ersteren zu beziehen. Zu dem allen kommt eine Korruption des Textes, wie sie ja bei einer schwer verständlichen Stelle besonders leicht eintreten konnte. Sie hat sich schon anderen Interpreten, z. B. Aubert und Wimmer {Aristoteles 1860, S. 152}, fühlbar gemacht, die darum σπέρμα τῆς γονῆς (737, a, 11) in σῶμα τῆς γονῆς verwandeln wollten. Allein die richtige Emendation kann nur dem gelingen, welcher bereits eine Ahnung von dem wahren Sinn der Stelle hat, der dann nach der Korrektur nur mit noch größerer Deutlichkeit hervortritt. Eine Erschwernis endlich bilden auch die vielen Einschachtelungen, zumal sie zu einem Anakoluth führen; wie denn ein solches auch nach Aubert und Wimmer, obwohl nicht ganz so, wie es nach einer entsprechenderen Emendation der Stelle sich ergibt, bestehen würde.

Es könnte nun einer meinen, der Hinweis auf diese Fülle erschwerender Umstände genüge schon, um zu zeigen, wie mißlich es sei, wenn Zeller gerade diese Stelle als Beleg für die von ihm behauptete Lehre der Präexistenz des Nus anführen will. Doch es ist durchaus nicht meine Meinung, daß man durch ihn allein schon das Argument Zellers genügend entkräfte. Wenn ich ihn nicht unterließ, so geschah es vielmehr, um mir für die Behandlung dieser Stelle eine ganz besondere Aufmerksamkeit des Lesers zu erbitten und eine zur vollständigen Sicherung des Erfolgs unvermeidliche größere Ausführlichkeit zu entschuldigen.

Geben wir also zunächst Zeller selbst das Wort, der, obwohl er hier sehr gründlich vorzugehen vermeint, wie wir dann zeigen werden, noch viel zu oberflächlich verfahren ist. „De gen. anim. II, 3. 736, b, 5", sagt er,[33] „wirft Aristoteles die Frage auf: wann, in welcher Weise und woher diejenigen Wesen, welchen der Nus inwohnt, denselben bei ihrer Entstehung erhalten? Auf diese Frage", bemerkt er nun,

> ließen sich verschiedene Antworten geben: man könne entweder annehmen, daß die sämtlichen drei Arten von Seelen (die ernährende, empfindende und vernünftige) bei der Bildung des Fötus neu entstehen, oder daß alle schon vorher existieren, aber jetzt erst in den Fötus eintreten, oder daß bei den einen jenes, bei den anderen dieses der Fall sei; man könne sie ferner entweder in der *ὕλη* (d. h. den Katamenien, die nach Aristoteles der Stoff des tierischen Leibes sind) sich bilden, oder in diese bei der Zeugung in dem männlichen Samen hereinkommen lassen; und in diesen könnten entweder sie alle von außen kommen, oder keine, oder nur ein Teil von ihnen. Daß nun nicht alle Arten von Seelen präexistieren können, sei einleuchtend; denn diejenigen, deren Wirksamkeit sich auf den Leib beziehe, können nicht ohne Leib sein, also auch nicht von außen her in ihn kommen. Der Nus allein komme somit von außen und er allein sei ein Göttliches.

Zu bemerken ist hier, daß Zeller die von Aristoteles aufgeworfenen Fragen unvollständig wiedergibt. Man erhält infolge davon den Eindruck, als ob die Absicht der ganzen Untersuchung in letzter Instanz nur dem Nus gelte, während sie sich ganz ebenso für jeden der anderen Seelenteile interessiert. Ja, zu Anfang wird gar nicht die Frage nach der noetischen, sondern nach jener Seele hervorgehoben, welche das Tier zum Tier macht und welche, wie Aristoteles sofort bemerkt, die sensitive Seele ist. Wir werden sogleich sehen, daß gerade dieser Umstand es ist, welcher gewisse Komplikationen der Fragestellung mit sich bringt. Auf Grund der Unvollständigkeit der Mitteilung der Fragen kann es aber auch Zeller allein gelingen, den Schein zu erwecken, als ob jene Nachlässigkeit in bezug auf eine genaue Anpassung von Fragen und Antworten, auf die ich in meinem *Kreatianismus*[34] aufmerksam mache, nicht

33 a. a. O. S. 1040.

34 a. a. O. S. 107, Anm. 1 (siehe oben S. 21, Anm. 7).

für jeden Interpreten unleugbar sei, sondern von mir nur infolge einer irrigen Interpretation angenommen werde.[35] Noch mehr! Aristoteles hat außer der Frage nach der Zeit, der Weise und dem Woher der Beseelung auch noch eine andere zum Gegenstand der Untersuchung dieses Kapitels gemacht und hat auch sie gleich am Anfang aufgeworfen. Es ist dies die Frage, ob etwas von dem männlichen Samen in die durch ihn gebildete Leibesfrucht eingehe, darin verbleibe und einen unterscheidbaren Teil in dem dadurch erzeugten Organismus bilde. Auch dieser Frage hat Zeller nicht Erwähnung getan, und es hat dies bedauerliche Folgen; denn, wenn auch Aristoteles diese zuerst aufgeworfene Frage später als die anderen behandelt und in der von Zeller zunächst besprochenen Stelle noch gar nicht berücksichtigt, so gehört dagegen jene zweite Stelle, die Zeller jetzt in seine Erörterung miteinbezieht, jene, über deren besondere Mißverständlichkeit ich eben klagte, bereits der Untersuchung dieser letzteren Frage an. Aristoteles tut in ihr den Ausspruch, daß der Same des Zeugungssaftes (*τὸ σπέρμα τῆς γονῆς*) in der gebildeten Leibesfrucht zwar verbleibe, aber nicht unverändert noch als ein besonderer unterscheidbarer Teil darin vorhanden sei, sondern daß er darin aufgelöst werde, indem er eine feuchte und wässerige Natur habe. Es gelte von ihm ähnliches, wie von dem Feigensaft in der Masse einer Milch, die durch ihn zum Gerinnen gebracht worden ist. Und das nun gibt ihm Gelegenheit, neben diesem männlichen Samen, auch eines „göttlichen" Samens, der zum Behuf der Erzeugung des Menschen vom Fötus empfangen worden ist, zu erwähnen, welcher im Gegensatz zum männlichen Samen sich nicht auflöst, sondern als besonderer Teil des Menschen, nämlich als sein sogenannter Nus, zu unterscheiden ist. So ist denn die unvollständige Reproduktion der von Aristoteles im Anfang des Kapitels aufgeworfenen Fragen für die richtige Würdigung dieser zweiten Stelle nicht minder schädlich als für die der ersten.

Doch hören wir Zeller weiter:

> Aus dieser Darlegung ergibt sich nun (wie ich schon Phil. d. G. II {Zeller 1879}, b, 573 bemerkt habe) mit voller Bestimmtheit, daß Aristoteles sowohl hinsichtlich des Nus als hinsichtlich der niedrigeren Seelenteile auf die Frage, wie wir zu ihnen kommen, überhaupt nur zwei Antworten für denkbar hält: 1. Das *μὴ οὔσας πρότερον ἐγγίνεσθαι* und 2. das *προϋπάρχειν*. Denn er stellt an die Spitze seiner Ausführung den Satz, daß entweder das eine oder das andere der Fall sein müsse, und die Annahme eines dritten möglichen Falles würde nicht bloß seinen Worten widersprechen, sondern auch die Be-

35 Zeller a. a. O. S. 1042, Anm. 1.

weiskraft seiner ganzen Argumentation aufheben. Hierüber ist denn auch Brentano (S. 105) mit mir einverstanden. {a. a. O., S. 1040 f.}

Gewiß bin ich damit einverstanden, daß hier jeder dritte mögliche Fall ausgeschlossen ist und muß mich nur wundern, wie Zeller hiebei als etwas besonders Bedeutsamem verweilt, da es sich ja um nichts anderes als um eine Einteilung mit kontradiktorischen Gliedern handelt. Daß die Seelen beim Abschluß der Entwicklung sämtlich in der Leibesfrucht vorhanden sind, ist ja gewiß, und nur zwei Fälle sind also denkbar: daß sie ihr zuteil geworden sind, nachdem sie schon vorher bestanden haben oder nachdem sie vorher noch nicht bestanden haben. Dagegen muß ich es als durchaus inexakt bezeichnen, wenn Zeller sagt, daß Aristoteles „diesen Satz an die Spitze seiner Ausführung stelle". {a. a. O., S. 1040} Unter den Fragen, welche die Seelenteile betreffen, nimmt die, ob gewisse oder auch alle Seelenteile vorher bestanden hätten oder nicht, die vierte Stelle ein und unter den Antworten, die Aristoteles gibt, ist auch nicht die auf diese Frage die erste,[36] sondern diejenige auf die Frage nach dem Wann des Eintretens für jeden einzelnen der drei Seelenteile. Ich muß dies nachdrücklich betonen, weil, wie wir sofort sehen werden, Zeller das, was er jetzt falsch berichtet, dann als ein Hauptargument gegen mich geltend machen will.

Zeller fährt fort:

> Aber er [Brentano] meint, unter das *μὴ οὔσας πρότερον ἐγγίνεσθαι* lasse sich auch die Annahme subsumieren, daß der Nus „während der Entwicklung des Fötus und bei einer gewissen Reife desselben schöpferisch von Gott hervorgebracht werde". {a. a. O., S. 1041}

So hatte ich mich allerdings, indem ich mich einer ähnlichen Ungenauigkeit, wie manchmal Aristoteles selbst, schuldig machte, in meinem *Kreatianismus* ausgedrückt. Aber exakter wäre es gewesen zu sagen, daß nicht der Nus, sondern der Mensch seinem noetischen Teile nach schöpferisch hervorgebracht werde. Denn der Nus, solange er Teil des Menschen ist, ist nicht ein wirkliches Ding für sich, da es nach Aristoteles niemals geschehen kann, daß der Teil eines wirklichen Dinges selbst ein wirkliches Ding ist, also auch nicht im eigentlichen Sinn entsteht, sondern nur etwa im Entstehen des Ganzen, in dem er als Teil aufgenommen wird, mitbegriffen ist. Darum fängt ja auch nach

36 Wie sie nicht die erste der Fragen ist, so auch nicht, was sonst vielleicht noch mehr auf einen Vorrang des Interesses schließen lassen könnte, die letzte; vielmehr geht diese darauf, ob die Seelenteile alle, und insbesondere auch der Nus durch die Entwicklung aus der Materie oder anderswoher in den Organismus komme.

Aristoteles die Form eines neu entstehenden Körpers zwar an zu sein, hat aber doch selbst nicht wahrhaft ein Entstehen.[37] Nach solcher exakteren Fassung bekenne ich mich auch heute noch zu der hier von Zeller mir zugeschriebenen Ansicht und halte sie für unleugbar richtig.

Hören wir weiter:

> Allein der Zusammenhang verbietet diese Deutung unbedingt. Nach meiner Auffassung sagt Aristoteles: daß alle Seelenteile präexistieren, sei unmöglich, denn diejenigen, deren Tätigkeit sich auf den Leib bezieht, können nicht ohne {einen} Leib sein, also auch nicht von außen hereinkommen; es bleibe mithin nur die Annahme übrig, daß der Nus allein von außen hereinkomme. Dies ist vollkommen korrekt und verständlich, wenn der Sprechende dabei von der Voraussetzung ausgeht, daß nur solche Seelenteile von außen her in den Menschen kommen können, die vor der Entstehung seines Leibes schon vorhanden sind. Dann haben wir den Schluß: „da die Tätigkeit der ernährenden und empfindenden Seele an einen Leib geknüpft ist, können sie nicht präexistieren und also auch nicht von außen hereinkommen; nur der Nus kann dieses beides, weil seine Tätigkeit mit der des Leibes nichts zu tun hat"; und gegen diesen Schluß läßt sich, die Prämissen zugegeben, nichts einwenden. {a. a. O., S. 1040}

Zeller hat hier in einer dankenswerten Weise seine Auffassung, indem er sie Teil für Teil zergliedert, der Kritik bloßgestellt. Sieht man recht zu, so fällt für ihn das προϋπαρχούσας ἐγγίνεσθαι mit dem θύραθεν ἐγγίνεσθαι so vollständig zusammen, daß die beiden Begriffe geradezu identisch werden. Bestehen ohne inne zu wohnen heißt ja soviel wie „außerhalb bestehen". Dagegen möchte ich nun aber doch bemerken, daß unter solcher Voraussetzung der Gebrauch von zwei verschiedenen Terminis, des Terminus θύραθεν ἐγγίνεσθαι und προϋπαρχούσας ἐγγίνεσθαι höchst zwecklos, ja um einen Vorwurf, den Zeller sogleich mir machen wird, gegen ihn zu erheben, geradezu irreführend genannt werden müßte, und auch der Schluß, den Zeller Aristoteles eben machen ließ, und von dem er sagte, daß er einwandfrei sei, wäre es keineswegs. Denn daß er nicht bündig sei, weil sein Schlußsatz etwas in den Prämissen nicht Beschlossenes enthalte, ist nicht der einzige Vorwurf, den man einem Schlusse machen kann, sondern auch das ist nicht in der Ordnung, wenn er sich als eine einfache Tautologie darstellt und im Schlußsatz eine Prämisse (wenn auch in anderen Worten) einfach wiederholt. So wäre es aber deutlich hier, denn wir hätten nach Zeller den Schluß: da die Tätigkeit der ernährenden

37 Vgl. z. B. Met. Λ, 3. am Anfang, und die Parallelstellen dazu in den ausführlicheren metaphysischen Abhandlungen.

und empfindenden Seele an einen Leib geknüpft ist, können sie nicht „präexistieren“ (d. h. zuerst existieren, ohne ihm inne zu wohnen und dann anfangen ihm inne zu wohnen, denn das „prä“ bezieht sich auf diesen Anfang), und also auch nicht von außen hereinkommen (d. h. zuerst existieren, ohne ihm inne zu wohnen und dann anfangen ihm inne zu wohnen). Diese Tautologie besteht bei Aristoteles nicht, und zwar aus einem doppelten Grunde, erstens legt er dem Schlusse nicht die Behauptung der Unmöglichkeit eines Vorbestehens, sondern das völlige Versenktsein der Tätigkeit gewisser Seelenteile in den Leib und ihre Undenkbarkeit ohne diesen als Prämisse unter; und zweitens ist der Begriff, den er mit *θύραθεν εἰσιέναι* verbindet, ein anderer und weiterer, als der des *προϋπαρχούσας ἐγγίνεσθαι*, was die Worte *ὥστε καὶ θύραθεν εἰσιέναι ἀδύνατον* {736, b, 24} auch nicht mehr als etwas erscheinen läßt, was wesentlich nur die Wiederholung des *οὐχ οἷόν τε πάσας προϋπάρχειν* wäre; eine Weitschweifigkeit, die zu der sonstigen übergroßen Gedrängtheit der Stelle seltsam kontrastieren würde. Wir haben vielmehr, wie auch das *καὶ* andeutet, zwei verschiedene Folgerungen aus derselben Tatsache, nämlich aus der Leiblichkeit der niederen Seelentätigkeiten. Was Zeller statt ihrer zur Prämisse des zweiten Schlusses macht, ist vielmehr nur eine erste Folgerung aus demselben für beide Schlüsse maßgebenden Grunde.

Er fährt fort:

> Brentano dagegen läßt den Philosophen sagen: da die niederen Seelenteile an den Leib gebunden sind, können sie weder präexistieren noch von außen hereinkommen, der Nus dagegen komme, ohne zu präexistieren, von außen herein, weil er keine Beziehung zum Leibe habe. Bei dieser Erklärung wäre
> [1.] die Bemerkung, daß die niederen Seelenteile wegen ihrer Verbindung mit dem Leibe nicht präexistieren können, nicht bloß zwecklos, sondern geradezu irreführend, denn der Nus, der in keiner Verbindung mit dem Leibe steht, soll ja nach Brentano gleichfalls nicht präexistieren; statt des *οὐχ οἷόν τε πάσας προϋπάρχειν* hätte Aristoteles, wenn er seine Meinung nicht ausdrücklich verbergen wollte, sagen müssen *οὐδεμίαν οἷόν τε προϋπάρχειν*; er hätte es ferner
> [2.] irgendwie begründen müssen, daß auch der Nus, der keine Beziehung zum Leibe hat, trotzdem nicht präexistiere; er hätte aber
> [3.] auch seiner ganzen Auseinandersetzung nicht den Gegensatz des *μὴ οὔσας πρότερον ἐγγίνεσθαι*, und des *προϋπαρχούσας ἐγγίνεσθαι*, sondern den der Entstehung durch Zeugung und des *θύραθεν εἰσιέναι* zugrunde legen müssen, denn nur dieser hätte für dieselbe eine reale Bedeutung; jedenfalls aber hätte er,
> [4.] wenn er von jener Einteilung ausging, dann innerhalb ihres ersten Gliedes (des *μὴ οὔσας πρότερον ἐγγίνεσθαι*) unter den nicht präexistierenden Seelen-

teilen den Unterschied zwischen denen, welche durch Zeugung entstehen, und denen, die von außen hereinkommen, hervorheben müssen.

Wenn er in Wirklichkeit von diesem allem das Gegenteil tut, so ist dies ein entschiedener Beweis dafür, daß die Annahme, der Nus könne von außen kommen, ohne zu präexistieren, ihm fremd war. {a. a. O., S. 1041 f.}

Hier ist vor allem zu bemerken, daß Zeller das von mir Aristoteles zugeschriebene Argument unrichtig wiedergibt, und es hängt dies damit zusammen, daß er selbst, wie wir eben gesehen haben, die Prämisse des Aristoteles etwas abgeändert hat. Diese lautete ja nicht: „gewisse Seelen können nicht präexistieren", sondern „gewisse Seelen können nicht ohne den betreffenden Leib sein", sind sie doch nichts als Wirklichkeiten, durch welche etwas, was die Materie als solche in Möglichkeit ist, wirklich ist. Aus dieser Prämisse folgt nun erstens die Unmöglichkeit der Präexistenz (*οὐχ οἷόν τε πάσας προϋπάρχειν*), zweitens aber auch allgemeiner noch die Unmöglichkeit jeder Weise eines Hinzukommens anders als durch ein Entstehen des betreffenden Wirklichen aus der Materie. Der Begriff eines solchen Hinzukommens auf andere Weise als durch Entwicklung des in der Materie der Möglichkeit nach Gegebenen zur Wirklichkeit, welches ein Dareinkommen (*ἐγγίνεσθαι*) von innen heraus ist, ist aber nach meiner Auffassung identisch mit dem *θύραθεν εἰσιέναι*. Und so ist denn mit dem *θύραθεν εἰσιέναι* nicht einfach dasselbe, vielmehr weniger gesagt, als mit dem *προϋπαρχούσας εἰσιέναι*. Und es war darum notwendig durch einen zweiten Schluß ausdrücklich hervorzuheben, daß, wie aus der Weise, in welcher sich die niederen Seelenteile zu dem Leibe verhalten, die Unmöglichkeit ihrer Präexistenz sich ergibt, so auch überhaupt die Unmöglichkeit in irgendwelcher Art (sei es für sich allein, sei es mit einem Körper, sei es von dem Vater her, sei es durch eine höhere göttliche Kraft hinzugefügt), anders als durch Entwicklung aus der Materie in den Leib hineinzukommen. Dieser zweite Schluß ist es, den Aristoteles in den Worten macht: *ὥστε καὶ θύραθεν εἰσιέναι ἀδύνατον*.

Nachdem er dies für die vegetative und sensitive Seele festgestellt, wendet er sich zu der noch einzig übrig bleibenden noetischen Seele, auf welche, weil sie geistig ist, weder der eine noch andere Schluß angewandt werden kann; doch in sehr bezeichnender Weise nimmt er darauf, daß wegen des Entfalls des Arguments gegen die Möglichkeit einer Präexistenz eine solche für den Nus angenommen werden könne, keine Rücksicht, sondern nur darauf, daß nicht widerlegt ist, daß er *θύραθεν*, d. h. anders als durch die von der vegetativen Kraft des Vaters bewirkte Entwicklung aus der Materie hineinkommen kann. Dieses aber tut er, indem er nicht etwa bloß die

Denkbarkeit, daß er anders als durch Entwicklung aus der Materie hineinkomme, sondern sofort geradezu die Tatsächlichkeit dieser Weise des Hineinkommens erschließt. Und er hatte hiezu, aber auch nur hiezu allein das Recht. Denn die Annahme einer Entwicklung aus der Materie ist bei etwas Immateriellem unmittelbar absurd, während dies von einem Neubeginn überhaupt nach den allgemeinen Prinzipien des Aristoteles keineswegs gesagt werden kann.[38]

Soviel, was die Treue der Wiedergabe meiner Ansicht betrifft. Sehen wir jetzt, wie es sich mit jeder der kritischen Ausstellungen im einzelnen verhält.

Zeller nennt es nach meiner Auffassung [1.] zwecklos und darum nur irreführend, wenn Aristoteles den Schluß zieht, daß die niederen Seelenteile nicht präexistiert hätten. Da er nach mir ebensowenig an die Präexistenz des Nus geglaubt, hätte er vielmehr ganz allgemein auf die Unmöglichkeit der Präexistenz irgend eines Seelenteiles schließen müssen. Allein Zeller beachtet nicht, daß Aristoteles es sich zur Aufgabe gesetzt hat, nicht bloß über Wann, Wie und Woher des noetischen, sondern ebenso jedes anderen Seelenteiles Auskunft zu geben und hier ein Argument bringt, das, indem es auf der völligen Versenkung in das Leibliche fußt, für die niederen Seelenteile entscheidend ist, aber auf den noetischen Teil gar nicht ausgedehnt werden kann.

Zeller meint dann weiterhin [2.], Aristoteles hätte, wenn er die Präexistenz des Nus hier gleichfalls als unmöglich ausschließen wollte, dies begründen müssen. Und ich gebe ihm hierin recht. Nur übersieht Zeller, daß ich ja gar nicht behaupte, daß Aristoteles hier die Präexistenz des Nus als falsch und unmöglich in Abrede stelle, sondern nur leugne, daß er sie hier lehre. Wenn nun im Gegensatz zu mir Zeller dieser Ansicht ist, so stellt sich vielmehr für ihn ein Bedürfnis heraus, hier auch ein Argument dafür aufzuweisen, welches aber gänzlich fehlt, da aus der Geistigkeit des Nus eben nur die Unmöglichkeit eines Anfangs durch die Entwicklung aus der Materie selbst, nicht aber die eines Neubeginns überhaupt sich ergibt.

Wenn Zeller dann [3.] meint, Aristoteles habe seiner ganzen Auseinandersetzung nicht den Gegensatz des *μὴ ὄυσας πρότερον ἐγγίνεσθαι* und des *προϋπαρχούσας ἐγγίνεσθαι*, sondern den der Entstehung durch Zeugung und des *θύραθεν εἰσιέναι* zugrunde legen müssen, weil nur dieser dafür reale Bedeutung hätte, so ist uns die Antwort hierauf in dem oben Gesagten vorgezeichnet. Zeigten wir doch, daß Aristoteles die Frage, die ihn Zeller allen andern zugrunde legen läßt, weder an erster Stelle aufwirft, noch an erster Stelle beantwortet. Und da er nun ganz offenbar auch den Unterschied des An-

---

38 Vgl. unsere späteren hierauf bezüglichen, eingehenden Erörterungen.

fangens durch Entwicklung aus der Materie und nicht durch Entwicklung aus der Materie wiederholt in seinen Fragen berührt, so kann man in keiner Weise sagen, daß es den Anschein habe, als ob es ihm auf ihre Lösung nicht eben so sehr, ja sogar hauptsächlich ankomme. So schwebt denn dieser Einwand, den Zeller macht, vollständig in der Luft.

Wenn endlich [4.] Zeller noch hinzufügt, Aristoteles hätte unter den nicht präexistierenden Seelenteilen den Unterschied zwischen den von außen hinzukommenden und den vermöge der Zeugung beginnenden hervorheben müssen, so übersieht er aufs neue, daß nach mir Aristoteles hier ja gar nicht über die Präexistenz des Nus, sondern nur über die der niederen Seelenteile etwas entschieden hat, von welchen keiner anders als durch Entwicklung aus der Materie seinen Anfang nimmt. Und so zeigt es sich denn, daß von den durch Zeller meiner Auslegung gemachten Einwänden auch nicht einer ist, der sich nicht aufs befriedigendste lösen ließe. Es müßte denn ein solcher sein, der sich nicht aus der Stelle 736, a, 31, sondern aus der 737, a, 7 ergäbe, zu der wir uns darum jetzt wenden müssen.

Zeller fährt fort:

> Er sagt ja aber auch 737, a, 7 f. vgl. 736, b, 33 f. mit klaren Worten, daß der Keim der Seele, und zwar bei den Wesen, welche das Göttliche (den Nus) in sich haben, auch der vom Leib trennbare Teil dieses Keimes, im männlichen Samen (in den er nach 736, b, 19 u. 27 θύραθεν gekommen ist) in den mütterlichen Leib übergehe. Darüber läßt uns daher schon diese Stelle nicht im Zweifel, daß der Nus nach Aristoteles deshalb von außen in den Menschen kommt, weil er schon vor der Bildung des menschlichen Leibes und der ihr gleichzeitigen der niedrigeren Seelenteile existiert, durch den Zeugungsakt nicht erst hervorgebracht, sondern nur in das sich bildende menschliche Individuum übertragen wird. {a. a. O., S. 1042}

Hier gibt uns Zeller seine Interpretation eines Satzes, den wir oben als einen besonders schwer verständlichen bezeichnet haben. Er nennt die Worte „klar", und auch ich zweifle jetzt nicht daran, mit Sicherheit erkannt zu haben, was sie besagen. Aber ich bin zu diesem sicheren Verständnis, wie ich erzählte, spät, und Zeller ist gar nicht zu ihm gelangt, sondern reiht in seiner Interpretation Irrtum an Irrtum

Er will aus der Stelle erschließen, daß Aristoteles, wenn er oben sagte, der Nus komme von außen (θύραθεν) herein, meinte, daß dies eine zweifache Geltung habe, erstens für die Katamenien, in welche er bei der Begattung hineinkomme, zweitens aber auch schon für den Samen des Vaters. Denn unsere Stelle sage, daß er in diesem schon gewesen sei und in ihm mit abgehe, um sich mit den Katamenien zu verbinden. Höchst bezeichnend aber ist es für die ganze Interpretationsweise Zellers, daß er, indem die Stelle ihm dies zu sagen scheint, nicht einen Augenblick darüber nachdenkt, was für eine Art Anwesenheit des Nus in dem Samen Aristoteles hier gemeint haben könne. Und nur aus dem Versäumnis einer jeden solchen Reflexion ist es verständlich, daß ihm nicht sofort die größten Bedenken gegen seine Interpretation aufstiegen. Eine kurze Erwägung wird dies deutlich machen.

Vor allem fragen wir, kann Aristoteles vielleicht geglaubt haben, daß der Nus im Samen des Vaters gewesen sei, wie ein Körper, der in einem anderen Körper ist? – Offenbar ist dies ausgeschlossen, denn der Nus ist ja geistig. Er muß also, wenn er im Samen des Vaters war, in einer Weise darin gewesen sein, wie sie einem Geiste zukommen kann. Als eine solche kennen wir nach Aristoteles die, daß er zu einer Seele gehört, welche die Form eines gewissen Körpers ist, und in dieser Weise findet sich der Nus nach Aristoteles in dem Leibe des erzeugten Menschen. Hatte er ihn vielleicht in solcher Weise auch schon im Samen des Vaters anwesend gedacht, glaubte er, daß er ebenso schon zur Natur des Samens, wie später zur Natur des fertigen Menschen gehört habe? – Auch diese Frage braucht man nur aufzuwerfen, um zu erkennen, daß sie mit „nein" zu beantworten ist. Der Nus hätte ja dann den Samen schon mitbeseelt, wie er später den fertigen Menschen mitbeseelt. Der Same hätte also nicht bloß den Nus überhaupt, sondern er hätte ihn auch schon als noetische Seele in sich gehabt, während Aristoteles aufs bestimmteste leugnet, daß im Samen und sogar auch noch in dem befruchteten Keim in den ersten Stadien der Entwicklung irgend eine Seele, sei es die vegetative, sei es die sensitive, sei es die intellektive, sich finde und von der intellektiven behauptet, daß sie, die der eigentliche Zweck sei, auf welchen der ganze Erzeugungsprozeß abzlele, zuletzt als Abschluß der Entwicklung von dem Fötus empfangen werde. Von diesem Augenblicke an hat der Fötus die spezifisch menschliche Natur gewonnen und ist Mensch geworden.

Wenn nun diese beiden Arten der Anwesenheit ausgeschlossen sind, an welche dritte wäre zu denken? – Die Verlegenheit, in welche diese Frage versetzt, ist keine geringe; denn wir werden doch nicht sagen wollen, Aristoteles lasse den Nus in dem Samen des Vaters sein, wie er ihn, wenn er einmal noetische Seele des Menschen geworden, in einem Hause anwesend nennen mag, in welchem der Mensch wohnt oder in einem Bette, in welchem sein von dem Nus mitbeseelter Leib ruht. In solchem Falle würde ja zwar nicht der ganze Samen, aber doch ein Teil von ihm gleicher Natur sein wie der fertige Mensch und wie an der intellektiven, an der sensitiven und vegetativen Seele teilhaben; ein wahrer Homunculus müßte in ihm existieren. Nichts ist gewisser, als daß diese Lehre Aristoteles gänzlich fremd war; ja, er widerspricht ihr ausdrücklich.[39]

Aber an welche andere Art von Anwesenheit des Nus in dem Samen hätte dann Aristoteles denken können? – Es unterliegt keinem Zweifel, daß hier nur die Annahme möglich bleibt, daß der Nus im Samen anwesend genannt werde wegen einer Kausalbeziehung, die auch ein nicht zur Natur eines Körpers gehöriger Geist zu diesem haben kann, wie denn z. B. eine solche nach Aristoteles der Gottheit in bezug auf die oberste Himmelssphäre, die unmittelbar von ihr die Bewegung empfängt, zukommt. Fragen wir also, hat Aristoteles vielleicht in dieser Weise eine Anwesenheit des Nus im väterlichen Samen gelehrt, läßt er ihn, wie später auf das sensitive Organ des menschlichen Leibes, so auch schon auf den Samen des Vaters einwirken, ja vielleicht in Wechselwirkung mit ihm stehen? Läßt er ihn, wie er später die sensitiven Tätigkeiten beeinflußt und von ihnen beeinflußt wird, durch seine Tätigkeit auch in die im Samen verlaufenden Prozesse eingreifen, wenn nicht gar auch, indem er selbst Wirkungen von ihnen empfängt, damit verbunden sein? – Daß Aristoteles etwas Derartiges nicht gelehrt hat, ist sicher, vielmehr hören wir ihn den Nus auch später von aller Beteiligung an den vegetativen Prozessen ausschließen. Die höhere Art des menschlichen gegenüber anderen Embryonen wird von ihm, ähnlich wie auch alle anderen spezifischen Rangunterschiede derselben, ausschließlich auf die edlere Art des πνεῦμα und der θερμότης ζωτική, die in dem Samen ist, zurückgeführt. Die Bildung des Samens, sowie des Embryo wird ganz unter die vegetativen Tätigkeiten und in nichts zu den noetischen gerechnet. Es ist also klar, daß, wenn nach Aristoteles der Nus im Samen des Vaters wäre, er darin wäre, ohne irgendwie darauf zu wirken und selbstverständlich um so mehr auch, ohne von ihm etwas zu erleiden. Und hiemit stellt sich denn heraus, daß Aristoteles auch diese letzte Weise der Anwesenheit, die er etwa dem Nus im Samen des Vaters zugeschrieben haben könnte, ihm tatsächlich nicht zugeschrieben hat. Und so kommen wir denn zu dem Ergebnis, daß er ihn überhaupt gar nicht und in gar keiner für ihn irgend denkbaren Weise im Samen des Vaters gegenwärtig gedacht haben kann. Der Umstand, daß er nicht auf ihn wirkt und nicht von ihm leidet, würde eine solche Gegenwart zudem als völlig zwecklos erscheinen lassen. Seine Anwesenheit hat erst einen Zweck von dem Augenblicke an, in dem er selbst, als letzter Zweck hinzukommend, die menschliche Leibesfrucht mitbeseelt und zum wirklichen Menschen vollendet.

Das also ist das klare Ergebnis einer sehr einfachen Erwägung, die aber Zeller, so sehr sie im Interesse der Interpretation unserer Stelle nahegelegt war,

---

39 Vgl. De gen. anim. II, l. 734, a, 34 und De gen. anim. I, 19. 726, b, 15.

anzustellen versäumt hat. Und nur so konnte es geschehen, daß er eine Lehre als eine in dem Satze „klar“ ausgesprochene bezeichnen konnte, die so wenig aristotelisch ist, daß sich nach Aristoteles gar nichts dabei denken läßt.

Die Unzulässigkeit der Interpretation Zellers ergibt sich aber auch noch aus einem anderen Grunde, zu dessen Verständnis wir auf die Deutung, die er jedem einzelnen Teile des Satzes gibt, näher eingehen müssen.

σπέρμα τῆς ψυχικῆς ἀρχῆς übersetzt er mit „Keim der Seele“, und so soll denn seelisches Prinzip (*ψυχικὴ ἀρχή*) hier einfach soviel wie Seele bedeuten. Man möchte sich fragen, warum in solchem Falle Aristoteles nicht einfach *ψυχῆς* gesetzt hätte. Die Worte legen es vielmehr nahe, das *ἡ ψυχικὴ ἀρχή* im Sinne von „das die Seele gebende Prinzip“, analog dem *ζωτικὴ ἀρχή*[40] („lebengebendes Prinzip“) im unmittelbar Vorausgehenden zu fassen und es dem Ausdruck *ἀρχὴ τῆς ψυχῆς* 737, a, 29 an die Seite zu stellen.[41] Der Samen (*σπέρμα*) würde dann durch den Genetiv nicht zu dem, wofür er Samen ist, sondern zu dem Prinzip, von dem er stammt, in Beziehung gesetzt, wie wenn man, um auf die aus De part. anim. erbrachte Stelle zurückzublicken, den Samen, wodurch der Hengst den Maulesel erzeugt, Samen des Hengstes nennt.

Doch das ist, so unwahrscheinlich auch Zellers Deutung hier erscheinen mag, nicht etwas, was sie geradezu widerlegt und ungleich minder wichtig, als eine andere Bemerkung, nämlich daß, wenn von einem Keim der Seele hier gesprochen werden sollte, dieser doch kein anderer sein könnte, als der Keim des betreffenden Lebewesens, denn die Seele wie auch jede andere Form hat kein eigentliches Entstehen, sondern beginnt eben dann und eben dadurch, wann und wodurch das Lebewesen entsteht. Dasselbe, was im eigentlichen Sinn Keim des Lebewesens ist, würde also hier in uneigentlicherem Sinn Keim der Seele genannt werden, weil das Lebewesen, indem es daraus entsteht und in bezug auf seine Art dadurch bestimmt wird, die Seele empfängt. Wenn nun nach Zeller dies unter dem Keim der Seele zu denken wäre, was wäre nach ihm unter dem *σῶμα*, in dem er mit abgeht, zu verstehen? – Offenbar etwas, was nicht bloß nicht mit dem Nus, sondern auch nicht mit dem körperlichen Keim des Lebewesens identisch ist. Denn auch dieser soll ja das abgehende *σῶμα*, indem er in ihm ist, nur begleiten. Zeller setzt an die Stelle von *γονῆς*

40 Vgl. De gen. anim. II, 3. 737, a, 5. Was hier *ἀρχή* genannt wird, ist die *θερμότης*, von der unmittelbar vorher gesprochen wird, welche also als *ζωτικὴ θερμότης* erscheint. De gen. anim. III, 11. 762, a, 20 wird sie *θερμότης ψυχική* genannt, und so erscheinen denn *ζωτική* und *ψυχική* als gleichbedeutende Ausdrücke.

41 Vgl. De gen. anim. I, 22. 730, b, 14 u. 15. *ἡ μορφὴ καὶ τὸ εἶδος ἀπ' ἐκείνου* und De gen. anim. I, 20. 729, a, 9 u. 10; II, 4. 738, b, 20; II, 3. 737, a, 31 u. 32 und Met. A, 6. 988, a, 4 u. 5.

σῶμα bei seiner Übertragung einfach männlicher Samen. Er scheint also darunter den ganzen zur γονή gehörigen Körper zu verstehen, ähnlich wie auch Aubert und Wimmer den Ausdruck durch „der Körper der Samenflüssigkeit" {Aristoteles 1860, S. 151} wiedergeben. Von diesem Körper der Samenflüssigkeit wären dann ein Teil, der Keim des Lebewesens ist, und ein anderer, der nicht Keim des Lebewesens ist, zu unterscheiden. Da nun gegen Ende des Satzes von einem σπέρμα τῆς γονῆς gesprochen wird, so könnte dieses offenbar nicht mit dem σῶμα τῆς γονῆς identifiziert werden, vielmehr nur mit jenem Teil von ihm, welcher der körperliche Keim des Lebewesens ist. Aber andererseits scheinen die Worte τοῦτο τὸ σπέρμα τῆς γονῆς doch auf das σῶμα τῆς γονῆς zurückzuweisen, wie denn auch von dem ganzen Körper der γονή gilt, daß er in dem γιγνόμενον κύημα sich auflöst, und so fanden denn Aubert und Wimmer es nötig, durch eine Konjektur σπέρμα mit σῶμα zu vertauschen {ebd., S. 153}. Bonitz in seinem *Index aristotelicus* scheint diese Konjektur zu billigen, und wir müssen wohl annehmen, daß auch Zeller mit ihr einverstanden ist und auf diese Weise einen Widerspruch, der sonst in den „klaren Worten" des Satzes zutage treten würde, behebe. Allein damit wäre wahrlich nicht alles beseitigt, was uns bei dem Satze befremden muß. Einmal würde weder der Relativsatz ἐν ᾧ συναπέρχεται usw. noch einer der darauf folgenden eingeschalteten Sätze irgend etwas zu dem Gedanken des Satzes, in den sie eingeschoben sind, beitragen. Aristoteles hätte nur einfach an das τῆς γονῆς σῶμα (an dessen Stelle sogar auch ein bloßes ἡ δὲ γονὴ genügt haben würde) das διαλύεται καὶ usw. anzuschließen gehabt. Eine so gänzlich nutzlose, weite Abschweifung, die, obwohl es sich nur um ein σῶμα handelt, mit großer Ausführlichkeit beim geistigen Teil des Menschen verweilt, erscheint geradezu unglaublich. Andererseits erscheint es auffallend, daß Aristoteles, der hier zu der im Anfang des Kapitels zuerst aufgeworfenen Frage sich wendet, ob in dem im Mutterschoß durch die Zeugung entstehenden Neugebilde etwas von dem darein eingegangenen Zeugungsstoffe verbleibe, diese Frage mit so kurzen Worten in Erinnerung bringt, daß zunächst gar nicht gesagt wird, daß es sich um einen Vorgang, der in der neugebildeten Frucht stattfindet, handelt. Erst am Schlusse der Erörterung, unmittelbar vor dem Vergleich mit dem Feigensaft in der durch ihn geronnenen Milch, geschieht der συστάσῃ μορφῇ, welche mit dem συνιστάμενον ἐν τῷ θήλει identisch ist, Erwähnung.

Diese beiden Inkonvenienzen fordern dringlich zu dem Versuche auf, die Auslegung durch eine solche zu ersetzen, welche sie vermeidet. Dies aber ist nur dann möglich, wenn man, die Konjektur von Aubert und Wimmer ablehnend, das τὸ σπέρμα τῆς γονῆς statt mit dem σῶμα, von dem im Anfang des Satzes die Rede ist, mit dem ἀχώριστον σπέρμα des Zwischensatzes identifiziert, unter jenem σῶμα aber das συνιστάμενον ἐν τῷ θήλει versteht, in welchem das ἀχώριστον σπέρμα sich auflöst. Um die Beziehung des Nachsatzes zu diesem herzustellen, hat man nichts zu tun, als das τοῦτο vor τὸ σπέρμα τῆς γονῆς in τούτῳ zu verwandeln. Es dürfte sich aber auch empfehlen, hinter dem δὲ ein κ einzufügen, indem man statt τὸ δὲ τῆς γονῆς σῶμα liest τὸ δ' ἐκ τῆς γονῆς σῶμα, denn dann wird jeder Mißverständlichkeit ein Ende gemacht. Sonst müßte man annehmen, daß entweder der Genetiv γονῆς hier nur die Beziehung der γονή zu dem Körper andeuten wolle, für den sie γονή ist; oder man müßte sich darauf berufen, daß Aristoteles, wie im Anfang des Kapitels und 736, a, 34 einmal σπέρματα für tierische Embryonen, hier auch einmal γονή für τὸ γιγνόμενον κύημα (vgl. oben 736, a, 26) gesetzt habe und ihm dann vielleicht auch bei σπέρμα τῆς γονῆς dieselbe Bedeutung gebe. Nur ein einziges Mal (De part. anim. IV, 10. 689, a, 11) scheint Aristoteles wirklich für ein von dem Weibchen abgehendes Gebilde, das, neben den Katamenien angeführt, nicht wohl mit ihnen identisch sein kann, den Namen γονή gebraucht zu haben, der freilich bei anderen Schriftstellern sehr häufig auf das Erzeugte angewandt wird. Wie diese Deutung, wenn nicht schlechterdings unmöglich, darum doch sehr unwahrscheinlich erscheinen muß, so gilt das gleiche auch noch von einer dritten, nach welcher γονή hier im Sinne von γένεσις stehen würde. Der Fall stände bei Aristoteles einzig da; man könnte aber allerdings zur Rechtfertigung anführen, daß er in der Schrift De part. anim. I, 1. 641, b, 31 auch einmal umgekehrt einem sonst bei ihm ausnahmslosen Gebrauch entgegen, den Ausdruck γένεσις statt γονή für den Zeugungsstoff anwendet.

Wie man nun aber auch der einen oder anderen dieser Hypothesen den Vorzug geben mag, das Wesentliche ist, daß wir durch ihre Möglichkeit uns in den Stand gesetzt sehen, wirklich unter dem σῶμα im Anfang des Satzes den Körper der im Mutterschoß gebildeten Frucht zu verstehen, in welcher, wie Aristoteles nicht bloß an dieser, sondern auch an anderen Stellen lehrt, etwas von dem männlichen Zeugungsstoff verblieben ist und darum bei dessen Abgange in ihm mit abgeht, aber nicht als ein besonderer, noch unterscheidbarer Teil, sondern aufgelöst. In dieser Beziehung unterscheidet sich das σπέρμα ἀχώριστον, welches mit der vom Manne empfangenen γονή identisch ist, und σπέρμα τῆς γονῆς genannt wird, von dem σπέρμα χωριστόν, welches im Gegensatz zu dem vom Manne empfangenen Samen als „göttlicher Same“ (θεῖον σπέρμα) bezeichnet wird; denn dieser natürlich ist unaufgelöst, wenn er bei der Geburt des Menschen mit abgeht und als besonderer Teil des Menschen, nämlich als sein sogenannter Nus, in ihm enthalten.[42]

42 Bezeichnend ist, daß, wenn öfter gesagt wird, das weibliche Prinzip gebe den

Der Satz, wie wir ihn emendiert und erläutert haben, erscheint als ein Anakoluth, welches aber, infolge der Einschaltungen leicht begreiflich, anstandslos angenommen werden kann. Doch könnte es leicht vermieden werden, wenn man den Text in einer etwas anderen Weise, die im Grunde auf denselben Gedanken hinausliefe, emendierte. Man könnte nämlich auch lesen: *τὸ δ' ἐκ τῆς γονῆς σῶμα, ἐν ᾧ … ἀχώριστον, τοῦτο τὸ* [nach einigen Codices würde dieses *τὸ* ausfallen] *σπέρμα* usw.

Bei dem Genetiv *τῆς ψυχικῆς ἀρχῆς* ist, wie ich schon bemerkte, mit größerer Wahrscheinlichkeit an das die Seele gebende Prinzip zu denken. Man muß sich aber davor hüten, aus dem Singular, der hier gebraucht ist, auf die Einheit dieses Prinzips zu schließen und zu meinen, auch wenn die Stelle auf den Abgang vom Mutterschoß gedeutet werde, könne daraufhin doch noch gefolgert werden, daß nach Aristoteles aller Samen, auch der geistige, vom Manne her in das Weib eingehe. Auch der Singular *σπέρμα* hindert ja nicht, daß es sich, wie der Satz selbst sofort es erkennen läßt, für den Fall des Menschen um zwei Spermata handelt. Und ähnlich wäre der Singular *ἀρχή* ja auch

---

Leib, das männliche aber die Seele, an einer Stelle (De gen. anim. II, 5. 741, b, 6 u. 7) noch näher gesagt wird, daß das männliche Prinzip die sensitive Seele gebe (*ἐμποιεῖ γὰρ τοῦτο* [sc. *τὸ ἄρρεν*] *τὴν αἰσθητικὴν ψυχήν, ἢ δι' αὐτοῦ ἢ διὰ τῆς γονῆς*). Sie ist nicht die, welche das männliche Prinzip zunächst gibt, und es wäre darum nicht recht begreiflich, warum Aristoteles nicht neben der sensitiven Seele auch die noetische genannt hätte, wenn diese nach ihm wirklich ebenso wie die sensitive vom männlichen Prinzip stammte. Der Umstand, daß nicht alle Tiere an der noetischen Seele teilhaben, erscheint durchaus nicht als genügende Erklärung; hätte doch allenfalls ein ähnlicher Zusatz, wie De gen. anim. II, 3. {737, a, 9} *ὅσοις ἐμπεριλαμβάνεται τὸ θεῖον*, gemacht werden können. Wenn Aristoteles, die anderwärts unbestimmter gegebene Erklärung näher bestimmend, sagt, die Seele, die das männliche Prinzip gebe, sei die sensitive, so ist dies in bester Übereinstimmung damit, daß der Mensch selbst, obwohl er, im Unterschied von anderen tierischen Lebewesen, bei der Erzeugung auch eine noetische Seele empfängt, diese doch nicht vom männlichen Erzeuger empfängt. Wie das Kind nur den leiblichen Teil von der Mutter empfängt, so von dem Vater nur die in das Leibliche versenkte, nicht die körperfreie Seele. Auch die Weise, wie Aristoteles De gen. anim. II, 3. 736, a, 29 die Untersuchung speziell mit der Frage, ob die sensitive Seele im Samen sei, einleitet, scheint mir zu verraten, daß die Gegenwart der sensitiven Seele in dem Samen ihm von vornherein viel ernstlicher, als die der noetischen in Frage kommt. Es stellt sich dann freilich heraus, daß auch sie nicht wirklich darin ist. Allein sie wird doch wenigstens durch seine wirkende Kraft den durch ihn umgebildeten Katamenien zuteil, während dies bei der noetischen Seele nicht der Fall ist.

recht wohl mit der Deutung Zellers vereinbar gewesen, obwohl jeder der drei Seelenteile von Aristoteles als eine besondere ἀρχή bezeichnet wird.

Das also meine Antwort auf diesen Teil des Argumentes von Zeller, das sich nunmehr, wie ich hoffe, für jeden, welcher unserer Analyse Schritt für Schritt mit Aufmerksamkeit gefolgt ist, als vollständig unhaltbar erwiesen hat. Erkannten wir doch, daß Aristoteles, wo er nach Zeller vom Abgang des männlichen Samens bei der Begattung, in Wahrheit von dem Abgang des durch den männlichen Samen in den Katamenien erzeugten leiblichen Gebildes bei der Geburt handelt. In diesem ist da, wo ein Mensch geboren wird, allerdings auch der Nus enthalten und geht mit ihm ab. Er ist, was Aristoteles hier den göttlichen Samen für den Menschen nennt. Zu ihm bildet ein zweiter Samen für den Menschen einen Gegensatz, nämlich der männliche Same, der bei der Begattung in die Katamenien eingegangen ist. Aristoteles hatte in bezug auf ihn die Frage aufgeworfen, ob er nur als wirkendes Prinzip den Anstoß zur embryonalen Entwicklung gebe und dann entweiche, oder ob er darin verbleibe und einen besonderen, unterscheidbaren Teil des neu entstehenden Lebewesens ausmache. Und er beantwortet sie nun dahin, daß dieser männliche Same zwar allerdings verbleibe und bei der Geburt des Kindes darum ebenso in dem abgehenden Körper mit abgehe wie der göttliche Same, daß er aber nicht wie dieser einen besonderen, unterscheidbaren Teil bilde; körperlich und korruptibel, wie er gewesen, habe er sich aufgelöst und sei in der Masse des Ganzen zergangen, wie der Feigensaft in der durch ihn geronnenen Milch, während der göttliche Samen, geistig und unvergänglich, eine solche Auflösung, die ihn nicht mehr als besonderen Teil bestehen lassen würde, nicht hat erleiden können. Dies ist der wahre Sinn der Stelle und mit seiner Feststellung ist der ganzen Beweisführung Zellers, der sich hier nichts weniger als umsichtig gezeigt hat, der Boden entzogen.

Das Ergebnis der vorausgegangenen Erörterung, die ich mit höchstmöglicher Sorgfalt durchzuführen mich verpflichtet sah, ist, daß Aristoteles so wenig, als in der von Zeller aus De an. III, 5. angezogenen Stelle, auch in denen des dritten Kapitels von De gen. anim. II die Präexistenz des menschlichen Nus direkt ausgesprochen hat. Und daß er dies an einer anderen Stelle getan, wagt unser Gegner selbst nicht zu behaupten.

3. Dagegen fügt er (a. a. O. S. 1044 f.) eine ganze Reihe von Zitaten hinzu, aus welchen dies indirekt mit solcher Klarheit hervorgehen soll, daß sie an Beweiskraft einer direkten Belegstelle nicht nachstehen würden. Es sind dies Aussprüche, in welchen der menschliche Nus als ewig (ἀΐδιος), wenn auch vielleicht zunächst nur im Sinne endloser Fortdauer, als unsterblich (ἀθάνατος), als unvergänglich (ἄφθαρτος), als leidenslos (ἀπαθής), als vom Körper trennbar (χωριστὸς σώματος) bezeichnet wird; lauter Prädikate, die, wenn sie zunächst nur der Endlosigkeit des Nus Zeugnis geben, sofort seine Anfangslosigkeit erschließen lassen sollen, da nach Aristoteles Endlosigkeit und Anfangslosigkeit, Unvergänglichkeit und Unerzeugbarkeit untrennbare Begriffe seien.

Daran, daß Aristoteles dem Nus wirklich alle jene Prädikate gibt, ist nicht zu zweifeln, ja die Aussprüche, auf die Zeller in dieser Beziehung verweist, ließen sich leicht vermehren. Von dieser Seite her ist also sein Argument unangreifbar. Und so ist er denn auch hauptsächlich darauf bedacht, die andere Prämisse ebenso zu sichern. Nicht weniger als siebenzehn Stellen hat er gehäuft, welche zeigen sollen, daß nach Aristoteles Ende und Anfang sich gegenseitig bedingen, so daß Unvergängliches und Notwendig-Anfangsloses als äquivalente Bestimmungen gelten müßten.

Doch wichtiger noch als die Sammlung der Stellen wäre die genaue Feststellung des Sinnes und der Absicht einer jeden von ihnen gewesen, denn auch hier sind eine Menge von Ausdrücken vieldeutig. Und Zeller war in dieser Beziehung so wenig sorgsam, daß er Äußerungen, worin der gleiche Ausdruck vorkommt, als Parallelstellen behandelt, obwohl die eine ihm subsumiert, was die andere expressis verbis von ihm ausschließt. Vor allem erscheint es darum für uns rätlich, das von Zeller Versäumte nachholend, die verschiedenen Bedeutungen, die Aristoteles mit einigen der hier erwähnten Ausdrücke verbindet, mit annähernder Vollständigkeit zusammenzustellen.

Wir beginnen mit dem Ausdruck ἀΐδιος, von dem Zeller selbst zugibt, daß er nicht überall zugleich Vergangenheit und Zukunft, sondern oft nur die eine oder andere als unendlich bezeichnen wolle. Damit ist aber die Mannigfaltigkeit noch nicht erschöpft, denn, während Aristoteles oft auch bei solchem, was anfangslos und endlos ein Entstehen und Vergehen aufweist, von einer Ewigkeit spricht, weil es als eine unendliche Kette sich folgender Erzeugungen erscheint, beschränkt er den Begriff an anderen Orten auf solches, was seiner Natur nach völlig wechsellos ist. Was einem Wechsel unterliegt, hat eine Materie im Sinne der Kategorie, welcher die Gegensätze, zwischen denen der Wechsel statthat, angehören; doch nur das Immaterielle, nicht aber das, was Materie hat (und wenn es selbst immer wäre oder immer würde), soll in dem Sinn, den Aristoteles z. B. Met. N, 2. 1088, b, 23 mit dem Namen verbindet, ewig (ἀΐδιος) genannt werden.

Vielleicht ist es gut hier zugleich anzumerken, daß, wie der Ausdruck ἀΐδιος, so auch das Wort ἀεί einen mehrfachen Sinn haben kann, insofern es bald, streng genommen, auf alle Zeiten geht, bald nur eine ins Endlose sich vervielfältigende Erneuerung des Bestandes bedeutet und in beiden Fällen nicht ausnahmslos Vergangenheit und Zukunft gleichmäßig berücksichtigt. So besteht z. B., wenn wir sagen: es geschieht, was einmal geschehen ist, immer wieder, die doppelte Beschränkung durch ausschließliche Rücksicht auf die Zukunft und durch zeitliche Unterbrechung. Und wenn Aristoteles einmal sagt, das Menschengeschlecht bestehe immer,[43] so läßt sich nachweisen, daß er dies nur mit einziger Rücksicht auf die Zukunft gesagt haben kann, denn er glaubt (wir werden darauf zurückkommen) tatsächlich an erste Menschen und ihre spontane Entstehung aus dem Schlamme.

Auch das sei erwähnt, daß Aristoteles, wie von ewigen Realitäten auch von ewigen Wahrheiten spricht, wie es denn z. B. ewig wahr ist, daß keine Diagonale eines Quadrats der Seite kommensurabel ist. Wie der Name des Seienden, auf Realitäten und Wahrheiten angewandt, nicht dieselbe Bedeutung hat, so natürlich auch nicht der des ewig Seienden.

In bezug auf den Ausdruck *ἀνάγκη* ist auch eine Vieldeutigkeit zu verzeichnen. Aristoteles unterscheidet die Notwendigkeit in dem Sinne des Zwanges, ferner die hypothetische und die absolute Notwendigkeit. Es scheint aber auch manchmal das, was unmittelbar notwendig ist, von dem, was durch anderes notwendig gemacht wird, als das im eminenten Sinne Notwendige unterschieden. In diesem eminenten Sinne ist die Gottheit notwendig, während die bestmögliche Welt nicht an sich, sondern nur infolge der unendlichen Vollkommenheit Gottes, durch ihn verursacht, als notwendig bezeichnet werden kann. In gewissem Sinne ist alles notwendig, was ist, denn, wenn die Bedingungen gegeben sind, die sie möglich machen, tritt die Wirkung immer,[44] wenn aber eine fehlt, natürlich niemals ein. Im engeren Sinn nennt aber Aristoteles das notwendig, wofür, wenn es nicht unmittelbar notwendig ist, doch niemals die nötigen Bedingungen der Existenz fehlen, und dann deckt sich das notwendig Seiende mit dem immer Seienden, ähnlich wie es in jenem weiteren Sinne sich mit dem Seienden decken würde. Wie von dem Ewigen manchmal das, was an der Materie teilhat, selbst wenn es immer sein sollte, ausgeschlossen wird, manchmal aber auch nicht, so wird dasselbe auch für das Notwendige zu erwarten sein.

Für die Ausdrücke *ἀγένητος* und *ἄφθαρτος* stellt Aristoteles im ersten Buch De caelo Kapitel 11 selbst eine Reihe verschiedener Bedeutungen zusammen, ohne aber (wie ihm solches ja auch anderwärts, wo er darauf ausgeht, die Vielheit der Bedeutungen eines Wortes zu unterscheiden, zu begegnen pflegt) sie alle zu erschöpfen.

43 Vgl. De gen. anim. II, 1. 731, b, 35.

44 Vgl. Eth. Nic. X, 4. 1175, a, 1.

Erstens nennt er ein ἀγένητον solches, was zwar anfangen, aber darum doch nicht im eigentlichen Sinne des Wortes entstehen kann, vielmehr ohne erzeugt zu werden, seinen Anfang nimmt. Dies gilt von dem Berührenden und von dem Bewegtwerdenden als solchen. Erläutern wir seinen Gedanken an dem einen der beiden Beispiele! Indem etwas dem Orte nach eine Umwandlung erlitten hat, fängt es infolge davon an, sich mit etwas, wovon es früher getrennt war, zu berühren; aber nur als Hierseiendes, nicht als Berührendes ist es in dem Sinne, den Aristoteles hier dem Worte gibt, erzeugt worden, und nur als solches im eigentlichen Sinn entstanden. Ähnlich nennt auch Aristoteles, wenn etwas Kaltes warm wird, nur das Warme, nicht aber die Wärme erzeugt; und es kommt nach ihm überhaupt keiner Form eines Individuums, wenn dieses erzeugt wird, ein eigentliches Entstehen zu und kann ihr nicht zukommen.[45] Und so ist sie denn in diesem ersten Sinne, den Aristoteles mit dem Wort verbindet, ein ἀγένητον.[46] Ganz ähnlich aber wie das Bewegtwerdende ist dann jedes andere Leidende, wie das Berührende jedes andere Relative, wie die Wärme jedes andere Formale und so noch gar manches, obwohl es Anfang und Ende haben kann, ein ἀγένητον und ἄφθαρτον, ein Unerzeugbares und Unvergängliches zu nennen. Auch einer Vielheit von Dingen, die ja von Aristoteles nicht selbst als ein wirkliches Ding betrachtet wird, kann zwar ein Anfangen, aber kein Erzeugtwerden im eigentlichen Sinne zukommen. Und aus demselben Grunde ist auch kein Auge und keine Hand im eigentlichen Sinn erzeugbar, denn sie sind als Teile eines wirklichen Dinges nicht selbst wirkliche Dinge.[47] Und auch ein Sinnesvermögen kann zwar anfangen zu sein, aber nicht erzeugt werden, weil es nicht ein in Wirklichkeit Seiendes, sondern eine bloße Fähigkeit zu Wirklichem ist. Alles das Genannte ist auch im entsprechenden Sinn unvergänglich.

Zweitens nennt Aristoteles etwas ἀγένητον, was zwar erzeugt werden kann, aber noch nicht wirklich erzeugt worden ist. Ein Pferd, das erst in Zukunft erzeugt werden wird, ist in diesem Sinn ein ἀγένητον. Natürlich entspricht

45 Vgl. Met. Z, 8. 1033, b, 5 und Λ, 3. am Anfang.

46 Zeller behauptet a. a. O. S. 1048 und *Literaturzeitung* 1883, Nr. 7, S. 229, daß nur die Form im Sinne des Artbegriffes, die allgemeine Form, kein eigentliches Entstehen habe, während die individuelle Form Met. Λ, 3. gegen Ende von Aristoteles geradezu als das bezeichnet werde, was entstehe. Es ist dies aber hier so wenig als anderwärts der Fall, und Zeller zeigt durch seine Bemerkung nur, daß er die Ontologie des Aristoteles so wenig als seine Theologie in ihren wesentlichsten Bestimmungen richtig wiederzugeben vermag.

47 S. unten S. 66.

diesem Begriff auch ein Begriff des nicht Korrumpierten, das aber nach dem Sprachgebrauch nicht ἄφθαρτον genannt wird.

Drittens nennt Aristoteles ἀγένητον etwas, was schlechterdings keinen Anfang haben kann, weder indem es im engeren und eigentlichen Sinn erzeugt wird, noch ohne so erzeugt zu werden beginnt. Solches ist, was gar nicht sein kann, und was gar nicht nicht sein kann; also das schlechterdings Unmögliche und das schlechterdings Notwendige. Dieser Bedeutung des ἀγένητον steht wieder eine entsprechende des ἄφθαρτον zur Seite, und man erkennt leicht, daß jedes ἀγένητον im entsprechenden Sinne auch ein ἄφθαρτον zu nennen ist.

Aller dieser Bedeutungen von ἀγένητον und ἄφθαρτον hat Aristoteles im ersten Buch De caelo Erwähnung getan, ja er hat dort auch noch darauf aufmerksam gemacht, daß man manchmal etwas als ἀγένητον oder ἄφθαρτον bezeichne, nicht weil es gar nicht entstehen oder vergehen oder auch ohne eigentliches Entstehen oder Vergehen beginnen oder aufhören kann, sondern weil es nur sehr schwer möglich ist, daß es zu einem solchen Entstehen oder Vergehen, Beginn oder Ende kommt.

Dennoch ist es leicht zu zeigen, daß er, wie gesagt, nicht alle Bedeutungen, die er gelegentlich mit ἀγένητον und ἄφθαρτον verbindet, hier erschöpft hat. Er unterscheidet einmal ein doppeltes πάσχειν, von welchem nur das eine eine Art Zerstörung sei, das andere aber vielmehr eine Erhaltung und Vollendung, wie sie das bloße, von jedem Akt freie Vermögen bei dem Übergang zu wirklicher Betätigung erfährt.[48] So konnte er, was Zeller so gar nicht zu begreifen weiß,[49] den Verstand, der die intelligiblen Ideen aufnimmt, zugleich in dem einen Sinn als ein ἀπαθής bezeichnen und ihm in dem anderen Sinne ein πάσχειν zuschreiben, welches eben in jener Vollendung der bloßen Denkfähigkeit zum wirklich Denkenden besteht. In dem einen Fall des πάσχειν hat man es mit einem γίγνεσθαι zu tun, welches zugleich ein φθείρεσθαι des Entgegengesetzten ist, in dem andern Fall aber ist ein solches φθείρεσθαι in dem γίγνεσθαι nicht gegeben, und man hat es daher hier nicht mit einer Umwandlung (μεταβολή) zu tun.

Aber auch noch auf eine andere sehr merkwürdige und gerade auch für unsere Frage höchst bedeutungsvolle Besonderheit mancher Fälle des Entstehens ist aufmerksam zu machen. Oft spricht Aristoteles von der Umwandlung als etwas, was nicht allein zu einem individuellen, sondern spezifischen Unter-

48 De an. II, 5. 417, b, 2.

49 Vgl. Zeller a. a. O. S. 1043, Anm. 1; vgl. dazu meinen *Offenen Brief an Zeller* S. 34, Anm. 5.

schied führe, wie z. B. wenn etwas Kaltes warm wird, das vorher bestehende Kalte und das aus ihm entstehende Warme der Art nach verschieden sind. Dabei liegt die Fähigkeit zur Aufnahme der beiden spezifisch verschiedenen Formen dem Prozesse bleibend zugrunde. Allein es gibt auch Umwandlungen, bei welchen ein solcher spezifischer Wechsel nicht stattfindet, wie z. B. wenn ein einheitliches wirkliches Warmes in zwei zerteilt wird. Diese Hälften waren vor der Teilung nach der ausdrücklichen Erklärung des Aristoteles nur in Möglichkeit und sind erst durch die Teilung zu etwas wirklich Seiendem geworden, aber offenbar stimmen die zwei neuentstandenen warm Seienden mit dem einen, das vorher bestanden hatte, der Art nach überein. Und ähnliches zeigt sich auch beim substanziellen Werden; ist doch nicht bloß das eine Warme infolge der Zerteilung zu zwei Warmen, auch die vor der Zerteilung einheitliche Substanz ist zu zwei Substanzen geworden, und diese können recht wohl mit der vorher bestandenen einheitlichen Substanz spezifisch gleich sein, während sie natürlich mit ihr so wenig als eine von ihnen mit der anderen identisch sein können. Nach Aristoteles finden sich solche Fälle auch auf dem Gebiete der Organismen, wo eine Pflanze manchmal in zwei Pflanzen der gleichen Spezies und ein Tier in zwei Tiere der gleichen Spezies zerlegt wird. Auch wenn umgekehrt eine Mehrheit von spezifisch Gleichen einmal durch Verbindung des einen mit dem anderen zu einem einheitlichen wirklichen Seienden derselben Spezies erwächst, liegt uns ein solches Beispiel von Umwandlung ohne Veränderung der Art vor. Immerhin mögen diese Fälle der Erzeugung denen, die Aristoteles De caelo als Fälle eines Entstehens im engeren Sinn aufführt, zugesellt werden.

Viel bedeutungsvoller ist darum eine Besonderheit, welche uns im Falle der Entstehung des Menschen vorliegt, und zwar gleichviel, ob wir uns dieselbe so denken, wie sie nach uns, oder nach Zeller und anderen Aristoteles gelehrt hat. Stellen wir uns einmal auf den Standpunkt der Zellerschen Auffassung. Nach ihr hätte jener Teil des Menschen, der seine noetische Seele ausmacht, von Ewigkeit als rein immaterielles Wesen präexistiert und wäre damals ein wirkliches Ding für sich gewesen. Dann wäre dieses ein Teil des Menschen, näher gesagt der menschlichen Seele, welche die substanzielle Form des Menschen ist, geworden. Der Mensch aber ist nach Aristoteles ein wirkliches Ding, und *kein Teil eines wirklichen Dinges kann nach Aristoteles' wiederholter ausdrücklicher Erklärung, solange er dieses ist, selbst ein wirkliches Ding sein.*[50] Und so müßte denn nach Zellers Auffassung der Nus, so bald er zur noetischen Seele des Menschen wurde, als ein Ding in Wirklichkeit zu be-

50 Phys. VII, 5. 250, a, 24; Met. Z, 13. 1039, a, 3.

stehen aufgehört haben. Er wäre in gewissem Sinne vergangen im Entstehen des Menschen, in den die rein geistige Wirklichkeit des Nus als ein *σπέρμα* einging.[51] Diesem Vergehen stände dann ein Neuentstehen von ähnlicher Eigentümlichkeit im Augenblicke des Todes des Menschen gegenüber. Die noetische Seele des Menschen besteht ja nach dessen Tode als rein geistiges Wesen fort, sie fängt dann an neu ein wirkliches Ding für sich zu sein und wird, da es, wie auch Zeller anerkennt, niemals zu einer Wiedergeburt kommen wird,[52] als solches in alle Ewigkeit bestehen. In diesem Stücke bin ich mit Zeller einig, während, weil nach meiner Auffassung der Nus nicht präexistiert hat, jenes Vergehen einer rein geistigen Substanz im Augenblicke, wo sie zu einem bloßen Teil des Menschen wird, nach mir entfällt. Was aber sollen wir von jenem Entstehen und eventuell von diesem Vergehen eines bis dahin wirklichen rein geistigen Dinges beim Tode und bei der Erzeugung des Menschen sagen? Ist in Rücksicht darauf der geistige Nus des Menschen als ein *γενητόν*, und wäre er, im Falle seines Vorbestandes, als ein *φθαρτόν* in jenem engeren und eigentlichen Sinne, den das erste Buch De caelo unterschieden hat, zu bezeichnen? – Nach den klaren Worten des Aristoteles ist dies nicht der Fall. Geradezu wird der Nus von ihm ein *ἄφθαρτον* genannt, und ich bin mit Zeller einverstanden, wenn er meint, daß daraus hervorgehe, daß der Nus im entsprechenden Sinn auch als ein *ἀγένητον* hätte bezeichnet werden können. Ein *γίγνεσθαι* wie *φθείρεσθαι* in jenem engeren, eigentlichen Sinn kommt etwas Immateriellem unmöglich zu. Er erscheint also als etwas, was, wenn es auch einmal anfängt, ein Ding in Wirklichkeit zu sein, doch niemals durch ein Entstehen im engeren und eigentlichen Sinn zu einem Ding in Wirklichkeit werden kann. Er beginnt als wirkliches Ding zu bestehen, indem der Mensch seinem Leibe nach einer Korruption im gewöhnlichen Sinne unterliegt, und würde, wenn Zellers Auffassung die richtige wäre, auch einmal als wirkliches Ding zu bestehen aufgehört haben, indem er bei der Erzeugung

51 Man beachte wohl, daß zwischen „Wirklichkeit" und „in Wirklichkeit Seiendem" zu unterscheiden ist. Der Nus, während er Teil des Menschen ist, gehört zur Form des Menschen, und sowohl die ganze Form, als auch insbesondere ihr immaterieller noetischer Teil wird von Aristoteles Wirklichkeit genannt. Aber als ein in Wirklichkeit Seiendes kann weder die ganze Form noch dieser immaterielle Teil der Form betrachtet werden, sondern nur der Mensch, welcher das einheitliche wirkliche Ding ist, zu dem sie als Teile gehören. Auch daß der Nus während seiner Verbindung mit dem Leibe *οὐσία* genannt wird, widerspricht dem nicht, denn außer der in Wirklichkeit seienden Substanz wird auch die substanzielle Wirklichkeit, ja auch die substanzielle Möglichkeit *οὐσία* genannt.

52 De gen. et corr. II, 11. 338, b, 8.

des Menschen als einer der konstituierenden Teile seiner Seele verwendet worden wäre.

Doch müssen wir daraufhin nicht auch von dem Entstehen und Vergehen des Menschen selber sagen, daß es eine Eigentümlichkeit habe, die es dem, was Aristoteles gewöhnlich im eigentlichen Sinne ein Entstehen und Vergehen nennt, nicht schlechtweg unterordnen lasse? – Sicher spricht Aristoteles oft von einer Erzeugung des Menschen und kann darum auch nicht anders, als seinen Tod im entsprechenden Sinn als Korruption seiner Substanz betrachten. Aber aus dieser Korruption geht neben Körperlichem, was die Materie mit dem Menschen gemein hat, auch ein unkörperliches, wirkliches Ding hervor. Aus dem Menschen werden nach dem, was wir eben dargelegt, nur die Körper, die aus ihm entstehen, im eigentlichen Sinn erzeugt, und auch falls ein Nus präexistiert hätte und bei seiner Entstehung aufgehört hätte, das wirkliche Ding zu sein, das er vorher war, hätte dieses wirkliche Ding im Gegensatz zu allem Körperlichen, woraus der Mensch seinem Leibe nach erzeugt worden ist, in nichts an der Materie des entstehenden Menschen partizipiert. Es wäre darum nicht im gewöhnlichen Sinn korrumpiert, und der Mensch wäre darum auch nicht im eigentlichen Sinn aus ihm erzeugt worden. Danach erscheinen aber die Erzeugung und Korruption des Menschen, als Ganzes gefaßt, denn doch als etwas, was diesen Begriffen im gewöhnlichen Sinn nicht einfach und uneingeschränkt unterzuordnen ist. Und Aristoteles hätte, um genau und vollständig zu sein, den Fall des Entstehens und Vergehens des Menschen als etwas eigentümlich Mittleres zwischen dem Entstehen und Vergehen im eigentlichen Sinn und jenem Anfangen und Aufhören, welches kein eigentliches Entstehen und Vergehen ist, gesondert aufzählen müssen.

Man erkennt leicht, welche Wichtigkeit die eben gegebene Darlegung der mannigfachen Bedeutung von Entstehen und Vergehen bei Aristoteles für die Frage, auf die es uns hier hauptsächlich ankommt, hat; zeigt es sich doch, daß vom Standpunkt Zellers selbst, *sobald man nur die Lehre des Aristoteles, daß nie etwas, was Teil eines wirklichen Dinges ist, ein Ding in Wirklichkeit sein kann, nicht aus den Augen verliert,* der Nus, auch wenn er von Ewigkeit präexistiert hätte, und obwohl er den Menschen in Ewigkeit überleben wird, in gewisser Weise nicht frei von Entstehen und Vergehen erscheinen würde. Solange er mit dem Menschen vereinigt ist, ist er nicht ein Ding in Wirklichkeit. Er wird zu einem Ding in Wirklichkeit im Augenblick des Todes des Menschen. Und wenn die Lehre von seiner Präexistenz wirklich aristotelisch wäre, so würde er im Augenblicke der vollendeten Erzeugung, wo aus ihm ein Teil der Natur des Menschen wird, aufgehört haben, ein Ding in Wirklichkeit zu sein. Von dem Nus vor seiner Vereinigung mit der menschlichen Natur könnte darum auch gesagt werden, daß er zwar unentstanden sei aber doch vergehe. Und von dem Nus nach dem Tode muß man sagen, daß er entstanden sei aber nie vergehen werde, wobei das Entstehen sowohl als das Vergehen in jenem eigentümlich modifizierten Sinn zu nehmen ist, den ich, wie ich hoffe, jetzt genügend deutlich gemacht habe. Auch ist, wenn nach den Gesetzen der Weltordnung oder auch durch schlechthinnige Unmöglichkeit eine Wiedergeburt ausgeschlossen ist, der beim Tode des Menschen entstandene reine Geist, obwohl entstanden, im entsprechenden Sinn unvergänglich zu nennen.

So erkennen wir denn schon jetzt, daß die Folgerungen, die Zeller aus gewissen Aussprüchen des Aristoteles, welche sagen, daß alles, was ein Entstehen auch ein Vergehen habe, und was nicht vergehen könne, auch nicht entstanden sein könne, für den Nus des Menschen gezogen hat, nicht die mindeste Gültigkeit haben, und daß er sich einer vollen Illusion hingegeben hat, wenn er meinte, durch Berufung auf diese Aussprüche erweisen zu können, daß Aristoteles, weil sie den Nus unsterblich, unvergänglich und im Sinne von dem, was kein Ende hat, ewig nennen, ihn auch als anfangslos präexistierend gedacht haben müsse.

Doch es wird gut sein noch ein wenig mehr auf den Sinn und die Absicht der Stellen einzugehen, wo Aristoteles etwas darum, weil es kein Vergehen hat, auch das Entstandensein abspricht, um einerseits zu erklären, warum er dabei auf die Weise des Entstehens des Nus gar nicht reflektiert hat, und andererseits ganz allgemein zu bestimmen, in welchem Sinne jene Aussprüche des Aristoteles allein Gültigkeit haben sollen, und zu zeigen, wie die Gründe, die ihm dafür entscheidend sind, nur für die Fälle, die er wirklich im Auge hat, zutreffend erscheinen.

Die Frage, um die es sich bei den betreffenden Erörterungen handelt, ist die, ob die Welt einen zeitlichen Anfang genommen habe oder nicht. Anaxagoras und (wenigstens dem Wortlaute nach) auch Platon hatten das erstere gelehrt und ihr zugleich einen Fortbestand in alle Ewigkeit zugeschrieben. Dabei sollten aber die unmittelbaren Ursachen für die Weltbildung sämtlich von Ewigkeit bestanden haben, nämlich einerseits eine Materie, andererseits das göttliche, weltbildende Prinzip. Bei Platon war in diesem Anfang der Welt ein doppeltes Anfangen ohne Aufhören beschlossen, einmal ein Anfangen von einzelnen Dingen, die, ohne je zerstört zu werden, fortbestehen, dann das Anfangen eines geordneten Verlaufes von Ereignissen, welche sich als eine Kette von Entstehen und Vergehen aneinanderschließen. Aristoteles bekämpft diese Lehre, die er im ganzen und in jedem ihrer beiden Teile für falsch hält. Er macht zunächst geltend, daß man sich bei seinen Annahmen an das zu halten habe, was man in der Erfahrung immer oder doch in den meisten Fällen gegeben findet. Die Erfahrung aber zeige durchwegs bei solchem, was wir anfangen sehen, daß es auch ein Ende hat. Dies ist das erste der Argumente, das er im ersten Buch De caelo geltend macht. Er verbirgt sich offenbar nicht, daß dasselbe nur Wahrscheinlichkeit, keine Gewißheit gebe. Mit Recht mochte es ihm aber bereits als ein verdienter Vorwurf erscheinen, bei seinen Vermutungen dem Unwahrscheinlicheren vor dem Wahrscheinlicheren den Vorzug gegeben zu haben. Dann erst geht er weiter und sucht die gänzliche Unzulässigkeit der Lehre darzutun. Und bei seinem Argument ist ihm im letzten Grunde eine Überzeugung maßgebend, zu der er sich auch sonst häufig bekennt und die ihm mit Leibnitz gemein ist. Er verlangt überall eine ratio sufficiens,[53] und diese würde für die Welt, sowohl hinsichtlich jener Dinge, die, als sie ihren Anfang nahmen, verursacht worden sein sollen, um für alle Zeit fortzubestehen, als auch hinsichtlich der Kette der Umwandlungen, die damals ihren Anfang genommen haben soll, ohne je zu endigen, gänzlich vermißt werden. Wäre eine ratio sufficiens damals für den Anfang gegeben gewesen, so hätte sie ebenso auch vorher schon bestanden, und eben darum hätte sie sich auch nicht jetzt erst als wirksam erweisen können. Denn was hätte der betreffende Zeitpunkt vor unendlich vielen anderen, die in der Vergangenheit unterschieden werden könnten, voraus? Die behauptete Endlosigkeit des Werkes erweist das wirkende Prinzip hinsichtlich der Dauer als von unbeschränkter Kraft. Und somit ist denn eine einseitige zeitliche Beschränkung ihrer Betätigung zur Hervorbringung des Werkes ganz unmotiviert. Nähme man an, die Materie oder wenigstens jener Teil von ihr, welcher dem späteren, geordneten Wechsel einer endlosen Reihe von Ereignissen unterliegt, habe bis dahin anfangslos ein ungeordnetes Schwanken gezeigt, und es sei so doch ein gewisser Wechsel von Dispositionen dagewesen, der den einen Zeitpunkt mehr als den anderen als den zum Anfang der geordneten Entwicklung geeigneten erscheinen lassen könnte, so würde dies vielleicht bei einer endlichen Zeit, aber doch gewiß nicht bei einer anfangslos unendlichen die Auszeichnung eines einzigen Augenblicks vor allen übrigen zur Folge gehabt haben. So ist es denn, so gewiß es ist, daß es nur in dem Sinn Kontingentes gibt, als etwas zu einer Zeit sein kann, zu einer anderen Zeit aber nicht sein kann,[54] nicht aber in dem Sinn, daß etwas für ein und dieselbe Zeit und für die vollkommen gleichen Bedingungen sowohl sein als nicht sein kann, schlechterdings unstatthaft, sei es gewisse einzelnen Dinge, die dann für alle Ewigkeit bestehen sollen, sei es eine geordnete Kette

53 Vgl. De caelo I, 12. 283, a, 11.

54 De caelo I, 12. Vgl. auch Eth. Nic. X, 4. 1175, a, 1, wo aufs unzweideutigste ein ausnahmsloser Determinismus gelehrt wird.

von Ereignissen, die in alle Ewigkeit verlaufen soll, aus einer von Ewigkeit gegebenen Materie unter dem Einfluß des göttlichen, weltbildenden Prinzipes einen Anfang nehmen zu lassen.

Zu diesem Argument, welches streng erweisen will und eine gewisse größere Allgemeinheit[55] hat, indem es sich auf das logische Gesetz der ratio sufficiens stützt, kommt dann auch noch ein Argument aus physischen Bedingungen.[56] Alles, was zur Welt gehört, auch die inkorruptiblen Substanzen, soll nach Platon eine Materie haben, die eine Bedingung seiner Erzeugung wird. Nun ist aber die Materie, weil sie der Privation ebenso wie der Form fähig ist, etwas, was sich als die Möglichkeit der Korruption des aus ihr Bestehenden, wie als die Möglichkeit der Generation von noch nicht Bestehendem darstellt. Also ist es unmöglich, daß ein und dasselbe sich als aus ihr generabel und doch als nicht korruptibel erweist, und daß etwas aus einer Materie Entstandenes wahrhaft inkorruptibel ist. Nur ein solches soll aber nach einer engeren Bedeutung, welche Aristoteles z. B. in Met. N, 2. dem Worte gibt, ein ἀΐδιον genannt werden. Selbst wenn es ins endlose bestünde, würde es in dem erhabenen Sinne, der dort dem Namen gegeben wird, ihn nicht wahrhaft verdienen.

Blicken wir auf das Ganze dieser Betrachtungen, so erkennen wir leicht, daß auch das weitgreifendste der Argumente für die Behauptung der Präexistenz des Nus keinen Anhalt zu geben geeignet ist. Wenn der Mensch bei seinem Entstehen nicht bloß dem Leibe sondern auch der Seele nach als etwas erscheint, wovon kein Teil vorher als ein wirkliches Ding bestanden hatte, so verstößt das in nichts gegen den Satz der ratio sufficiens. Das, was hier im eigentlichen Sinn entsteht, ist der ganze wirkliche Mensch. Und er entsteht, sobald die sämtlichen sein Entstehen bedingenden Ursachen vorhanden sind. Und ebensowenig wie hier, findet er sich dann verletzt, wenn nach der Korruption des Menschen dem Leibe nach der Nus für sich allein ein Ding in Wirklichkeit wird, um dann in alle Ewigkeit als solches fortzubestehen, und da er keine Materie hat, auch den Namen eines ἀΐδιον in jenem Sinne, den Met. N, 2. mit dem Worte verbindet, zu verdienen. Ein γενητόν im eigentlichen Sinne, sei es dies dem Ganzen oder einem Teile nach, ist immer in demselben Maße auch ein φθαρτόν, und ein einzelnes Ding, das durch eine solche γένεσις entstanden ist, wird ausnahmslos, wie es einen Anfang hatte, auch ein Ende haben. Beides trifft beim einzelnen Menschen, keines von beiden aber bei dem Nus des einzelnen Menschen zu. Vor dem Entstehen des Menschen bestand er gar nicht, nach seinem Entstehen besteht er zunächst nicht als ein

55 καθόλου: De caelo I, 12. 283, b, 18.

56 Vgl. De caelo I, 12. 283, b, 17: φυσικῶς σκοποῦσιν.

Ding in Wirklichkeit, sondern nur als Teil der Wirklichkeit eines Dinges in Wirklichkeit. Und da nur solches, was ein Ding in Wirklichkeit ist, ein Entstehen im eigentlichen Sinne haben konnte, so ist er damals im eigentlichen Sinne nicht entstanden. Aber auch beim Tode des Menschen, wo er zu einem Dinge in Wirklichkeit wird, ist dieses Werden nicht ein Entstehen im eigentlichen Sinne; denn er wird aus dem Menschen, indem dieser seinem Leibe, nicht aber seinem Geiste nach korrumpiert. Und so kann es ihm denn auch in Rücksicht auf die Unmöglichkeit einer Wiedergeburt zukommen, daß er, obwohl er angefangen hat, ein Ding in Wirklichkeit zu sein, nie als ein Ding in Wirklichkeit zu bestehen aufhören wird.

Vielleicht ist es nicht unnütz noch auf andere Fälle aufmerksam zu machen, in welchen seine Lehre von der Korrespondenz von Entstehen und Vergehen, Anfang und Ende Aristoteles nicht hindern würde, das eine in einem gewissen Sinn anzuerkennen und das andere zu leugnen. Ich habe schon gesagt und werde später eingehender darauf zurückkommen, daß er trotz einem in einzelnen Stellen entgegenstehenden Scheine an einen Anfang des Menschengeschlechts geglaubt hat, während er ein Ende desselben in Abrede stellt. Wenn er aber auch das erstere nicht getan hätte, so hätte er doch sicher nicht leugnen können, daß die Nachkommenschaft keines Menschen anfangslos bestanden hat und doch eine endlos bestehen kann; denn daß auch endlos bestehende Reihen von Nachkommen eines Menschen nicht fehlen, wenn anders das Menschengeschlecht überhaupt endlos fortbesteht, liegt auf der Hand.

Vielleicht meint einer, dieses Beispiel verschlage nichts, denn, wenn man auch von der Nachkommenschaft eines Menschen zugeben müsse, daß sie vor ihm nicht bestanden habe, so bilde sie doch, wenn das Menschengeschlecht ohne Anfang war, nur einen Teil einer Kette von Generationen, die als Ganzes ins Unendliche in die Vergangenheit zurückreiche. Und dies ist richtig. Allein weit entfernt, daß dieser Einwand mein Beispiel widerlegte, macht er es für unseren Zweck erst recht instruktiv. Denn auch das Entstehen, welches dem Nus zukommt, hängt nach Aristoteles mit einer anfangslosen Kette von früherem Entstehen zusammen. Der Nus beginnt als Ding in Wirklichkeit, indem er als Überrest des Menschen bei seiner Korruption dem Leibe nach zurückbleibt. Zum Entstehen des Menschen gehörten aber als Vorbedingung eine anfangslose Reihe von Erzeugungen, sei es früherer Menschen, sei es anderer körperlicher Substanzen; denn auch der Schlamm, aus welchem ein Urvater unter dem belebenden Einfluß der Sonne hervorgegangen ist, war nicht von Ewigkeit. Daß der Mensch außer erzeugten Wesen auch ein ewiges zur Mitursache hat, ändert nichts Wesentliches; ja nach Aristoteles gilt dasselbe für alle Organismen, nicht bloß insofern manche eine teilweise geistige Seele haben, sondern auch nach ihren korruptiblen Teilen, insofern auch der Einfluß der Gestirne bei ihrem Entstehen beteiligt ist.

Und so hoffe ich denn nunmehr deutlich genug gezeigt zu haben, nicht allein, daß Aristoteles dem Nus, der nach dem Tode fortbesteht, tatsächlich ein Entstehen als Ding in Wirklichkeit in diesem Augenblick zugeschrieben hat, während er ihn in alle Ewigkeit nicht vergehen läßt und für etwas Immaterielles und in dem Sinne, in welchem der Ausdruck für alles Immaterielle gilt, als ein *ἀΐδιον* bezeichnet, sondern auch, daß er, indem er so lehrt, keineswegs in Widerspruch mit jenen Grundsätzen tritt, welche ihn von einer Verknüpfung von Anfang und Ende, Erzeugung und Vergehen, Generabilität und Korruptibilität sprechen lassen.

Auch Zeller hätte zu diesem Ergebnisse gelangen müssen, wenn er, statt bloß Stelle auf Stelle zu häufen, worin von einem *ἀγένητον* und *ἄφθαρτον* gesprochen wird, in die Analyse jeder einzelnen eingegangen wäre und insbesondere untersucht hätte, in welcher der vielerlei Bedeutungen dieser Worte sie jeweilig gebraucht werden. Es erscheint dies aber als ein um so befremdlicherer Mangel, als Aristoteles selbst die Notwendigkeit, auf die Mannigfaltigkeit der Bedeutung zu achten, ausdrücklich hervorgehoben hat (De caelo I, 11.).

Ich will es übrigens nicht unterlassen, hier auch noch auf etwas Seltsames aufmerksam zu machen, was Zeller bei seiner Darstellung der Lehre vom *νοῦς ποιητικός* begegnet. Dieser soll nach Zellers Auffassung ewig denktätig gewesen sein bis zum Augenblick, wo er Teil einer menschlichen Seele wird, wo er dann zunächst ganz ohne Denken ist. Später erst soll er durch Abstraktion vom Sinnlichen zu neuem Denken gelangen, während auch dann von seinem früheren Denken nichts in unserer Erinnerung auflebt. Hier hätten wir für das von Ewigkeit bestehende Denken nicht bloß sichtlich einen Fall von Ende, dem kein Anfang entspricht, sondern einen solchen Fall von Vergehen ohne vorgängiges Entstehen, wie er nach Aristoteles in Wahrheit ganz unmöglich ist. Denn der *νοῦς ποιητικός*, der, rein aktuell und rein aktiv, unfähig sein soll, irgend einen Einfluß zu erfahren, erfährt selbstverständlich auch keinen, der ihn aus einem denkenden zu einem nichtdenkenden macht, und erscheint darum hier ohne jede ratio sufficiens plötzlich eines Denkens beraubt, das er anfangslos betätigt hatte.[57]

57 Wenn die Stellen, wo Aristoteles sagt, daß, was kein Vergehen auch kein Entstehen habe, nach dem, was ich eben auseinandergesetzt, nicht mehr als ein indirekter Beleg für die Präexistenz des Nus gehalten werden können, so auch nicht diejenigen, wo Aristoteles sagt, daß aus nichts nichts werde. Dieser Satz erscheint weder dann verletzt, wenn der Nus als noetische Seele dem Menschen gegeben wird (denn in diesem Augenblick ist es nicht der Nus, der entsteht, sondern der

II.

1. Wenn es aber Zeller weder gelungen ist, die Stellen, die er schon früher als direkte Belege für eine Lehre von der Präexistenz der Seele bei Aristoteles geltend gemacht hatte, als solche aufrecht zu erhalten, noch auch sie durch andere, die er als augenscheinliche indirekte Belege betrachtet, zu ersetzen, war er vielleicht imstande, die Stelle, die wir als klare direkte Leugnung der Präexistenz geltend machten, als unkräftig zu erweisen? – Er hat auch dies versucht. Sehen wir darum jetzt, wie wir unsere zweite These:

„Aristoteles leugnet ausdrücklich die Präexistenz des Nus",

gegen ihn zu verteidigen vermögen.

In der Tat ist die Abwehr in diesem Fall so leicht, als der Angriff schwierig ist, und die Weise, wie Zeller sich dazu anschickt, zeigt genugsam, wie sehr er sich bewußt ist, daß ihm aller Schein entgegensteht. Er bereitet seinen Angriff in der Art vor, daß er an die, wie er glaubt, in so vielen Stellen aufs bestimmteste ausgesprochene, durch mannigfache Argumente erhärtete und zur Entscheidung der wichtigsten Fragen herangezogene allgemeine Überzeugung des Aristoteles erinnert, wonach, was niemals endigen wird, auch nie angefangen hat und was entstehen kann, auch vergänglich ist, welches letztere doch Aristoteles vom Nus leugnet. So soll denn dem Leser der sensus obvius, ja, man darf sagen, der ganz unzweideutige, klare Sinn der Stelle von vornherein als unmöglich ausgeschlossen erscheinen, da er sicher sonst keine Neigung haben könnte, auf eine gesuchte, ja wie wir alsbald erkennen werden, trotz aller Künstelei geradezu unmögliche Deutung einzugehen.

Doch die ganze von Zeller hier aufgewandte Mühe, die dazu führen könnte, den Leser nicht vorurteilslos an die Untersuchung des Textes herantreten zu lassen, erscheint eitel im Rückblick auf die eben gewonnenen Ergebnisse. Haben wir doch gesehen, wie der Fall der Entstehung des Nus von jenen Aussprüchen des Aristoteles, welche Anfang und Ende miteinander in Verbindung

---

Mensch; dieser aber entsteht offenbar nicht aus nichts), noch auch dann, wenn beim Tode des Menschen der Nus in der Tat als ein Ding in Wirklichkeit zu bestehen beginnt, denn es ist klar, daß er dann aus dem Menschen entsteht, indem er nach dessen Korruption dem Leibe nach als inkorruptibler Überrest, als ein Ding für sich, allein zurückbleibt.

Diese Bemerkung, sowie auch die ganze vorstehende Erörterung über Entstehen und Vergehen möge dem, was ich in der Beilage zu meiner *Psychologie des Aristoteles* S. 249 f. zur Lösung gewisser Einwände sage, zur Vervollständigung dienen.

bringen, nicht berührt wird. Ja, es zeigte sich, daß nach Zellers Auffassung nicht minder als nach der unsrigen von dem Nus gesagt werden muß, daß er erst im Augenblicke des Todes des Menschen zu einem Dinge in Wirklichkeit werde und also in gewisser Weise entstehe, um dann nie einem entsprechenden Vergehen zu unterliegen. Es ist dies der Augenblick, von dem Aristoteles im fünften Kapitel des dritten Buches von der Seele sagt: „Nachdem der Nus aber getrennt worden, ist er nur das, was er ist, und dieses allein ist unsterblich und ewig." (*χωρισθεὶς δ' ἐστὶ μόνον τοῦθ' ὅπερ ἐστί, καὶ τοῦτο μόνον ἀθάνατον καὶ ἀΐδιον*) {430, a, 13–14}.

Dennoch finde ich mich, ich bekenne es, hier in einiger Verlegenheit. Ich habe nämlich die Unmöglichkeit der Deutung, die Zeller der Stelle Met. Λ, 3. 1070, a, 21 gibt, in meinem *Offenen Brief an Zeller aus Anlaß seiner Schrift über die Lehre des Aristoteles von der Ewigkeit des Geistes* 1883 eingehend dargetan {S. 17–25}, und Zeller selbst gibt nicht undeutlich dafür Zeugnis, daß ich damals die von mir bekämpfte Ansicht wirklich widerlegt habe, wenn er in der *Deutschen Literaturzeitung* vom 17. Februar 1883 (Nr. 7) sagt, daß die hier von mir bestrittene Erklärung „widersinnig" sei. Er fügt aber noch hinzu, daß sie ihm selbst „fremd" sei {ebd., S. 229}. Und so hätte ich denn nach ihm, was er sagt, in mißverstehender Weise wiedergegeben. Ich habe nun daraufhin nochmals und in öfterer Wiederholung seine Darlegung verglichen und muß bekennen, daß ich außerstande bin, irgend eine Untreue in meiner Wiedergabe, die in den wesentlichsten Punkten geradezu eine wörtliche ist, zu entdecken. Was also bliebe mir hier noch zu tun, als, indem ich einerseits die betreffende Stelle meines *Offenen Briefes* wiederhole, andererseits in einer Anmerkung die Erklärung Zellers ihrem Wortlaute nach vorlege, den Leser selbst zu dem Versuche aufzufordern, ob er etwa mit einer feineren Unterscheidungsgabe, als sie mir zu Gebote steht, eine Änderung des Sinnes zu entdecken vermöge. Die Stelle meines Briefes lautet also {Brentano 1883, S. 17–25}:

> Im 3. Kapitel des zwölften Buches der Metaphysik [...] bespricht Aristoteles die Frage, ob die Form vor dem von ihr Verursachten existiere oder nicht, und entscheidet sie negativ, indem er den Gegensatz, der in dieser Hinsicht zwischen formalem und wirkendem Prinzip besteht, hervorhebt: *τὰ μὲν οὖν κινοῦντα αἴτια ὡς προγεγενημένα ὄντα, τὰ δ' ὡς ὁ λόγος ἅμα. ὅτε γὰρ ὑγιαίνει ὁ ἄνθρωπος, τότε καὶ ἡ ὑγίειά ἐστιν, καὶ τὸ σχῆμα τῆς χαλκῆς σφαίρας ἅμα καὶ ἡ χαλκῆ σφαῖρα.* (Met. Λ, 3. 1070, a, 21.)
>
> Da diese Worte allgemein sprechen, so könnte einer, wie ich in meinem *Kreatianismus des Aristoteles* S. 108 bemerke, sich für berechtigt halten, schon aus ihnen ohne weiteres den Schluß zu ziehen, daß nach Aristoteles auch die Seele, und somit der Nus, der ja ein Teil von ihr ist, nicht präexistiert habe;

denn die Seele werde von ihm unter die Formen gerechnet. Doch würde, [füge ich bei,] ein solcher Schluß nicht die volle Sicherheit gewähren. Man könnte mit einiger Wahrscheinlichkeit sagen, daß Aristoteles bezüglich der menschlichen Seele und ihres Nus wohl eine Ausnahme gemacht haben möge, die er nur hier zu erwähnen versäume. Denn in der Tat hat nach ihm die menschliche Seele etwas Eigentümliches, was sie von den Formen anderer lebendiger Körper sehr wesentlich unterscheidet. Ihre höheren Tätigkeiten sind keine organischen Funktionen, und auch sie selbst ist darum in ihrer Existenz nicht gänzlich an den Leib gebunden, sondern ihrem höchsten Teile nach unsterblich. So ist offenbar auch gegen ihre teilweise Präexistenz vieles von dem nicht geltend zu machen, was die Präexistenz anderer, ganz in die Materie versenkter Formen unmöglich erscheinen läßt. [...]

Allein das unmittelbar Folgende [sage ich weiter a. a. O. {Brentano 1882, S. 108 f.},] macht eine solche Ausflucht unmöglich, indem Aristoteles ausdrücklich auf die menschliche Seele und ihren unsterblichen Teil zu sprechen kommt. Er fährt nämlich fort: „Ob aber *nach* dem Untergange eines Dinges seine Form erhalten bleibe, muß untersucht werden; denn bei einigen steht dem nichts im Wege, wie wenn die Seele ein solches ist, nicht die ganze, aber der Nus, denn für die ganze ist es vielleicht nicht möglich." (*εἰ δὲ καὶ ὕστερόν τι ὑπομένει, σκεπτέον· ἐπ' ἐνίων γὰρ οὐθὲν κωλύει, οἷον εἰ ἡ ψυχὴ τοιοῦτον, μὴ πᾶσα ἀλλ' ὁ νοῦς· πᾶσαν γὰρ ἀδύνατον ἴσως.* {1070, a, 24–27}) Das sind Worte, die jeden vernünftigen Widerspruch verstummen machen. Aristoteles scheidet ganz deutlich die Fragen nach der Präexistenz und Postexistenz der Form; ihre Präexistenz wird ganz allgemein verworfen, in bezug auf die Postexistenz dagegen ein Ausnahmefall statuiert, indem auf die Unsterblichkeit des Nus hingewiesen wird. Also subsumiert Aristoteles aufs unzweideutigste auch den Nus dem allgemeinen Satze, wonach keine Form vor dem von ihr Verursachten Bestand hat, mit andern Worten, er leugnet, daß der Nus präexistiert habe. [...]

Sehen wir zunächst, worin wir einig sind. Sie erkennen mit mir an, daß Aristoteles hier von den individuellen Formen spreche,[58] und daß er zu diesen

58 a. a. O. S. 1048. Nur beiläufig bemerke ich, um nicht den Schein einer weitergehenden und auch auf Irrtümer bezüglichen Übereinstimmung zu erwecken, daß, wenn Sie hier in der Begründung sagen: „die individuelle Form bezeichnet nur die Art der Zusammensetzung und Bewegung des Stoffes, aus dem dieses Ding besteht; sie entsteht dadurch, daß sich das immaterielle *εἶδος*, das Wesen einer bestimmten Gattung mit einem gegebenen Stoff verbindet", diese Äußerung in beiden Teilen falsch ist. Was den letzten Punkt betrifft, so hat 1. die individuelle Form nach Aristoteles gar kein solches Entstehen (vgl. Met. Λ, 3. 1069, b, 35) und 2. kann etwas Allgemeines nach ihm nie Element und Ursache von etwas Individuellem sein (vgl. Met. Λ, 1. 1069, a, 23; 4. 1070; b, 4 u. 5, 1071, a, 20).

auch die Seelen, und insbesondere jede Menschenseele rechne, von welcher der Nus des Menschen einen Bestandteil bildet.

Trotzdem, meinen Sie, habe Aristoteles, indem er die Präexistenz der individuellen Formen vor den Dingen, deren Formen sie sind, allgemein in Abrede stellte, die Präexistenz des Nus nicht geleugnet. Denn erstens sei der Nus nach dem eben Gesagten nicht die Form, sondern nur ein Bestandteil der Form; und zweitens sei er auch dies erst seit seiner Vereinigung mit den übrigen Teilen der Form in dem entwickelten Fötus; vorher habe er zwar als Nus, nicht aber als Form oder Teil der Form des Menschen bestanden. Er sei also zwar gewesen, aber er sei noch nicht Form oder Teil der Form des Menschen gewesen, und dies letztere sei das einzige, was die Worte des Aristoteles ausschlössen. Die *κινοῦντα*, sage Aristoteles, seien Ursache als vorher vorhandene Dinge, die Formen seien es als zugleich bestehende. Daß sie oder Teile von ihnen vielleicht vorher bestanden haben, bleibe davon unberührt, denn sie hatten dann eben noch nicht als formale Ursachen bestanden. In bezug auf Präexistenz und Postexistenz sei darum auch gar kein Unterschied zu machen. Denn „so wenig man wegen der Präexistenz des Nus sagen könnte, die Form des Menschen habe früher existiert, ebensowenig könnte man wegen der Unsterblichkeit des Nus behaupten, sie habe seinen Untergang überlebt". So sage denn auch Aristoteles ganz vorsichtig nicht, daß die Form, sondern *etwas* (von der Form des Menschen) übrig bleibe, wie er denn ebenso hätte sagen können, nicht zwar, daß die Form, wohl aber, daß etwas von der Form vor der Entstehung des Menschen existiert habe.[59]

Auf diese Anmerkung meines *Offenen Briefes* {S. 20, Anm. 1} erwidert Zeller in seinem Artikel in der *Literaturzeitung* {S. 229}: „[Ich bemerke], daß Met. XII, 3. Anf. nicht den ‚individuellen Formen' (die ja nach 1070, a, 4 gerade entstehen), sondern vielmehr der Form und Materie als solcher (den *ἔσχατα*) das Entstehen schlechtweg (nicht ‚ein *solches* Entstehen') abgesprochen wird". Man sieht, daß diese Worte die von mir geübte Kritik in keiner Weise widerlegen. Zeller hat nicht einmal verstanden, daß sich die Bemerkung „die individuelle Form hat nach Aristoteles gar kein solches Entstehen" auf die Mehrdeutigkeit des Terminus, von welcher De caelo I, 11. handelt, bezieht. Die individuelle Form hat nach Aristoteles einen Anfang aber kein Erzeugtwerden, denn sie ist nicht das Ding in Wirklichkeit, das erzeugt wird, sondern nur die Wirklichkeit, zu der dasselbe, indem es erzeugt wird, gelangt. Würde auch sie erzeugt werden, so müßte sie aus zwei Teilen bestehen, einem materiellen und formalen, und wenn auch dessen formaler Teil erzeugt würde, so müßte auch er wieder einen materiellen und formalen Teil unterscheiden lassen und so fort ins unendliche, was, sagt Aristoteles, unmöglich ist.

59 {Diese Fußnote ist nicht im *Offenen Brief* enthalten.} Der Wortlaut bei Zeller a. a. O. S. 1048 f. ist folgender:

Das also ist die scharfsinnige Weise, in welcher Sie sich einem, wie es mir schien, erdrückenden Argumente gegenüber zu verteidigen suchen.

„Aber stehen dieser Annahme nicht andere Erklärungen im Wege? Met. XII, 3. sagt Aristoteles: ‚Die bewegenden Ursachen gehen in ihrem Dasein dem Verursachten voran, die formalen seien den Dingen gleichzeitig; ob aber etwas von ihnen die letzteren überdaure, sei zu untersuchen; denn bei einigen stehe dem nichts im Wege, wie denn vielleicht die Seele dieser Art sei, nicht die ganze, aber der Nus.'"

[Hiezu unten die Note 1: „1070, a, 21. *τὰ μὲν οὖν κινοῦντα αἴτια ὡς προγεγενημένα ὄντα* (die *κινοῦντα* sind Ursache als vorher vorhandene Dinge), *τὰ δ' ὡς ὁ λόγος* (sc. *αἴτια*) *ἅμα. ὅτε γὰρ ὑγιαίνει ὁ ἄνθρωπος, τότε καὶ ἡ ὑγίειά ἐστιν, καὶ τὸ σχῆμα τῆς χαλκῆς σφαίρας ἅμα καὶ ἡ χαλκῆ σφαῖρα. εἰ δὲ καὶ ὕστερόν τι ὑπομένει, σκεπτέον· ἐπ ἐνίων γὰρ οὐθὲν κωλύει, οἷον εἰ ἡ ψυχὴ τοιοῦτον, μὴ πᾶσα ἀλλ' ὁ νοῦς· πᾶσαν γὰρ ἀδύνατον ἴσως.*"]

„Hier, glaubt nun Brentano (S. 108), werde die Präexistenz der Form ganz allgemein verworfen, die Postexistenz des Nus zugegeben. Dies wäre nun freilich neben der bestimmten und wiederholten Erklärung (s. o. S. 1044 f.), daß alles, was einen Anfang hat, auch ein Ende habe, und kein gewordenes ewig dauern könne, um so auffallender, da dieser Grundsatz bei dem Philosophen einerseits durch die eingehendste und vielseitigste Beweisführung sichergestellt wird, andererseits durch die auf ihn gestützte Lehre von der Ewigkeit der Welt tief in sein ganzes System eingreift und sich so in jeder Beziehung als die Sache einer wohl erwogenen wissenschaftlichen Überzeugung darstellt. Indessen liegt die Sache, so siegesgewiß auch der Ton meines Gegners bei dieser Gelegenheit sich ausnimmt, in Wirklichkeit doch keineswegs so, daß durch Met. XII, 3. in Beziehung auf den Nus eine Ausnahme von jenem Grundsatz statuiert würde. Es handelt sich nämlich bei den Formen, deren Präexistenz Aristoteles leugnet, nicht um dasjenige *εἶδος*, welches den Gattungsbegriffen entsprechend das gemeinsame Wesen einer Reihe von Einzeldingen bildet; – dieses ist unentstanden und unvergänglich, wie dies Aristoteles, in Übereinstimmung mit anderen eingehenderen Auseinandersetzungen, auch am Anfang unseres Kapitels bemerkt hat. Die Form, welche mit dem Ding entsteht, ist vielmehr nur die Form dieses Einzeldinges als solchen, das *εἶδος ἐν ἄλλῳ* (Met. VII, 8. 1033, a, 34), der *λόγος ἔνυλος* (De an. I, 1. 403, a, 25), der *λόγος ἐν τῇ ὕλῃ* (De part. anim. I, 3. 643, a, 24), die *οὐσία ἐν ὕλῃ* (De caelo I, 9. 278, a, 19). Diese kann nicht früher sein als das Ding, dem sie inwohnt, denn sie bezeichnet nur die Art der Zusammensetzung und Bewegung des Stoffes, aus dem dieses Ding besteht; sie entsteht dadurch, daß sich das immaterielle *εἶδος*, das Wesen einer bestimmten Gattung, mit einem gegebenen Stoff verbindet (Met. VII, 8. 1033, b, 5 f., 16 f.). Die Form eines lebenden Wesens ist nun seine Seele (De an. II, 4. 415, b, 7 ff.), die des Menschen eine vernünftige Seele, d. h. eine solche, von welcher der Nus einen Bestandteil bildet. Aber diese Seele entsteht nach Aristoteles als die Form dieses Menschen, die Entelechie dieses organischen Leibes, erst durch die Zeugung; und daran wird auch dann, wenn man annimmt, der Nus sei vorher schon

Doch wenn es überhaupt Fälle gibt, wo alles Aufgebot des Scharfsinns nichts mehr fruchtet, so dürfte dieser dazu zu rechnen sein. Es ist kein Wunder, wenn von allen früheren Interpreten, so viele ich ihrer zur Hand genommen habe, kein einziger auf Ihre Auslegung verfallen ist;[60] denn sie ist schlechterdings unzulässig, und zwar aus einem dreifachen Grunde.

Erstens kann τὰ μὲν κινοῦντα αἴτια ὡς προγεγενημένα ὄντα nicht heißen: „die κινοῦντα sind Ursache als vorher vorhandene Dinge" {Zeller 1882,

---

vorhanden gewesen, nichts geändert, denn so lange er nicht mit der vegetativen und animalischen Seele dieses Leibes und durch sie mit ihm selbst vereinigt war, war er nicht bloß nicht die Form dieses Menschen (was er für sich allein überhaupt nicht ist), sondern auch kein Bestandteil dieser Form. Die Präexistenz des Nus verträgt sich daher vollkommen mit dem Satz, daß die (individuelle) Form eines Dinges nicht vor ihm selbst existiere, denn nicht der Nus, sondern die Seele, in deren Keim er nach Aristoteles noch vor dem Zeugungsakt eintritt, ist die Form des menschlichen Individuums. Der Nus ist nur einer von den Bestandteilen dieser Form, und er ist dies erst seit der Erzeugung dieses bestimmten Menschen. Und so wenig man wegen der Präexistenz des Nus sagen könnte, die Form dieses Menschen habe früher existiert, ebensowenig konnte man wegen der Unsterblichkeit des Nus behaupten, sie habe seinen Untergang überlebt. Aristoteles sagt dies aber auch nicht, sondern er bemerkt nur, indem er sich sehr vorsichtig ausdrückt: ‚ob aber später (beim Untergang eines Dinges) *etwas* (von seiner Form) übrig bleibt, ist zu untersuchen'; und wenn er nun beifügt, bei der ganzen Seele sei dies nicht möglich, sondern nur beim Nus, so erkennt er eben damit an, daß die Form eines Dinges so wenig nach dem Untergang, als vor der Entstehung desselben für sich existieren könne, denn nur die ganze Seele ist die Form eines bestimmten Menschen. Daß sich aber der Philosoph a. a. O. hierüber nicht eingehender erklärt hat, kann nicht auffallen; denn teils hatte er hier überhaupt nicht die Aufgabe, seine Ansicht über den Nus, der nur als Beispiel für das Verhältnis der Form zu ihrem Träger berührt wird, näher zu entwickeln, teils ist das zwölfte Buch der Metaphysik, wie bekannt, in seiner ersten Hälfte ein so knapper und skizzenhafter Entwurf, daß die Vermutung vieles für sich hat, es sei nur eine zum eigenen Gebrauch ihres Verfassers niedergeschriebene Aufzeichnung, deren Inhalt zu weiterer Ausführung und Erläuterung in seinen Vorträgen bestimmt war (*Phil. d. Gr.* II, b, 82)."

60 Vgl. z. B. das Scholion (des Pseudo-Alexander) bei Brandis {1853} in der Bekkerschen Ausgabe IV, 800, b, 30–45; die alte lateinische Übersetzung des W. v. Mörbeka; den Kommentar des Thomas Aquinas {1866} in libr. Metaph. XII lect. 3 (in der Parmaer Ausgabe von 1860 tom. XX, 626, b); die lateinische Übersetzung von Bessarion in der Bekkerschen Ausg. III {Aristoteles 1831c}, 524, b, 22; den Comment. Analyt. in libr. de Anim. von Julius Pacius {1621} III, 6. § 5 (vgl. m. *Kreat. d. Arist.* S. 18, Anm. 4); die Übersetzung von Schwegler {Aristoteles 1847–1848}; den Kommentar zur Metaphysik von Bonitz {1849} II, 478 usw. (Anm. {2, S. 21} meines *Offenen Briefes*.)

S. 1044, Anm. 1}. Denn dies ist nach aristotelischer Lehre geradezu falsch. Die wirkende Ursache kann nach ihr wohl vorher sein, aber, wenn anders es sich um unmittelbare Verursachung handelt, nicht vorher *Ursache* sein, ehe die Wirkung eintritt [...]. Somit kann dies auch von Aristoteles hier nicht ausgesprochen werden.[61] Er kann vielmehr nur sagen wollen, daß die wirkende Ursache, ehe sie *Ursache* werde, oft – denn nicht immer und notwendig ist es der Fall[62] – schon zum Seienden gehört habe, während dies bei der Form nie vorkomme. Aristoteles leugnet also nicht bloß, daß eine Form schon vorher als (formale) Ursache sei (denn damit wäre noch kein Unterschied gegenüber den wirkenden Ursachen gesetzt), sondern daß sie überhaupt als das, was sie selbst ist, vorher existiere.

Zweitens. Dies bestätigen auch die erläuternden Beispiele. Aristoteles sagt nicht: *ὅτε γὰρ ὑγιαίνει ὁ ἄνθρωπος, τότε ἡ ὑγίεια αἴτιόν ἐστιν*, sondern: *τότε καὶ ἡ ὑγίειά ἐστιν*, und fährt fort, indem er das zweite Beispiel beifügt: *καὶ τὸ σχῆμα τῆς χαλκῆς σφαίρας ἅμα καὶ ἡ χαλκῆ σφαῖρα*. Entschieden wäre darum auch das schon gegen den Sinn des hier ausgesprochenen allgemeinen Prinzips, wenn die *ὑγίεια* oder das *σχῆμα τῆς σφαίρας* vor dem *ὑγιής* und vor der *σφαῖρα*, nur für sich und nicht als *αἴτιον* des *ὑγιής* oder der *σφαῖρα*, bestanden hätte. Dasselbe wird dann aber von jeder andern Form, also auch von der Seele gelten müssen. Also nicht bloß die Leugnung der Präexistenz der Seele als Seele (als Form des Lebendigen), sondern auch der Präexistenz der Seele als dessen, was sie an sich ist, erscheint in dem Satze involviert. Und dies findet

drittens nun auch noch in dem unmittelbar Folgenden seine Bestätigung und Bekräftigung, indem hier zugleich ersichtlich wird, daß Aristoteles keinerlei Ausnahme von seinem Gesetze gemacht, daß er weder ganz noch teilweise irgend eine Form als Seiendes dem Geformten präexistierend gedacht hat. Denn wäre Ihre Auffassung richtig, und hätte Aristoteles sagen wollen, die wirkende Ursache verursache als vorher bestehend, die Form aber nur als zugleich bestehend, ohne damit ausschließen zu wollen, daß sie oder etwas von ihr *als solches* schon vorher bestanden habe, so hätte er naturgemäß so

61 Auch grammatisch scheint Ihre Übersetzung unzulässig: *αἴτια* muß zum Subjekt, und zwar des Vorder- wie Nachsatzes, gehören, um in diesem die Worte *τὰ δ' ὡς ὁ λόγος* (*αἴτια*) zu ergänzen. (Anm. {2, S. 22} meines *Offenen Briefes*.)

62 Die Mondfinsternis z. B., welche durch die Dazwischenkunft der Erde bewirkt wird (vgl. Anal. post. II, 12. 95, a, 14), tritt nach Aristoteles, der die zeitliche Fortpflanzung des Lichts nicht kennt, gleichzeitig damit ein. Daher ja auch die Möglichkeit einer Bewegung und Schöpfung von Ewigkeit. Vgl. m. *Kreat. d. Arist.* S. 121. *Psychol. des Arist.* S. 234 ff. (Anm. {3, S. 22} meines *Offenen Briefes*.)

fortfahren müssen: „Ob aber dessenungeachtet sie oder etwas von ihr schon vorher bestanden habe, das muß untersucht werden, wie denn vielleicht die Seele ein solches ist, nicht die ganze, aber der Nus usw."[63] Das tut er aber nicht. Nicht von der Präexistenz des Nus an sich spricht er und legt dagegen Verwahrung ein, daß mit der Präexistenz des Nus als Form oder Bestandteil der Form auch jene geleugnet werde, sondern seine Verwahrung richtet sich einzig und allein gegen diejenigen, welche etwa mit der Präexistenz auch die Postexistenz der Seele geleugnet glaubten, während er den Nus für unsterblich hält. Dies deutet doch wohl klar genug auf einen Unterschied zwischen dem Früher und Später. Völlig unerklärlich bliebe es ja nach Ihrer Auffassung, wie Aristoteles, im Gegensatz zu dem, was er bezüglich der Vergangenheit gesagt, nun plötzlich von der Zukunft, mit der das ganze Kapitel sonst nichts zu tun hat, sprechen konnte, da, wie Sie selbst ganz richtig hervorheben, zwischen dem präexistierenden und postexistierenden Nus hinsichtlich seiner Zugehörigkeit zur Form gar kein Unterschied bestehen würde (a. a. O. S. 1049).

Dies gilt im besonderen, wenn, wie Sie lehren, der aristotelische Nus nicht bloß schon im Samen des Vaters, sondern von Ewigkeit präexistiert hatte, wie er auf der anderen Seite in alle Ewigkeit fortbestehen wird. Denn hätte er [...] nach Aristoteles nicht zwar, wie bei den Scholastikern, erst am Abschlusse der fötalen Entwicklung, aber doch nur um weniges früher im Samen des Vaters seinen Anfang genommen; wäre er in diesem zum Zwecke der Bildung eines neuen Menschen vom Schöpfer hervorgebracht worden: dann allerdings begriffe es sich vielleicht, warum Aristoteles hier dieses Minimum von Präexistenz neben seiner ewigen und ungleich bedeutungsvolleren Postexistenz vernachlässigen konnte. Nun aber haben Sie sich durch Ihre Leugnung der Schöpfung überhaupt und durch Ihre Behauptung der Ewigkeit des Nus auch diese letzte Ausflucht abgeschnitten.

Es ist also, denke ich, ein in jeder Beziehung wohlbegründetes Urteil, wenn ich, im Einklange mit allen mir bekannten früheren Erklärungen, die von Ihnen versuchte Auslegung, mit aller Anerkennung für die dabei bekundete feine Unterscheidungsgabe, als völlig unstatthaft zurückweise.

Das also ist meine schon im Jahre 1883 veröffentlichte Widerlegung einer Deutung von Met. Λ, 3. 1070, a, 21, welche die Stelle aufhören lassen würde, als ein klares und unwidersprechliches Zeugnis gegen die dem Aristoteles zugeschriebene Präexistenzlehre erscheinen zu lassen. Ich erzählte bereits, daß Zeller selbst später diese Erklärung des aristotelischen Textes als widersinnig

63 Statt *εἰ δὲ καὶ ὕστερόν τι ὑπομένει* müßte es heißen: *εἰ δὲ καὶ πρότερόν τι ἦν*, oder vielmehr: *εἰ δ' ὅμως ἤδη πρότερόν τι ἦν*, um jene scharfe Unterscheidung auszudrücken. (Anm. {1, S. 23} meines *Offenen Briefes*.)

bezeichnet hat. Begreiflicherweise möchte er daraufhin sie nicht mehr als die seinige betrachtet wissen. Ob er sie aber nicht doch tatsächlich gegeben, darüber sich eine Meinung zu bilden, habe ich im vorstehenden den Leser instand gesetzt. Auch hat Zeller, indem er diese Erklärung als eine ihm fremde bezeichnete, nicht mit einem Worte angedeutet, welche andere Erklärung er nunmehr für die richtige halte. Und so erwächst mir denn hier keine neue Aufgabe.

2. Dagegen scheint mir etwas anderes hier zweckdienlich. Wir haben gesehen, wie Zeller in seiner Schrift „Über die Ewigkeit des Geistes" zu den vermeintlich früher erbrachten direkten Belegstellen eine große Zahl von indirekten hinzufügen wollte, die wegen der Einfachheit und Klarheit der Folgerung, die als bloße Subsumption des Falles unter ein feststehendes Prinzip erschien, den direkten in ihrer Beweiskraft nicht nachstehen sollten. Auch hier befand er sich in einer Illusion, vor der ihn eine gewissenhafte Berücksichtigung der Vieldeutigkeit gewisser Ausdrücke bewahrt haben würde. Allein was er nicht vermocht hat, das können wir mit aller nur wünschenswerten Klarheit und Einfachheit im entgegengesetzten Sinne leisten. Keine Vieldeutigkeit von Terminis ist in den betreffenden Stellen vorhanden, welche, wenn sie nicht sorgfältig beachtet wird, einen falschen Schein zu erzeugen droht. Der Schluß besteht aber auch hier in der Subsumption unter ein allgemeines Prinzip, das Aristoteles wieder und wieder als a priori einleuchtend geltend gemacht und durch die ausgeführtesten Argumente gegen jeden Zweifel zu sichern Sorge getragen hat.

Dieses Prinzip ist der Satz von der Unmöglichkeit einer aktuell unendlichen Vielheit, für welche namentlich die Erörterungen in den Büchern der Physik zu vergleichen sind. Es ist offenbar, daß diesem Prinzip, wie die Annahme jeder anderen aktuell unendlichen Vielheit, auch die einer aktuell unendlichen Vielheit von präexistierenden Geistern, die dann in den sukzessiven Erzeugungen, einer nach dem anderen, mit einem menschlichen Leibe verbunden werden, widerspricht. Und wer könnte sich verbergen, daß sie in der Lehre des Aristoteles, wie Zeller sie auffaßt, enthalten ist? Die Erzeugungen der Menschen gehen ins Unendliche, ohne daß je, wie auch Zeller es als unzweifelhaft betrachtet, ein Nus, der schon einmal die noetische Seele eines Menschen gebildet hat, zum zweiten Male inkarniert wird. So wird denn im Lauf der Zeiten jedwede endliche Zahl von Nus überschritten werden. Und wenn diese alle schon von Ewigkeit wirklich sind, so stellt sich in ihnen eine aktuell unendliche Vielheit wirklicher Dinge dar.

Man sieht also, daß in der Tat, wie nicht die Behauptung, wohl aber die Leugnung der Präexistenz des Nus wahrhaft durch einen direkten Ausspruch belegt werden kann, so auch vielmehr nur sie in jener indirekten Weise, der

Zeller nicht ohne Grund eine hohe Bedeutung zuerkennt, durch reiche Belegstellen bestätigt wird; denn der Stellen, welche die Unmöglichkeit einer aktuellen unendlichen Vielheit aussprechen, sind nicht wenigere, als jener, welche von der gegenseitigen Forderung von Entstehen und Vergehen handeln.

Doch ich darf diese Bemerkung nicht schließen, ohne auf einen anderen sehr verbreiteten Irrtum aufmerksam gemacht zu haben, der, wenn er unberichtigt bliebe, diese ganze indirekte Beweisführung als unkräftig erscheinen lassen müßte. Man schreibt Aristoteles sehr allgemein die Lehre zu, daß, wie das Weltall und die Erde, auch, als einer ihrer vorzüglichsten Teile, das Menschengeschlecht nicht bloß alle Zeit bestehen werde, sondern auch von Ewigkeit bestanden habe. Wäre dies wirklich seine Meinung gewesen, so wäre er, auch wenn er nicht an die ewige Präexistenz jedes einzelnen menschlichen Nus glaubte, dennoch, und in einer fast ebenso auffälligen Weise, mit seinem Prinzip der Unmöglichkeit einer aktuell unendlichen Vielheit in Widerspruch geraten, wenn anders jeder Nus unsterblich fortbesteht. Denn auch die Menge der schon gewesenen Erzeugungen würde bereits jede Zahl übersteigen.

Doch wenn es schon von vornherein nicht wohl angeht, auch nur in diesem Stücke Aristoteles ein so gröbliches Verkennen der nächstliegenden Konsequenz zuzuschreiben, so noch weniger, wenn wir sehen, wie er sich im dritten Buch De gen. anim., Kap. 11 zu denjenigen stellt, welche ein ursprüngliches spontanes Entstehen der Menschen gelehrt haben. Er ist so weit davon entfernt, diesen Gedanken zu verwerfen, daß er vielmehr aufs angelegentlichste zu untersuchen beginnt, in welcher Weise doch wohl dieser Vorgang stattgehabt haben möge. Und die große Sorgfalt, die er dabei aufwendet, bezeugt genugsam, wie ernst er die Frage nimmt. Die spontane Entwicklung, meint er, müsse wohl, wie auch jene früheren Forscher annahmen, aus dem Schlamm stattgefunden haben; doch bei einem so vollkommenen Organismus wie dem menschlichen erscheine ein unmittelbarer Übergang zu diesem undenkbar, vielmehr müsse die Bildung unvollkommenerer Formen hier vorausgegangen sein. Da erscheinen ihm denn aber nur zwei Hypothesen zulässig. Nach der einen hätte sich zunächst ein Ei, nach der anderen ein niederes, wurmartiges Lebewesen gebildet, welches sich zum Menschen ähnlich etwa wie die Raupe zu dem aus ihr sich entwickelnden Schmetterling verhielt. Darauf hebt er die Gründe hervor, welche gegen die erste Hypothese sprechen, und schließt dann, wie jemand, der bereits überzeugt ist, daß eine von beiden Hypothesen als wahr betrachtet werden müsse, mit dem Ausspruch, daß es also das Vernünftige sei, sich an die andere zu halten.

Wenn man dies liest, so möchte man sich wundern, wie einer daraufhin noch zweifeln könne, daß Aristoteles die von der Konsequenz seiner Lehre verlangte Überzeugung auch wirklich gehabt habe. Doch diejenigen, welche sie bei ihm in Abrede stellen, berufen sich auf einige Stellen, die, wenn man sie isoliert betrachtet, allerdings in entgegengesetztem Sinn sich deuten lassen. So z. B. auf De gen. anim. II, 1. 731, b, 35, wo gesagt wird, das Menschengeschlecht sei immer. Allein schon früher habe ich bemerkt, daß wir, ähnlich wie für den Ausdruck *ἀΐδιος*, auch für das *ἀεί* recht wohl auch einmal eine einseitige Berücksichtigung der Zukunft annehmen können. Wenn man aber außerdem sich auch noch auf gewisse Stellen beruft, wo Aristoteles von der Entdeckung von Wahrheiten und der Erfindung notwendiger und nützlicher Einrichtungen spricht, die in der Vergangenheit wieder und wieder, ja geradezu unzählige Male (*ἀπειράκις*) gemacht oder unzählige Male von Geschlecht zu Geschlecht überliefert worden seien, so erweisen sie sich, näher besehen, selbst wenn man an jenem flagranten Widerspruch, den ich Aristoteles zuzutrauen Bedenken trage, sich nicht stoßen wollte, keineswegs von der Art, daß sie imstande wären, gegen die Stelle De gen. anim. III, 11. 762, b, 28 ein genügendes Gegengewicht zu bilden. Vier Stellen sind es, die in Betracht kommen. Von ihnen aber zeigen sich zwei darum als undienlich, weil Aristoteles in ihnen nicht sagt, daß die betreffenden Erkenntnisse unendlich oft gewonnen worden seien, sondern nur, daß sie unendlich oft gewonnen werden. So heißt es in Meteor. I, 3. 339, b, 27: „Wir werden ja doch nicht sagen, daß die Menschen einmal oder zweimal oder wenige Male, vielmehr daß sie unendlich oft neu auf dieselben Ansichten zurückkommen" (*οὐ γὰρ δὲ φήσομεν ἅπαξ οὐδὲ δὶς οὐδ' ὀλιγάκις τὰς αὐτὰς δόξας ἀνακυκλεῖν γινομένας ἐν τοῖς ἀνθρώποις, ἀλλ' ἀπειράκις*). Und ähnlich sagt Aristoteles De caelo I, 3. 270, b, 19: „Denn es ist anzunehmen, daß nicht bloß einmal, noch auch zweimal, sondern unendlich oft dieselben Meinungen zu uns gelangen" (*οὐ γὰρ ἅπαξ οὐδὲ δὶς ἀλλ' ἀπειράκις δεῖ νομίζειν τὰς αὐτὰς ἀφικνεῖσθαι δόξας εἰς ἡμᾶς*). Es ist klar, daß, was hier gelehrt wird, sich ebenso mit der Annahme eines Anfangs des Menschengeschlechts, wie mit der Leugnung, daß es angefangen habe, verträgt und nur einen Fortbestand desselben ins Unendliche verlangt.

Noch ersichtlicher ist es bei einer dritten Stelle, welche wir Met. Λ, 8. 1074, b, 10 finden, daß sie gar nichts für die Anfangslosigkeit des Menschengeschlechts bedeutet. Hier wird nämlich zwar nicht im tempus präsens, sondern im tempus praeteritum gesprochen, aber es wird auch nicht gesagt, daß die schon früher gemachten Entdeckungen schon unendlich oft (*ἀπειράκις*), sondern nur, daß sie schon oft (*πολλάκις*) gemacht worden seien. Und so bleibt denn als einzige Stelle, auf die hin man sich etwa versucht fühlen könnte, Aristoteles einen so starken Abfall von der Konsequenz seiner Prinzipien zuzuschreiben, nur eine übrig, die wir im siebenten Buche der Politik, Kap. 10 finden. Hier lesen wir nämlich wirklich: „So muß man denn auch von fast allem anderen annehmen, daß es in der vielen Zeit vielmals oder, besser gesagt, unzählige Male gefunden worden sei; ist es doch natürlich, daß das Bedürfnis selbst lehrt, was notwendig ist und daß, wenn dies gegeben ist, auch das, was die schöne Ausgestaltung und Bereicherung des Lebens anlangt, mehr und mehr wächst. Und so muß man denn glauben, daß es mit dem, was die Staaten anlangt, sich auch nicht anders verhalte." (*σχεδὸν μὲν οὖν καὶ τὰ ἄλλα δεῖ νομίζειν εὑρῆσθαι πολλάκις ἐν τῷ πολλῷ χρόνῳ, μᾶλλον δ' ἀπειράκις· τὰ μὲν γὰρ ἀναγκαῖα τὴν χρείαν διδάσκειν εἰκὸς αὐτήν, τὰ δ' εἰς εὐσχημοσύνην καὶ περιουσίαν ὑπαρχόντων ἤδη τούτων εὔλογον λαμβάνειν τὴν αὔξησιν. {ὥστε καὶ τὰ περὶ τὰς πολιτείας οἴεσθαι δεῖ τὸν αὐτὸν ἔχειν τρόπον.}* 1329, b, 25.)

Es ist klar, daß auch dieser Anhalt sofort gänzlich schwinden würde, wenn man durch Emendation statt *εὑρῆσθαι*, *εὑρίσκεσθαι* lesen und so durch Einführung des tempus praesens diese Stelle mit den beiden anderen, wo nicht bloß von einem *πολλάκις*, sondern von einem *ἀπειράκις* gesprochen wird, in Übereinstimmung setzen würde. Und je genauer wir die Worte ins Auge fassen, um so mehr scheinen sie eine solche Emendation nahe zu legen. Bringt dieselbe doch nicht nur diese Stelle mit den beiden anderen, wo nicht bloß von einem *πολλάκις*, sondern *ἀπειράκις* gesprochen wird, in Übereinstimmung, sondern in ihr selbst finden wir Aristoteles sofort durchwegs des modus praesens sich bedienen. Sagt er doch nicht, das Bedürfnis selbst *habe* über das, was notwendig ist, belehrt, sondern *belehre* darüber (*διδάσκειν*, nicht *δεδιδαχέναι*). Und ebenso nicht, das, was zur schönen Ausgestaltung und Bereicherung des Lebens dient, *sei* mehr und mehr *gewachsen*, sondern *wachse* mehr und mehr (*λαμβάνειν τὴν αὔξησιν*, nicht *εἰληφέναι τὴν αὔξησιν*). Ja, noch mehr. Wir finden im unmittelbar Folgenden Worte, die geradezu auf einen Anfang hinzudeuten scheinen. Wird doch von den Ägyptern gesagt, daß sie das älteste Kulturvolk seien. Das älteste sagt ja so viel wie das erste. Und das stimmt aufs beste zu dem, was wir in der aus Met. Λ, 8. 1074, b, 14 angezogenen Stelle finden, wo nicht etwa bloß von früheren, sondern von ersten Denkern (*τῶν πρώτων*) gesprochen wird. Was aber die politischen Einrichtungen anlangt, von welchen die zu emendierende Stelle im besonderen handelt, so ist dafür auch eine Stelle im ersten Buch der Politik bedeutsam, wo Aristoteles geradezu von demjenigen spricht, welcher zum erstenmal den Gedanken eines Staates gefaßt habe, und ihn wegen des großen Verdienstes, welches er sich dadurch um die Menschheit erworben, preist. Wie sollten wir nach alledem noch das mindeste Bedenken tragen, durch unsere Konjektur alles, was, unter sich im Einklang, nur mit dieser Stelle im Widerstreit erscheint, mit ihr, ja auch sie mit sich selbst in volle Harmonie zu bringen?[64] So entfällt denn auch dieser Einwand vollständig. Und alles, was Zeller von jenen angeblichen indirekten Belegstellen, von welchen er meinte, daß sie *für* die Lehre von der Präexistenz des Nus Zeugnis geben, behauptet hat, tritt bei diesen, in Wahrheit *gegen* dieselbe zeugenden, in volle Kraft. Es kann nicht geleugnet werden, daß sie der direkten Belegstelle aus Met. Λ, 3., wie klar auch diese in sich selbst erscheinen muß, zu einer sehr willkommenen Bestätigung gereichen.

Es sei auch nicht verschwiegen, daß die indirekten Belegstellen, auf die ich mich bezog, keineswegs die einzigen sind, die sich hier nutzbar erweisen

64 Eine andere Weise, dem auf diese Stelle sich gründenden Einwand zu begegnen, wäre die, daß man sagte, das ἀπειράκις in der Stelle des siebenten Buches der Politik sei nicht im strengen Sinn zu nehmen und bedeute hier nicht eine schlechthin unendliche, sondern nur eine für uns unermeßliche, unzählig große Menge. In der Tat scheinen einige Übersetzungen aus der Zeit der Humanisten auf eine solche Auslegung hinzudeuten. So lesen wir in der von Dionysius Lambinus, welche die Bekkersche Ausgabe aufgenommen hat: „oportet igitur etiam alia fere existimare saepenumero atque adeo infinitis vicibus longo temporis intervallo esse inventa." {Aristoteles 1831d, 681a} Wenn ἐν τῷ πολλῷ χρόνῳ durch „in einem langen Zeitintervall" wiedergegeben wird, so ist es klar, daß von einer unendlichmaligen Wiederholung im strengen Sinn des Wortes so wenig die Rede sein kann, als von einer anfangslosen Zeit die Rede wäre. In der Parmaer Ausgabe des Thomas von Aquin findet sich in dem Kommentar, den dieser Scholastiker zur Politik geschrieben {Thomas von Aquin 1867}, der „versio antiqua", in welcher die aristotelische Schrift dem Kommentator selbst vorgelegen, als „versio recens" die Übersetzung eines anderen Humanisten beigefügt, in welcher es noch sichtlicher ist, daß er das ἀπειράκις in einem solchen minder strengen Sinn gedeutet hat. Es heißt nämlich: „ut igitur cetera fere longo tempore saepius ac potius saepissime inventa fuisse existimare convenit" {S. 657b}. Doch mir scheint diese Auffassung sowohl an und für sich nicht wahrscheinlich, als auch insbesondere durch die Worte ἢ μᾶλλον erschwert, welche, wenn das ἀπειράκις sich zu dem πολλάκις nur wie ein saepissime zu einem saepe verhalten sollte, denn doch wohl kaum gebraucht worden wären. Wollte einer aber gegen meine Korrektur geltend machen, daß das εὑρῆσθαι, das wir lesen, sich durch die Übereinstimmung mit dem εὑρημένης in der Metaphysik Λ, 8. 1074, b, 10 bestätigt finde, so wäre dies gewiß nicht zu billigen, da ja dort nicht wie in der Stelle der Meteorologie, der Stelle De caelo und der in der Politik von einem ἀπειράκις, sondern von jenem πολλάκις gesprochen wird, welches in der Stelle der Politik, nachdem es auch hier zunächst ausgesprochen worden war, dann als unpassend verworfen wird. Denkbar wäre es aber allerdings, daß eine nicht genügend behutsame Berücksichtigung anderer Umstände, wodurch sich die Stelle der Politik von der der Metaphysik unterscheidet, beim Vergleich der einen mit der anderen dazu geführt habe, das ursprüngliche εὑρίσκεσθαι, welches mit dem διδάσκειν und λαμβάνειν im Einklang ist, in εὑρῆσθαι zu verschlimmbessern.

können. Würde ich mich nicht scheuen, die Untersuchung bei diesem Punkte allzu lange aufzuhalten, so wäre es mir nicht schwer, ihnen eine Mannigfaltigkeit von anderen zu gesellen, ja zu zeigen, daß die Behauptung der ewigen Präexistenz des Nus so wenig in den Zusammenhang der ganzen aristotelischen Lehre paßt, daß dieselbe dadurch zu einem Knäuel von Widersprüchen verwandelt wird.

Auf einen von ihnen wird uns im folgenden Theophrast aufmerksam machen. Aber dieser ist wahrlich nicht der einzige, noch auch der auffälligste. Man braucht z. B. nur zu fragen, wie die Inkarnation des Nus mit der teleologischen Ordnung des Weltalls, welche nach Aristoteles vollkommen tadellos sein soll, in Einklang zu bringen sei, um sie mit einem entschiedenen „in keiner Weise" beantworten zu müssen. Nach Platons Phädrus wurde die Seele infolge von begangenen Fehlern dem Körper verbunden. Nach Aristoteles wäre aber, nach der Meinung Zellers nicht bloß, sondern auch nach der Aussage des Theophrast, die Verbindung mit dem Leibe das, was die Verirrungen, denen er verfällt, allein erklärlich macht. Und wollte man, ähnlich wie der platonische Timäus, darauf verweisen, daß durch die Verbindung des Nus mit dem Leibe, die ihm selbst zum Nachteil gereicht, der Embryo seine Vollendung gewinne, so widerspräche dies allen teleologischen Grundsätzen des Aristoteles; denn nicht das Höhere ist nach diesem dem Niederen, sondern das Niedere dem Höheren unterzuordnen. Und so sagt er denn gerade auch in bezug auf den Nus, daß er und seine Tätigkeit mehr als alles andere in der niederen Welt als Zweck zu betrachten sei, und daß darum der Mensch, genauer gesagt aber der noetische Teil des Menschen, mit einem gewissen Recht als ein irdischer Gott bezeichnet werden könne. Welches nach Aristoteles die wahre teleologische Rechtfertigung der Verbindung des Nus mit einem Leibe sei, habe ich anderwärts, in meiner Schrift *Aristoteles und seine Weltanschauung*, dargelegt; und wer diese vergleichen will, wird daraus ersehen, wie mit der Annahme der Präexistenz jede Möglichkeit dafür entfallen würde.

Daß, wenn Aristoteles die Eltern als diejenigen bezeichnet, welchen wir nicht etwa bloß die Verbindung unseres Geistes mit einem Leibe, sondern geradezu die Existenz zu danken haben, auch diese Äußerung unter Voraussetzung der Präexistenz des Nus nicht richtig wäre, wird aus den Erörterungen zur folgenden These erhellen.

III.

Wir wenden uns jetzt zu dem Angriff, den Zeller gegen die dritte These meiner Schrift über den Kreatianismus gerichtet hat. Dieselbe hatte gelautet: „Aristoteles lehrt, daß Gott den unsterblichen Teil der menschlichen Seele schöpferisch hervorbringe."

Ich habe schon bekannt, daß ich mich hier nicht ganz korrekt ausgedrückt habe. Da der unsterbliche Teil der menschlichen Seele, ja auch die ganze Seele des Menschen, Teil eines wirklichen Dinges ist, so ist er selbst kein wirkliches Ding;[65] nur von einem wirklichen Ding aber kann man, genau gesprochen, sagen, daß es hervorgebracht werde. Die These hätte also eigentlich lauten müssen:

„Aristoteles lehrt, daß der Mensch den unsterblichen Teil seiner Seele durch ein unmittelbares Eingreifen der schöpferischen Kraft Gottes bei seiner Erzeugung empfange."

Es ist wahr, daß die Ungenauigkeit meiner Ausdrucksweise hier nicht größer war, als sie uns bei Aristoteles selbst oft begegnet, und das trägt die Schuld, daß ich keinen Anstoß daran nahm, wie denn auch Zeller sie mit keinem Worte rügt. Er hatte sie offenbar ebensowenig als damals ich selbst bemerkt. Aber bei der Untersuchung einer Frage, wo alles auf die höchste Genauigkeit ankommt, wäre sie, ich leugne es nicht, der Gegenstand eines gerechten Tadels. Nur indem ich diesen Fehler berichtigte, war ich auch imstande, in den vorstehenden Erörterungen die volle Unhaltbarkeit der Berufung Zellers auf seine angeblichen indirekten Belegstellen darzutun.

Dieses vorausgeschickt, wende ich mich jetzt zu den Ausstellungen, die Zeller seinerseits an meiner Begründung der These gemacht hat; leider in einer Weise, welche zu einer gerechten Würdigung wenig geeignet ist. So macht er den Angriff an erster Stelle (a. a. O. S. 1036), also ehe er noch des von mir zuvor geführten Beweises, daß der Nus nach Aristoteles nicht präexistiert habe, mit einem Worte Erwähnung getan hat. Ohne Rücksicht auf diesen entbehren aber von den drei Argumenten, welche ich für die These erbringe, zwei einer wesentlichen Voraussetzung. Denn selbst wenn aus De gen. anim. II, 3. hervorgehen sollte, daß Gott bei der Beseelung des Menschen mitbeteiligt war, so wäre doch unter Annahme der Präexistenz des Nus kein schöpferisches Mitwirken der göttlichen Kraft erwiesen. Es würde sich vielmehr um einen Vorgang handeln, wie Platon ihn annimmt, der eine präexistierende Seele von einer Gottheit dem Fötus einpflanzen läßt. Und wenn im fünften Kapitel des dritten Buches von der Seele das wirkliche Wissen, zu welchem der intellektive Teil der Seele gelangt, im letzten Grunde auf ein von Ewigkeit bestehendes

65 Phys. VII, 5. 250, a, 24 und Met. Z, 13. 1039, a, 3.

Wissen der Gottheit, von welcher der Mensch die intellektive Seele empfangen hat, zurückgeführt wird, so erscheint damit nicht ausgeschlossen, daß nicht vielleicht die intellektive Seele von Ewigkeit von Gott verursacht sei, ähnlich wie dies von den Sphären und den sie bewegenden sekundären Göttern gilt. Wir hätten es also dann vielleicht nicht mit einem Anfang zu tun, den die Seele irgend einmal genommen haben müßte, also auch nicht mit einem schöpferischen Wirken im engeren Sinne. Nur mein zweites, auf eine Stelle der Ethik bezügliches Argument, aber auch dies, nicht bloß durch seine Vereinzelung geschwächt, sondern auch nur bei etwas abgeänderter Fassung, könnte etwa aufrecht erhalten werden.

1. Was mein erstes Argument aus De gen. anim. II, 3. anlangt, so war, da es wieder und wieder auf den vorausgegangenen Nachweis, daß der Nus nach Aristoteles nicht präexistiert habe, Rücksicht nimmt, Zeller gar nicht mehr imstande, es getreu wiederzugeben. Ich muß es also zunächst nach seinem wahren Sinne wiederholen, um dann zu zeigen, wie wenig mein Kritiker ihm anzuhaben vermag.

Wir erinnern uns der Fragen, die Aristoteles im Anfang des Kapitels in betreff der Beseelung des neu entstehenden menschlichen Organismus aufwirft. Die eine ging auf das Wann der vegetativen, sensitiven und intellektiven Beseelung, die andere auf das Wie der Aufnahme jeder dieser Seelen, die dritte auf das Woher derselben. Dabei war die erste Frage leicht verständlich. Die zweite muß man sich durch genaue Achtsamkeit auf die bei der Beantwortung gegebenen Bestimmungen erst zu voller Deutlichkeit bringen; und da zeigt sich denn, daß es sich bei ihr darum handelt, ob eine Seele für sich allein oder in einem Körper (es war hier insbesondere an den Samen des Vaters zu denken) in die Katamenien und in den Fötus eingehe. Das Woher wird, wenn eine Seele irgendwo anders präexistiert hat, die Angabe dieses Orts verlangen; hat sie aber nicht präexistiert, fordert sie eine Entscheidung darüber, ob die Seele durch Evolution aus der Materie der Katamenien empfangen werde oder nicht; in welchem letzteren Falle sie aber offenbar nur sehr unvollständig beantwortet erscheint, wenn uns nicht auch über das wirkende Prinzip, von welchem der Fötus die Seele empfängt, eine Aufklärung zuteil wird. Nimmermehr würden wir ja auch heute von einem Philosophen, der nur leugnete, daß die Seele aus der Materie stamme, sagen, daß er uns angegeben habe, woher sie uns zuteil werde. Eine solche Unvollständigkeit würde auch darum noch besonders befremdlich erscheinen, weil die Frage nach dem Woher hinter den beiden anderen, die aufgeworfen sind, an Wichtigkeit gewiß nicht zurücksteht; und so hören wir denn auch Aristoteles gerade diese Frage dreimal wiederholen.

Die ganze Unwahrscheinlichkeit, welche dagegen spricht, daß Aristoteles die Frage nach der Herkunft der Seele ihrem geistigen Teile nach so wenig vollständig beantwortet habe, läßt sich nun aber zugunsten der Deutung, die ich, ähnlich wie Julius Pacius, Brandis und Trendelenburg, dem Worte *θεῖον* an der betreffenden Stelle gegeben, geltend machen. Aristoteles hatte von der vegetativen und sensitiven Seele festgestellt, daß sie durch rein vegetative Prozesse, durch Entwicklung aus den Katamenien unter Einwirkung des männlichen Samens, in dem Fötus ihren Anfang nehmen. Und nun fährt er fort: „es bleibt also nur übrig, daß der Nus allein von außen dazu hineinkommt und göttlich ist, denn an seiner Tätigkeit nimmt keine körperliche Tätigkeit teil." (*λείπεται δὲ τὸν νοῦν μόνον θύραθεν ἐπεισιέναι καὶ θεῖον εἶναι μόνον· οὐθὲν γὰρ αὐτοῦ τῇ ἐνεργείᾳ κοινωνεῖ σοματικὴ ἐνέργεια.* {De gen. anim. II, 3. 736, b, 27}) Durch das *θύραθεν* wird eine erste Bestimmung über die Herkunft des *νοῦς* gegeben, aber eben nur jene negative, unvollständige, von der wir sprachen, denn es ist damit gesagt, daß die noetische Seele nicht aus der Materie stammt, und ihre Mitteilung nicht der vegetativen Kraft des Mannes, die doch sonst als *ἀρχὴ τῆς ψυχῆς* gilt, zuzuschreiben ist. Sie findet aber, wenn auch in kürzestem Wort, in dem unmittelbar darauf folgenden die entsprechende Ergänzung, sobald wir das *θεῖον* nach einem sehr gewöhnlichen griechischen Sprachgebrauch als Ausdruck für eine kausale Beziehung zur Gottheit fassen. Der Nus, sagt dann Aristoteles, kommt allein von außen und ist unter den Seelen allein als unmittelbar von einem Gott empfangen zu betrachten. Dabei mochte der Umstand, daß, wie es dem Leserkreis bekannt war, auch Platon die Seele von einer Gottheit dem Fötus einpflanzen ließ, ihn einerseits dazu führen, hier nicht länger zu verweilen, andererseits aber doch einen besonderen Akzent auf das *μόνον* zu legen, weil ihn dies von Platon, genauer gesagt, von dessen im Phädrus ausgesprochener Lehre, nach welcher das Ganze der Seele von außen kommen würde, unterscheidet. Wir haben schon früher darauf aufmerksam gemacht, daß in dem Kapitel De gen. anim. II, 3. die Präexistenz des Nus zwar nicht behauptet, aber doch auch nicht ausdrücklich geleugnet und widerlegt wird. Wäre dies letztere geschehen, dann läge der Gedanke an ein Eingreifen der schöpferischen Kraft Gottes beim Empfang der noetischen Seele so nahe, daß Aristoteles die Beteiligung der Gottheit als Ursache allerdings vielleicht ausdrücklich zu erwähnen für überflüssig hätte halten können. Nun aber kann man zwar nicht verkennen, daß ein wirkendes Prinzip, das den Nus hinzubringt, erforderlich ist, aber daß dies ein göttliches sein müsse, ist doch nicht ähnlich selbstverständlich. Das ausdrückliche Hervorheben der Immaterialität und Geistigkeit des Nus, als ob schon alles, was Aristoteles über das Woher sagen wollte, in dem *θύραθεν ἐπεισιέναι* erschöpft wäre, erschiene aber hier ganz müßig. Und dies um so mehr, als bei dem Leser die Bekanntschaft mit den Büchern von der Seele, worin diese Geistigkeit aufs nachdrücklichste behauptet und eingehend begründet worden war, ausdrücklich vorausgesetzt wird. Wenn nun von den beiden sprachlich möglichen Deutungen an unserer Stelle die eine einem fühlbaren Bedürfnis[66] Befriedigung gibt, die andere zu einer ganz überflüssigen Bemerkung führt, so kann man doch wohl kaum zweifeln, welcher von beiden hier der Vorzug zu geben sei.

Das also war der Sinn des ersten Argumentes, womit ich zu zeigen suchte, daß mit einer weitaus überwiegenden Wahrscheinlichkeit das θεῖον hier im Sinne von „gottempfangen" gedeutet werden müsse, wo es dann (immer die schon von uns erwiesene Leugnung der Präexistenz vorausgesetzt) als Zeugnis für das schöpferische Eingreifen der Gottheit erscheint.

Blickt man nun vergleichend auf die Weise, wie Zeller darüber berichtet, so erkennt man, daß er, der sich durch meine Widerlegung der Präexistenz des Nus nicht hatte belehren lassen, sich auch ganz unfähig zeigt, auch nur für einen Augenblick sich auf den Standpunkt des Gegners zu versetzen. Weil nach ihm selbst der Nus nicht bloß präexistiert, sondern insbesondere auch in dem Samen des Vaters präexistiert hätte und mit diesem vom Vater her in die Katamenien eingegangen wäre, so erscheint ihm die Frage nach dem Woher der noetischen Seele so vollkommen beantwortet, als man nur wünschen kann;[67] und warum soll darum Aristoteles es sich nicht erlauben, schließlich auch noch ein Wort anzuhängen, das, wenn auch diese Frage zunächst nicht aufgeworfen war, die Geistigkeit des Nus im Gegensatz zur vollen Versenkung der vegetativen und sensitiven Seele in die Materie, hervorhebt? Was er also in dieser Beziehung gegen mich bemerkt, erscheint gänzlich nichtig.

Ungleich bedeutungsvoller aber würde es sein, wenn, wie Zeller zu behaupten wagt, der Ausdruck θεῖον sich bei Aristoteles sonst nirgends als Bezeichnung einer kausalen Beziehung zur Gottheit gebraucht fände. Er stützt sich dabei teils auf den Bonitzschen *Index aristotelicus* {S. 323 f.}, wo keine entsprechende Stelle verzeichnet sei, teils darauf, daß auch ich keine nachzu-

---

66 Für dieses zeugt auch Met. Λ, 10. 1075, b, 34., wo man sieht, daß die Frage nach dem Woher im Sinne der Frage nach dem wirkenden Prinzip für die Vereinigung von Seele und Leib Aristoteles vor allem wichtig ist.

67 Daß dies freilich selbst auf seinem Standpunkt nicht eigentlich der Fall wäre, erkennt man, wenn man darauf achtet, daß für den Fall, daß die Seelen schon im Samen des Vaters gewesen und von diesem aus in die Katamenien gelangt wären, noch weiter gefragt wird, woher sie in diesen gekommen seien. Dieser Fall läge nach Zeller für den Nus vor, aber eine für ihn genügende Antwort wäre nirgends gegeben.

weisen vermocht habe. Hienach möchte man meinen, daß ich auf die Suche nach solchen Stellen eigens ausgegangen sei. Das war aber gar nicht der Fall, und hätte ich danach gesucht, so würde derselbe *Index aristotelicus*, den Zeller dagegen geltend macht, sie mich leicht haben finden lassen. Hier werden nämlich aus der Eudemischen Ethik die Worte θεία εὐτυχία angeführt, und da unter der εὐτυχία nach Rhet. I, 5. 1361, b, 39 gewisse Güter (ἀγαθά), die uns zuteil werden, nicht aber die Kraft der Gottheit selbst, welche die Glücksgüter verleiht, zu verstehen ist, so kann θεῖος nichts anderes als „von Gott empfangen" bedeuten. Und wenn an einer anderen Stelle[68] Aristoteles von einer θεία μοῖρα spricht, so erscheint der Ausdruck μοῖρα als analog mit jenem εὐτυχία der Eudemischen Ethik und darum auch das θεία an dem einen und anderen Orte in völlig gleicher Bedeutung, also im Sinne von „gottbestimmt" gebraucht. Ja auch noch bei einer dritten Stelle des Bonitzschen *Index*, nämlich Eth. Nic. X, 10. 1179, b, 22, wo gesagt wird, daß der Besitz von Vorzügen, die durch die Natur verliehen werden, nicht in unserer Macht stehe, sondern διά τινας (nach anderer, durch mehrere Codices vertretener Lesart τινος[69]) θείας αἰτίας den wahrhaft Beglückten innewohne, zeigt sich bei genauer Erwägung, daß das θείας nicht wohl anders als im Sinne von „gottgegeben" gedeutet werden kann. Zeller argumentiert zwar (a. a. O. S. 1037, Anm. 2), daß, weil αἰτία einen Ursachebegriff bezeichne, nicht auch θεία ursachlich gedeutet werden könne. Allein dies ist sichtlich falsch, da es ja Ursachen gibt, welche zwischen der Wirkung und einer früheren Ursache vermitteln. Nach der Lesart διά τινος θείας αἰτίας würde es sich gerade in unserer Stelle ausgesprochen um eine vermittelnde Ursache handeln. Es könnte als solche die φύσις gemeint sein, die dann als „gottgegeben" bezeichnet wäre. Zeller hält sich an die Lesart διά τινας θείας αἰτίας. Aber auch nach dieser begreife ich nicht recht, wie man daran vorbeikommen will, das θείας im Sinne von „gottgegeben" zu nehmen. Es wäre doch gar sonderbar, wenn die Gottheit selbst als „gewisse göttliche Ursachen" bezeichnet würde und unwahrscheinlich will es mir auch dünken, daß Aristoteles unter den gewissen göttlichen Ursachen Gestirne, Sphären und Sphärengeister verstanden hätte, welche bei einer glücklichen Konstellation in der Geburtsstunde zusammenwirkend, das Kind mit besonders glücklichen

68 Vgl. Eth. Nic. I, 10. 1099, b, 10.

69 Lasson hat dieser Lesart den Vorzug gegeben. Er übersetzt: „Was nun die Naturanlage anbetrifft, so ist es offenbar, daß sie nicht in unserer Macht liegt, sondern daß sie durch eine Art von göttlicher Gnade den in Wahrheit Gesegneten zuteil wird" {Aristoteles 1909, S. 236 f.}, und scheint ganz richtig unter göttlicher Gnade eine durch Gottes Huld verliehene Eigenschaft zu verstehen, die uns zum Guten führt.

Naturanlagen zur Tugend in die Welt treten ließen. Viel näher liegt es, unter den *αἰτίαι* diese Naturanlagen selbst zu denken und zu sagen, daß Aristoteles sie, weil wir sie uns nicht selbst erworben, sondern durch göttliche Fügung empfangen haben, als *θεῖαι* im Sinne von „gottgegebene" bezeichne. Daß er sie durch das *θεῖαι* als geistig charakterisieren wolle, läßt sich nicht annehmen, da ja auch Dispositionen des sinnlichen Teils bei der Tugendhandlung in Betracht kommen.

Davon aber, daß bei Aristoteles der Ausdruck *θεῖος*, ähnlich wie vielleicht der Ausdruck *γονή* für Zeugungsstoff, zu einem stereotypen terminus technicus geworden wäre, der alle andern Weisen des sonst bei den Griechen üblichen Gebrauchs ausschlösse, kann erst recht nicht gesprochen werden. Oft steht er zur Bezeichnung von hoher, bewundernswerter Vollkommenheit, ein andermal, in dem Sinn, der hier etwa noch in Betracht käme, als Ausdruck für Immaterialität und Inkorruptibilität einer Substanz, wieder ein anderes Mal zur Bezeichnung einer gewissen Ähnlichkeit, die eine der niederen Welt angehörige körperliche Substanz mit dem Element der Gestirne zeigt, und deren Ursprung nur durch den Einfluß, welchen die Gestirne auf die niedere Welt üben, zu begreifen ist, also als eine Eigenschaft, die in ihrer Ähnlichkeit mit den Gestirnen auf sie als ihre Ursache zurückweist. So wird z. B. De gen. anim. III, 10. 761, a, 5 von den Bienen gesagt, daß bei ihnen im Gegensatz zu andern Insekten das Weibchen für sich die Drohnen zu erzeugen vermöge, weil es zugleich an dem die Seele gebenden männlichen Samen und so an dem Göttlichen (*θεῖον*) teilhabe.

Und auf eine solche Ähnlichkeit mit den Gestirnen, die auf diese als Ursache zurückweist, beziehen sich ganz ebenso die Worte *κεκοινωνηκέναι καὶ θειοτέρου τῶν καλουμένον στοιχείων*, denen wir gleich darauf in unserem Kapitel (De gen. anim. II, 3. 736, b, 30. u. 31) begegnen, an einer Stelle, welche mir wegen ihres innigen Anschlusses an die, um die es sich uns handelt, zu einem zweiten Argumente zugunsten der Deutung des *θεῖον* Gelegenheit gegeben hat. Auch dieses Argument zu verstehen, zeigt Zeller wenig guten Willen. Er tut, als ob nach meiner Erklärung das *σῶμα θειότερον τῶν στοιχείων* einen Körper bedeuten müsse, der mehr von Gott entsprungen wäre als die Elemente,[70] während es natürlich nach mir vielmehr einen Körper bedeuten soll, der seinem Ursprung nach göttlicher ist und darum allein auch, ähnlich jenen himmlischen Körpern, unter deren Einfluß er entstanden ist, sich zum Prinzip der Belebung eignet.

Bei der erneuten Betrachtung des Kapitels, zu welcher der Widerspruch Zellers mich veranlaßt hat, bin ich aber auch noch auf einige weitere Momente

70 Zeller a. a. O. S. 1036.

aufmerksam geworden, welche dazu drängen, meiner Deutung des θεῖον den Vorzug zu geben. Das θεῖον kehrt nämlich 737, a, 10 wieder, und auch hier ist es der Nus, der als das θεῖον erscheint. Wenn aber hier das θεῖον nichts als jene besondere Gottähnlichkeit des Nus bedeutete, welche ihm zukommt, insofern er immateriell und unkörperlich ist, so fiele es dem Sinne nach mit dem unmittelbar vorausgehenden *χωριστὸν ὂν σώματος* vollständig zusammen; denn auch dies besagt nichts anderes als immateriell und unkörperlich. Es wäre aber gewiß lächerlich zu sagen: „der eine Same ist immateriell und geistig, bei allen jenen nämlich, in welchen der immaterielle und geistige Samen beschlossen ist". Nicht so dagegen, wenn der Sinn ist: „der eine Same ist immateriell und geistig, bei allen jenen nämlich, in welchen der göttliche Samen beschlossen ist."

Ferner, wenn schon an und für sich nichts entgegensteht, das θεῖον im Sinn von „gottempfangen" zu deuten, so wird diese Deutung noch ganz besonders nahe gelegt, wenn es mit *σπέρμα* verbunden erscheint. Und indem bei der menschlichen Leibesfrucht von einem doppelten *σπέρμα*, das in ihr enthalten sei, gesprochen wird, in denen das eine als ein besonderer Teil, nämlich als der sogenannte Nus, unterscheidbar bleibe, das andere aber, wie der Feigensaft in der durch ihn zum Gerinnen gebrachten Milch, in dem Neugebilde sich auflöse, von diesen der erstere als göttlicher Samen (*θεῖον σπέρμα*), dem anderen als Samen des männlichen Zeugungsstoffes (*σπέρμα τῆς γονῆς*) gegenübergestellt wird. Wenn wir da, wo Aristoteles einmal[71] sagt *θεῶν δώρημα*, statt dessen lesen würden *θεῖον δώρημα*, so würden wir gewiß geneigt sein, es noch im gleichen Sinn eines gottempfangenen Geschenkes zu verstehen; und so wird denn auch das *θεῖον σπέρμα* an unserer Stelle, ähnlich wie wenn es *θεοῦ σπέρμα* hieße, im Sinne von „gottempfangener Samen" zu nehmen sein.

Schließlich sei auch noch auf einen Unterschied aufmerksam gemacht, welcher sich, wenn wir De gen. anim. II, 3. mit dem vierten und fünften Kapitel des dritten Buches von der Seele vergleichen, hinsichtlich der Wahl der Ausdrücke zeigt. Auch in den betreffenden Kapiteln der Bücher von der Seele hat es Aristoteles mit dem intellektiven Teil der Seele zu tun und setzt sich insbesondere auch die Aufgabe, ihn als immateriell und unkörperlich zu erweisen. So finden wir denn auch die Ausdrücke, die ihn nach dieser Seite charakterisieren, gehäuft. Er nennt ihn: *χωριστός* (429, b, 5 u. ö.), *ἀπαθής* opp. *φθαρτός* (430, a, 24 u. ö.), *ἁπλοῦς* (429, b, 23), *ἄνευ ὕλης δύναμις* (430, a, 7 u. 8), *ἀμιγής* (430, a, 18 u. ö.), *τῇ οὐσίᾳ ὢν ἐνεργείᾳ* (430, a, 18), *ἀθάνατος* (430, a, 23), *ἀΐδιος* (430, a, 23), *χωριστὸς τῆς ὕλης* (429, b, 21 u. 22), *χωριστὸς*

71 Eth. Nic. I, 10. 1099, b, 11.

σώματος (429, b, 5), ἄνευ σώματος (429, b, 5). Mehrere derselben kehren zum öfteren wieder, aber als θεῖος wird in diesen Kapiteln der Nus auch nicht ein einziges Mal bezeichnet. Wenn wir diesen Ausdruck nun im dritten Kapitel des zweiten Buches De gen. anim. neben χωριστὸν ὂν σώματος nicht bloß einmal, sondern mehrmals angewandt finden, so müßte dies höchst befremdlich erscheinen, wenn nicht ein besonderes Motiv vorläge, ihn hier zu gebrauchen, das in den Büchern von der Seele nicht ebenso bestanden hat. Und dieses Motiv muß doch wohl mit der Absicht der ganzen Untersuchung zusammenhängen. Was unterscheidet nun die Absicht in dem dritten Kapitel De gen. anim. II von der De an. III, 4. und 5.? – Offenbar dies, daß De gen. anim. II, 3. die Untersuchung auf das Woher des noetischen Teiles gerichtet ist, während De an. III, 4. und 5. sich den Nachweis der Geistigkeit in sich selbst zum Ziel setzt. Freilich berührt De an. III, 5. die Herkunft des Nus von der Gottheit ebenfalls mit einem Worte und macht darauf aufmerksam, daß das menschliche Wissen erst im Hinblick auf das ewige göttliche Denken seine letzte Erklärung finde, aber es tut dies doch nur ganz flüchtig und anhangsweise; und umgekehrt wird auch De gen. anim. II, 3. der schon in den Büchern von der Seele erwiesenen Geistigkeit des Nus Erwähnung getan, aber nur, weil sie für die Entscheidung der Fragen, wann und besonders wie und woher der Nus in den Fötus kommt, den Anhalt bietet. Als Ziel der Untersuchung erscheint ihre Erkenntnis in keiner Weise, sondern wird nur als Mittel nutzbar gemacht. Wenn nun dies der ganz unverkennbare Unterschied der Absicht der einen und anderen Untersuchung ist, und nur aus dem Unterschied der Absicht sich der Unterschied in der Wahl der Ausdrücke erklären läßt, müssen wir nicht auch hiedurch auf die Vermutung geführt werden, daß der Ausdruck θεῖον De gen. anim. in Rücksicht auf die Herkunft des Nus von der Gottheit und nicht bloß wegen einer Ähnlichkeit, die er als immateriell, und nach Zeller auch als anfangslos, mit ihr haben würde, gewählt worden sein? Sollte er nichts anderes bedeuten als dies, so wäre doch der Ausdruck ἀΐδιος, den wir (freilich nur im Sinne von endlos oder inkorruptibel) De an. III, 5. finden, viel mehr angezeigt gewesen, der aber so wenig, als in De an. III, 4. und 5. der Ausdruck θεῖος, in dem Kapitel De gen. anim. II, 3. auch nur ein einziges Mal vorkommt.

2. Wenden wir uns jetzt zur Kritik, die Zeller an meinem zweiten Argumente, dem, welches ich aus Eth. Nic. VIII, 14. 1132, a, 4 erbracht habe, versucht. Es ist dies jenes unter den dreien, welches, da es nicht ebenso den Beweis gegen die Präexistenz des Nus voraussetzt, Zeller durch die Abweichung von der gegebenen Ordnung nicht eigentlich schädigt. Dagegen muß ich ihm vorwerfen, daß er seinen Eindruck von vornherein durch die Bemerkung zu schwächen sucht, daß ich selbst zu diesem Argument kein großes Vertrauen zeige (a. a. O. S. 1037). Wohl äußere ich die Besorgnis, daß manche es nicht würden gelten lassen wollen; aber das heißt nicht so viel, als selbst an seiner Gültigkeit zweifeln. Es ist etwas anderes, einen Beweis erbringen, und etwas anderes, solche, die in Vorurteilen befangen sind, zur Annahme der dadurch erwiesenen Wahrheit bewegen. Hier aber, sage ich, seien bei vielen starke Vorurteile vorhanden, von denen ich persönlich frei sei, ja gegen die ich mich auch schon früher aufs entschiedenste ausgesprochen habe.

Einer von denen, welche, selbst in diesen Vorurteilen befangen, ganz besonders dazu beigetragen haben, sie auch in andern zu wecken und zu bestärken, ist nun gerade Zeller. Und so ist es denn nicht zu verwundern, wenn er in seiner Entgegnung dem Argument in keiner Weise gerecht zu werden vermag. Die Stelle der Ethik, auf die ich mich beziehe, sagt von den Eltern sowohl als von den Göttern, daß wir ihnen als Ursachen (*αἴτιοι*) unseres Daseins selbst zum Dank verpflichtet seien. Nun besteht aber nach Aristoteles' wiederholter nachdrücklicher Erklärung unser Ich vornehmlich in unserem geistigen Teil;[72] und somit hätte, wenn unser geistiger Teil auch das, was vor allem unser Ich ausmacht, nach Aristoteles, wenn er an die ewige Präexistenz des Nus geglaubt hätte, schon von Ewigkeit bestanden. Es wäre also nicht richtig, daß wir den Eltern und den Göttern zu solchem Dank verpflichtet wären. Nur die Verbindung des Geistes mit dem Leibe, nicht aber unser Geist, in dem unser eigentlichstes Ich bestehen soll, und dessen Betätigung unsere höchste Glückseligkeit ausmacht, wäre uns von ihnen gegeben.

Was bringt nun Zeller gegen dieses Argument vor? – „Fürs erste", sagt er, „wird hier nicht von den Eltern und Göttern, sondern nur von den Eltern gesagt, sie seien uns *αἴτιοι τοῦ εἶναι*. Es heißt nämlich: *τοῦ γὰρ εἶναι καὶ τραφῆναι αἴτιοι καὶ γενομένοις τοῦ παιδευθῆναι* {VIII 14. 1162, a, 6}; für die Ernährung und Erziehung der Kinder sorgen aber doch nicht die Götter, sondern die Eltern." {Zeller 1882, S. 1036} Daraufhin sollen nun nach Zeller in dem Satze *ἔστι δ' ἡ μὲν πρὸς γονεῖς φιλία τέκνοις, καὶ ἀνθρώποις πρὸς θεούς, ὡς πρὸς ἀγαθὸν καὶ ὑπερέχον* {1162, a, 4} die Worte *καὶ ἀνθρώποις πρὸς θεούς* entweder, obwohl alle Codices sie enthalten, ausgeworfen oder (und offenbar in der willkürlichsten und gezwungensten Weise) in der Art parenthetisch gefaßt werden, daß von den drei Wohltaten des Seins, der Ernäh-

72 Vgl. Eth. Nic. IX, 4. 1166, a, 22 und das Vorausgehende. Eth. Nic. IX, 8. 1168, b, 35 f.; X, 7. 1178, a, 2 u. 7

rung und der Erziehung, die wir nach dem sensus obvius sowohl den Eltern als den Göttern zu danken haben, keine einzige als Gabe der Götter, vielmehr alle nur als Gaben der Eltern erscheinen, während von den Wohltaten der Götter auch nicht eine einzige namhaft gemacht werden würde.

Aber was ist leichter zu zeigen, als daß nach Aristoteles wie die Eltern, die Götter recht wohl auch als Ursachen der Ernährung und Erziehung gedacht werden konnten, ja tatsächlich als solche von ihm gedacht worden sind? Was die Ernährung anlangt, so liegt dies auf der Hand. Wo nähmen wir die Nahrung her, wenn die Früchte der Erde fehlten? Und wie könnte die Erde noch fruchtbar sein, wenn der Einfluß der Gestirne nicht bestünde, die in ihrer Bewegung nicht bloß, sondern auch in ihrem Sein, wie Aristoteles Met. E, 1. 1026, a, 17 sagt, von den reingeistigen Substanzen, d. i. von den Göttern, bedingt sind? Daß aber Aristoteles hier neben den Eltern die Götter auch als Ursachen unserer Erziehung bezeichnet, stimmt aufs vollkommenste mit einer anderen Stelle der Nikomachischen Ethik überein, ja ist, wenn man sie einigermaßen erwägt, in dem, was sie sagt, geradezu mitbebeschlossen. Aristoteles entscheidet sich nämlich hier dagegen, daß die Tugend und die in ihrer Betätigung bestehende Glückseligkeit jemand als fertiges Geschenk der Götter von Geburt an zuteil werde. Allein dies soll nicht ausschließen, daß der Tugendhafte sie, ja sie vor allen anderen Gütern, als ein Geschenk der Götter zu betrachten habe. Die Götter verleihen uns also nach Aristoteles die Tugend und tugendhafte Tätigkeit mittelbar; natürlich aber dann durch jene Mittel, welche wirklich diesem Zwecke dienen. Und da erscheint denn nach Aristoteles eine entsprechende Erziehung als eines der vor allen unentbehrlichen. Die Ethik sowohl als die Politik geben dem wieder und wieder Zeugnis. Und so zeigt es sich, daß nach ihm wirklich die Erziehung, die einer empfangen hat, als ein Geschenk göttlicher Vorsehung anzusehen ist. Wo bliebe also dem, der den sonstigen Lehren des Philosophen einigermaßen Rechnung trägt, noch die mindeste Versuchung zu einer von jenen Gewaltmaßregeln, zu welchen uns Zeller bei der Behandlung unseres Textes verleiten will, bestehen?[73]

73 Zeller sagt: „Für die Ernährung und Erziehung der Kinder sorgen doch aber nicht die Götter …" {Zeller 1882, S. 1037} Aber würden diese denn nach Zellers Aristoteles für etwas anderes und überhaupt für etwas sorgen? Nicht doch. Soll doch vielmehr nach ihm selbst die Gottheit im höchsten Sinne des Wortes keinerlei Vorsehung üben. Und alles, was nicht bloß hier, sondern auch an andern Stellen von einer besonderen Dankespflicht gegen die Götter gelehrt wird, wäre darum nach Zeller leeres Gerede. Vgl. inbesondere Eth. Nic. IX, 1. 1164, b, 5, ein Ausspruch, der, da in ihm, ebenso wie hier, die Götter mit den Eltern zusammengestellt werden, als eine Art Wiederholung und Bestätigung der uns

Doch Zeller beanstandet mein Argument auch noch aus einem zweiten Grunde. Er fährt fort (a. a. O. S. 1037): „Würden aber auch die Götter ebenso wie die Eltern Urheber unseres Daseins genannt, so sollen ja, auch nach Brentano, die Eltern den Nus *nicht* hervorbringen, man könnte daher aus dieser Zusammenstellung unmöglich schließen, daß die Götter ihn hervorbringen."

Dies Argument hat gerade so viel Wert, wie wenn man sagte, einer, der bei einem Gehenkten den Strick noch rechtzeitig durchschneidet, sei nicht Ursache der Erhaltung seines Lebens, denn nicht er, sondern die Lungen und die Luft, die in sie eintrete, seien es, welche nach der Durchschneidung des Strickes dem Manne das Leben erhielten. Vom Standpunkt des Okkasionalismus oder der prästabilierten Harmonie wäre nach derselben schönen Weise der Argumentation, in der Zeller sich hier gefällt, überhaupt kein Grund vorhanden, sich durch irgend jemanden in etwas gefördert oder geschädigt zu nennen. So ist denn dieser Einwand, dem ich übrigens schon zuvorgekommen war (a. a. O. {Brentano 1882} S. 112; s. oben S. 26), sofort als hinfällig zu erkennen. Das einzige, was gefordert ist, damit die Eltern auch in bezug auf das, was am meisten unser Ich ausmacht, also unserem noetischen Teile nach, uns als *αἴτιοι τοῦ εἶναι*, als Ursachen des Seins erscheinen, ist, daß wir auch nach diesem Teil nur infolge der Erzeugung durch die Eltern existieren, was nach Zellers Darstellung der aristotelischen Lehre nicht der Fall wäre, in Wahrheit aber nach ihr der Fall ist, da der Anfang des noetischen Teils der Seele, um uns eines Ausdrucks zu bedienen, der uns alsbald bei Theophrast begegnen wird, in dem Entstehen des Menschen bei seiner Erzeugung „mitbegriffen" ist.

Hören wir nun auch noch Zellers dritten und letzten Einwand: „Aber welches Recht hat man überhaupt, das, was Aristoteles von den Göttern sagt, ohne Abzug auf seinen Einen Gott, die Prädikate, welche er einem seiner Ansicht nach in der Wirklichkeit gar nicht existierenden Subjekt beilegt, auf ein anderes, im höchsten Grade reales Subjekt zu übertragen?" {Zeller 1882, S. 1038}

Ich kann, indem ich auf diese Bemerkung antworte, den Ausdruck höchster Verwunderung nicht unterdrücken. Einem nach seiner Ansicht gar nicht existierenden Subjekt soll Aristoteles, wenn er die Götter als Ursachen unseres Seins, unserer Ernährung und unserer Erziehung bezeichnet, diese Prädikate beilegen! – Zeller spricht ja, als ob er nie einen Blick in das zwölfte Buch der Metaphysik geworfen hätte, wo nicht bloß von Göttern gesprochen, sondern auch eine ganze Untersuchung geführt wird, ihre Zahl mit möglichster Wahrscheinlichkeit zu bestimmen. Oder wird er vielleicht antworten, es sei klar, daß

---

vorliegenden Worte erscheint. Ähnlich auch Eth. Nic. VIII, 16. 1163, b, 15; IX, 1. 1164, b, 5.

Aristoteles hier nicht von jenen Göttern des zwölften Buches der Metaphysik, an die er so sichtlich wirklich geglaubt hat, sondern von den Göttern der griechischen Volksreligion, einer Aphrodite und Demeter und ich weiß nicht welcher dritten der pädagogischen Tätigkeit übergeordneten mythischen Gestalt spreche? Aber woher sollte dies klar sein? – Einen Beweis dafür hat Zeller keineswegs erbracht, und er war auch gar nicht möglich zu erbringen, da, was Aristoteles hier von den Göttern sagt, vollkommen mit allem, was er sonst von den nach ihm wahren Göttern lehrt, im Einklang ist. Wir erkennen dies sofort, wenn wir auf das eben Erörterte zurückblicken. Sein und Ernährung danken wir nach Aristoteles den nach ihm wirklichen Göttern, wenn anders nach seiner ausdrücklichen Lehre nicht bloß die Eltern, sondern auch die Sonne bei der Erzeugung des Menschen mitwirkt, wie wir denn auch dieser die Früchte des Sommers und Herbstes, also die Ernährung danken. Und wiederum sahen wir schon, daß uns nach Aristoteles die Tugend und das tugendhafte Leben, wenn aber diese, auch die Erziehung als eine Gabe der Götter (er gebraucht auch hier den Plural) zuteil wird. Wenn nun das, was Aristoteles in wiederholten Äußerungen gelehrt, der Auffassung, die sich Zeller von seiner Lehre über die Natur der Götter gebildet hat, widerspricht, so wird uns doch dies die Hypothese, daß Zeller auch in dieser Beziehung die Lehre des Aristoteles nicht richtig verstanden habe und nicht die, daß der Philosoph Worte spreche, die nicht ernst zu nehmen seien, nahe legen. Und je mehr man die Sache gründlich untersucht, um so mehr wird sich auch die von vornherein wahrscheinlichere Hypothese als die richtige erweisen.[74]

Übrigens möchte man sich fragen, was denn, wenn statt der Götter, von denen Aristoteles hier spricht, nach seiner Ansicht wirklich nur die eine Gottheit bestünde, anderes übrig bliebe, als zu sagen, daß er des populären Ausdrucks „Götter“ hier in der Tat statt des wissenschaftlichen Ausdrucks „Gottheit“ sich bedient habe, sowohl hier, als wo er von der Tugend und Glückseligkeit als einem Geschenke der Götter spricht. Denn irgend einen Sinn muß das, was er sagt, doch haben, und keinen anderen als diesen den Worten zu geben, bliebe mehr übrig. Ja, man könnte sich so den Nachweis, daß es gerade die Gottheit im höchsten und vollsten Sinn des Wortes sein müsse, von deren schöpferischer Kraft der Mensch bei der Erzeugung seine Seele empfange, noch vereinfacht denken. Könnte doch einer auf den Einfall kommen, nicht in der Gottheit im eigentlichen Sinn, sondern in einem

74 Wie Aristoteles in Wahrheit über das Leben und Wirken der niederen Sphärengeister, die er Götter nennt, gedacht habe, dafür vgl. man die kurze, aber, wie ich glaube, genugsam gesicherte Darlegung in meiner Schrift *Aristoteles und seine Weltanschauung*.

niederen Sphärengeist die schöpferische Ursache zu suchen, ähnlich wie ja auch Platon zur Einpflanzung der präexistierenden Seele nur einen Gott, nicht aber gerade die höchste Gottheit, die ihm mit der Idee des Guten identisch ist, direkt verwendet. Dies könnte sogar noch etwas mehr Schein gewinnen, weil tatsächlich die sekundären Sphärengeister die betreffenden Sphären nicht bloß bewegen, sondern ihnen auch der Substanz nach das Dasein geben. (Vgl. unten S. 108.) Doch alles deutet darauf hin, daß der unmittelbare Einfluß jedes niederen Sphärengeistes auf seine Sphäre allein beschränkt ist, während, wie Theophrast[75] sagt, die Gottheit im höchsten Sinne des Wortes das ist, wodurch alles ist und fort und fort sich erhält.[76] Die Beteiligung der niederen Sphärengeister bei unserer Entstehung nach jenem Teil, der am meisten unser Ich ausmacht, kann also nur ähnlich dem der Eltern gedeutet werden, wenn sie die Bedingungen herstellen, die dazu führen, daß der Mensch seine intellektive Seele durch die schöpferische Kraft der Gottheit empfängt.

So leidet denn mein Argument an keiner der drei Schwächen, welche Zeller ihm zum Vorwurf machen wollte. Ich habe sie auch nie als solche angesehen, und was darum Zeller von meinem Mißtrauen gegenüber der eignen Beweisführung sagte, ist, wie schon bemerkt, mit den Tatsachen nicht im Einklang. Ja, die bloßen von Zeller selbst nicht angezweifelten Worte, welche sagen, die Eltern seien uns Ursachen des Seins (*αἴτιοι τοῦ εἶναι*)[77] und erschienen darum als Wohltäter, denen nie genügend zu vergelten sei, würden für sich allein schon zur Grundlage eines Beweises gegen die Präexistenz des Nus und für den Kreatianismus ausreichend sein. Denn erstens besteht nach der wiederholten ausdrücklichen Erklärung des Aristoteles unser Ich vorzüglich im Nus und wenn nicht *diesem*, so wären, der Hauptsache nach, auch nicht *uns* die Eltern Anlaß des Daseins geworden. Und wenn ihnen unser Ich nicht das Dasein, sondern nur seine Verbindung mit dem Leibe zu danken hätte, so ist es zweitens fraglich, ob wir sie überhaupt deshalb als Wohltäter anzusehen hätten; erscheint doch nach gar mancher Äußerung des Theophrast nicht

75 Met. Fragm.: *ἔστι καὶ διαμένει* {Theophrastus 1890, IVb.16}.

76 Der Gedanke einer unmittelbaren Herkunft von dem ersten Prinzip entspricht auch am vollkommensten der Bezeichnung des Nus als *προγενέστατος* (De an. I, 5. 410, b. 14).

77 Aristoteles wird nicht müde, dies ein und das andere Mal hervorzuheben, und, wenn überhaupt irgend etwas, so muß doch sicher dies wenigstens ernst und im vollen Sinne des Wortes von ihm gemeint sein. Außer den schon dafür angezogenen Stellen verweise ich noch auf Eth. Nic. VIII, 13. 1161, a, 16; VIII, 14. 1161, b, 18; IX, 2. 1165, a, 23.

bloß, sondern auch des Aristoteles selbst, die Verbindung mit dem Leibe als der Grund von Irrtum und von anderen Störungen und Unterbrechungen der intellektiven Tätigkeit. Dem Beweis für die überschwengliche Dankespflicht wäre also der Boden entzogen.

3. Es bleibt uns nun noch übrig zu sehen, was Zeller gegen das letzte Argument, mit welchem ich die dritte These darzutun suchte, vorbringt. Ich hatte dasselbe sogar noch mehr als die beiden früheren für überzeugungskräftig gehalten und darum auch Sorge getragen, es ausführlich und mit voller Klarheit darzulegen; denn hier handelt es sich nicht wie De gen. anim. II, 3. um den mit stark überwiegender Wahrscheinlichkeit festzustellenden Sinn eines mehrdeutigen Ausdrucks, noch auch um eine Stelle aus der Ethik, in welcher, wie man wähnt, Aristoteles sich des öfteren populären Meinungen anpaßt, sondern um einen unzweideutigen Ausspruch des streng esoterischen fünften Kapitels des dritten Buches von der Seele, der im siebenten Kapitel, das ihn wiederholt, noch durch einen Zusatz eine nicht unwillkommene neue Verdeutlichung findet. Der von uns erläuterte und trotz seiner Gedrängtheit vollkommen verständliche Gedankengang zeigte nichts Befremdliches, ja berührte sich mit einem Argumente Lockes, das auch Leibnitz gebilligt hat.

Zeller befolgt hier eine höchst eigentümliche Taktik. Weit entfernt, den Beweis, den er angreift, ähnlich wie die beiden früheren, vollständig zu reproduzieren, reißt er nur eine einzelne Behauptung heraus, nämlich, daß unter dem Verstande, von dem das fünfte Kapitel sagt, daß er „nicht bald denkt, bald nicht denkt", der göttliche Verstand gemeint sei. Außerdem berichtet er noch, daß, wenn man frage, wie und weshalb, wenn diese Worte sich wirklich ausschließlich auf das göttliche Denken bezögen, daraus folgen könnte, daß der Nus des Menschen von Gott geschaffen sein müsse, ich antworte: deshalb, weil nach Aristoteles alles Seiende von etwas Synonymem hervorgebracht wird, also auch der Nus nur von einem Nus – der menschliche von dem göttlichen – hervorgebracht sein kann. Und nun zur Kritik sich wendend fügt er[78] bei:

> Allein wenn auch Aristoteles Met. Λ, 3. 1070, a, 4 sagt: *ἑκάστη ἐκ συνωνύμου γίγνεται οὐσία*, so liegt doch auf der Hand, und es ergibt sich auch aus dem folgenden augenfällig, daß dieser Satz eben nur von dem gelten soll, was überhaupt entsteht, daß er somit in der hier vorliegenden Fassung nur dasselbe besagen will, wie in den anderen, zum Teil von Brentano selbst angeführten, welche ihn ausdrücklich auf alles *Entstehende* beschränken; den Unsinn dagegen, auch die unentstandenen Wesen aus anderen gleichnamigen entstehen

78 a. a. O. S. 1039.

zu lassen, wird natürlich niemand Aristoteles aufbürden. Nun behauptet aber die Ansicht, die Brentano widerlegen will, von dem Nus gerade dieses, daß er nach Aristoteles zu den ewigen, unentstandenen Wesen gehöre. Wollte er daher nur zeigen, daß der Nus nach Aristoteles, *falls er entstanden ist*, von einem anderen Nus hervorgebracht sein müsse, so würde er beweisen, was niemand bestreitet; will er andererseits von dem Nus eben dies unbedingt dartun, so setzt er gerade die Hauptsache, das Entstandensein des Nus, stillschweigend voraus, und seine ganze Beweisführung bewegt sich in einem greifbaren Zirkel.

Hier erscheint nicht bloß der logische Zusammenhang meines Argumentes verhüllt, sondern Zeller berichtet sogar geradezu Falsches. Er wagt zu sagen, daß ich *„stillschweigend voraussetze"*, daß der menschliche Nus einen Anfang genommen habe, während ich bei der Begründung der ersten und zweiten These bei nichts anderem als bei dem Nachweis dieses Anfangs verweilt hatte. Es ist doch nicht meine Schuld, wenn Zeller es sich erlaubte, die Ordnung zu verkehren. Wenn er aber dann tut, als ob die von ihm gegebene Ordnung gerade die meinige gewesen sei, so muß ich dagegen als gegen eine, man darf annehmen, aus bloßer Unbedachtsamkeit hervorgegangene Verleumdung meines logischen Verhaltens protestieren.

Ferner wenn Zeller die Sache so darstellt, als verkenne ich, daß das Gesetz der Synonymie zwischen Ursache und Verursachtem bei solchem, was nicht geworden und nicht verursacht ist, keine Anwendung finden könne, so ist dies nicht bloß im Hinblick auf das eben Gesagte nicht richtig, sondern auch in Rücksicht darauf, daß ich auf die in dem siebenten Kapitel beigefügten Worte aufmerksam mache: „denn aus einem in Wirklichkeit Seienden geht jedes Werdende hervor". Auch weise ich darauf hin, daß es sich um die endgültige Erklärung unseres wirklichen Wissens handelt, welches nach Aristoteles *durchwegs erst in diesem Leben erworben werde*. Und so geht denn in dem Verstand des einzelnen das bloß mögliche Wissen dem wirklichen Wissen der Zeit nach voran, allgemein gesprochen soll aber doch auch der Zeit nach das Wissen in Möglichkeit nicht das frühere sein, vielmehr ein allem Wissen in Möglichkeit vorausgehendes wirkliches Wissen zur Ursache haben, welches aber dann, als reine Aktualität, nicht ein solches sei, das bald denkt, bald nicht denkt. Ja, ich erläutere den Gedanken auch noch weiter, indem ich eine Parallelstelle aus Met. Θ, 8. zum Vergleiche heranziehe. Auch hier spricht Aristoteles von dem Gesetz der Synonymie und subsumiert ihm unter anderem den Fall des Sehens. Das mögliche Sehen gehe zwar, sagt er, im einzelnen, nicht aber schlechthin dem wirklichen Sehen voran, denn der einzelne in Möglichkeit Sehende stamme von einem früheren in Wirklichkeit Sehenden. Dementsprechend will also Aristoteles hier sagen, daß wir auch unserm intellektiven Teile und unserm Wissen nach von etwas verursacht seien, was selbst Verstand und Wissen in Wirklichkeit besessen habe. Wollte einer nun annehmen, Aristoteles weise auch hier auf den väterlichen Erzeuger zurück, der ja, wie Sehkraft und wirkliches Sehen, auch bereits Verstand und Wissen gehabt habe, so übersähe er, daß nach Aristoteles, wie auch Zeller zugibt, der Vater nur den niederen Seelenteilen nach das wirkende Prinzip des Kindes ist. So gewiß darum Aristoteles an unserer Stelle für uns auch als Wissende eine synonyme Ursache verlangt und erklärt, daß wir auch dem Verstand und Wissen nach von etwas verursacht sein müssen, was selber am aktuellen Denken teilhatte: so gewiß ist es auch, daß diese Ursache in dem Vater nicht zu suchen ist. Und dem zu ausdrücklicher Bestätigung dienen die nun beigefügten Worte, welche das Denkende, von dem wir dem Verstande und Wissen nach verursacht sind, im Gegensatz zu unserm Vater, der ganz so wie wir einen Verstand hatte, der bald denkt, bald nicht denkt, als ein solches Denkendes charakterisieren, welches „nicht bald denkt, bald nicht denkt".

So sehr ich nun aber auch hier über ungerechte Behandlung zu klagen habe, so kann ich doch nicht umhin, mich darüber zu freuen, daß mein Gegner in Worten, die an Klarheit nichts zu wünschen übrig lassen, es ausspricht, daß, wenn einmal nachgewiesen sei, daß der Nus nicht präexistiert habe, es sofort als so gut wie erwiesen betrachtet werden dürfe, daß der Mensch ihn bei der Erzeugung nur durch ein schöpferisches Eingreifen der Gottheit als noetische Seele empfangen haben könne. Er tut hier nichts anderes als das, was ich selbst in meiner Schrift *Über den Kreatianismus* (s. oben S. 95) gesagt habe, wiederholen.

Und so sei ihm denn auch noch eine andere Ungerechtigkeit verziehen. Ich hatte darauf aufmerksam gemacht, daß im Unterschiede von mir Zeller bei seiner Erklärung des fünften Kapitels von De an. III zu einer Darstellung der Lehre vom *νοῦς ποιητικός* gelangt, die, wie er selbst in einigen von mir zitierten Bemerkungen anerkennt, von Widersprüchen wimmelt, was denn doch wohl auch als ein Motiv erscheinen dürfte, meiner Erklärung, die all diesen Unsinn vermeidet, den Vorzug zu geben. Zeller aber will diese so natürliche Erwägung so wenig gelten lassen, daß er mir vielmehr daraufhin den Vorwurf macht, ich setze, wie einst die autoritätsgläubigen Scholastiker, voraus, daß Aristoteles nicht anders als richtig gedacht haben könne.

Das also soll ihm vergeben sein und auch darüber will ich nicht zu hart urteilen, daß er die gleichen Gründe, wo sie für, und wo sie wider seine Ansicht sprechen, nicht als gleiche Gewichte in die Wage fallen läßt. Als es sich um die Deutung des *οὐ μνημονεύομεν* handelte, da sahen wir ihn gegen die, welche hier Aristoteles von einem Mangel der Erinnerung nach dem Tode sprechen lassen wollten, energisch geltend machen, daß dem der modus praesens entgegenstehe; nicht *οὐ μνημονεύομεν* {430, a, 23}, sondern *οὐ μνημονεύσομεν*, sagt er, müßte es heißen. Allein wenn es sich fragt, ob das unmittelbar vorausgehende *ἀλλ' οὐχ ὁτὲ μὲν νοεῖ ὁτὲ δ' οὐ νοεῖ* auf das Denken der Gottheit oder, wie Zeller es deuten will, auf das Denken unseres Nus vor seiner Verbindung mit dem Leibe gehe, so nimmt er nicht im mindesten darauf Rücksicht, daß auch hier der modus praesens steht, während doch im letzteren Falle ein tempus praeteritum stehen, also *ἀλλ' οὐχ ὁτὲ μὲν ἐνόησε ὁτὲ δ' οὐκ ἐνόησε* gelesen werden müßte.

Wir sehen also, die Dinge liegen hier in Wahrheit ganz anders, als Zeller den Leser glauben machen will. Doch will ich nicht unterlassen, nochmals ausdrücklich hervorzuheben, daß mein aus De an. III, 5. und 7. entnommener Beweis, losgelöst von dem im vorausgehenden geführten Nachweis, daß der Nus nicht präexistiert hat, zwar das Dasein des Nus als Folge eines göttlichen Wirkens, nicht aber als Folge eines schöpferischen Wirkens im engeren Sinn erkennen lassen würde, in dessen Begriff der des Anfangens beschlossen ist; denn nach Aristoteles gibt es auch eine Verursachung von Ewigkeit, wie denn nach ihm die zur Welt gehörigen ewigen Substanzen der Gestirne und der sie bewegenden Sphärengeister nicht minder als diejenigen, die einen Anfang nehmen, in Gott ihre erste Ursache haben.

IV.

Doch auch dies ist etwas, was Zeller bestreitet, indem er auch meine vierte These nicht gelten lassen will. Dieselbe hatte gelautet:

„Der Kreatianismus des Aristoteles stimmt mit seinen übrigen metaphysischen Lehren und insbesondere mit seiner Lehre von der Verursachung aller zur Welt gehörigen Wesen, auch der immateriellen und inkorruptiblen Sphären und Sphärengeister, durch die Gottheit aufs vollkommenste zusammen."

Als ich in meiner Schrift *Über den Kreatianismus des Aristoteles* diese These begründete, konnte ich auf die Beilage zu meiner *Psychologie des Aristoteles* verweisen, wo ich bereits mehrfach dargetan hatte, daß ihm die Gottheit auch als Ursache der immateriellen Substanzen gelte. So zwingend mir die dort gebrachten Beweise erschienen, fügte ich aber auch noch neue kräftige Belegstellen hinzu und ließ auch das von Zeller in der dritten Auflage seiner *Philosophie der Griechen* dagegen Gesagte nicht unberücksichtigt. Auf jede seiner Ausstellungen ging ich mit kurzem Worte ein, mehr freilich in Rücksicht auf die Autorität dessen, der sie machte, als auf ihre innere Bedeutung; denn tatsächlich schien mir für jemanden, der in meine *Psychologie des Aristoteles* selbst Einblick genommen, keine eine nennenswerte Schwierigkeit zu bieten. Und mit dem Wenigen, was ich sagte, glaubte ich den inneren Widerspruch in den Behauptungen Zellers vollends greifbar gemacht.

Doch dieser zeigt sich auch jetzt keineswegs überzeugt. Er leugnet, daß ich erwiesen habe, daß nach Aristoteles die Gottheit Ursache der ewigen immateriellen Substanzen ist,[79] ja will seinerseits den Beweis erbringen, daß er sie für ursachlos und durch sich selbst notwendig gehalten habe.[80] Nur insofern sei die Gottheit für sie Ursache, als sie ihnen Ursache der Ordnung und bzw. auch der Bewegung sei.[81] Auch das aber, was die Gottheit wirklich verursache, verursache sie nur, insofern sie als das unendliche Gut für anderes Ziel des Begehrens werde.[82] Und daran und an nichts anderes habe man zu denken, wenn man Aristoteles von einem Wirken der Gottheit sprechen hört. Insbesondere schließe er ausdrücklich jedes bewußte Wirken nach Analogie unseres verständigen Wirkens von der Gottheit aus;[83] und zwar aus einem dreifachen Grunde: erstens, weil er das Denken der Gottheit ganz auf sich selbst beschränke,[84] indem nichts anderes würdig sei, von ihr gedacht zu werden als das Beste,[85] zweitens, weil er ihr jedes Begehren abspreche, da ein solches ihrem bedürfnislosen Selbstgenügen widerstreiten würde,[86] drittens, weil er sie als reine Energie und darum als völlig unbewegt denke,[87] jedes Handeln aber (und jede Werktätigkeit) nach Met. B, 2. 996, a, 27 mit Bewegung verbunden sei.[88] So sei denn dieselbe unendliche Vollkommenheit, durch welche die Gottheit nach Aristoteles das erste Prinzip aller Bewegung und Ordnung werde, für ihn auch der Grund, ihr schlechthin jedes bewußte Wollen und Tun nach Analogie unserer verstandesmäßigen Wirksamkeit abzusprechen. Diese Lehre über die

79 Zeller a. a. O. S. 1051.

80 a. a. O. S. 1050 u. 1051.

81 a. a. O. S. 1051.

82 a. a. O. S. 1051, Anm. 3.

83 a. a. O. S. 1052.

84 Ebd.

85 Ebd.

86 a. a. O. S. 1053.

87 Ebd.

88 Ebd.

Weise, in welcher Gott verursacht, muß Zeller begreiflicherweise aufs neue dagegen sprechen, daß dem aristotelischen Gott ein schöpferisches Wirken zugeschrieben werden könne, denn in solchem Fall fehlte ja wegen des Mangels der Materie als Mitursache alles und jedes, dessen auf die Gottheit gerichtetes Begehren es zur Wirklichkeit gelangen ließe. So darf ich es denn nicht unterlassen, auch hier nochmals seine Angriffe zurückzuweisen, indem ich Punkt für Punkt auf das Gesagte erwidere.

1. So sage ich denn vor allem, daß ich den von Zeller vermißten Nachweis, daß der aristotelische Gott die Ursache auch der immateriellen Substanzen sei, schon in meiner Beilage zur *Psychologie des Aristoteles* deutlich erbracht habe.

Einmal habe ich dies getan, indem ich auf Aussprüche verwies, welche die Gottheit als erstes Prinzip für das Ewige und Unvergängliche nicht minder als für das Vergängliche bezeichnen;[89] denn das Unvergängliche ist ja das Immaterielle. Zeller versucht die Beweiskraft dieser Belege in Frage zu stellen, weil Aristoteles, wenn er sage, Gott sei Ursache auch der ewigen Substanzen, gemeint haben könne, er gebe auch den ewigen Substanzen ihre Ordnung. Allein es ist offenbar, daß Gott dann nur Ursache der Ordnung der ewigen Substanzen, nicht aber Ursache dieser ewigen Substanzen selbst genannt werden könnte. Aristoteles hätte sonst von einer Verursachung per accidens gesprochen, was dem sensus obvius entgegen, ja, wo nichts auf einen solchen uneigentlichen Gebrauch des Wortes *ἀρχή* hindeutet, ganz unannehmbar ist.[90]

89 Vgl. meine *Psychologie des Aristoteles*, S. 234.

90 Bei einer der Stellen meint freilich Zeller eine solche Hindeutung in unverkennbarer Weise gegeben (a. a. O. S. 1052, Anm. 1). „Wie sehr man sich“, sagt er, „in dieser Beziehung vor übereilten Schlüssen aus einzelnen Ausdrücken hüten muß, kann unter anderem die von Brentano, *Psychologie* S. 234, mit besonderem Nachdruck hervorgehobene Stelle Met. K, 2. 1060, a, 27 zeigen. Aristoteles verlangt hier allerdings eine *οὐσία καὶ ἀρχὴ μία πάντων καὶ ἡ αὐτὴ τῶν ἀϊδίων τε καὶ φθαρτῶν* und es ist dies nach Brentano eine von den Stellen, aus denen vor allem hervorgehen soll, daß die reinen Geister und die himmlischen Sphären Geschöpfe Gottes seien. Aber begründet hat er jenes Verlangen unmittelbar vorher mit der Frage: *πῶς γὰρ ἔσται τάξις μή τινος ὄντος ἀϊδίου καὶ χωριστοῦ καὶ μένοντος*; es handelt sich hier also gar nicht um ein schöpferisches, sondern lediglich um ein ordnendes Prinzip, wie dies in einem System, das einerseits die Ewigkeit der Welt und andererseits die Außerweltlichkeit Gottes lehrt, nur folgerichtig ist.“ Doch nicht mich, sondern Zeller trifft hier der Vorwurf eines Mangels an Vorsicht. Einmal beachtet er nicht, daß Aristoteles hier eine Mehrheit von Argumenten aufeinander folgen läßt, und daß es nicht das Argument ist, in welchem von der Ordnung gesprochen wird, sondern das ihm folgende

Ich füge hinzu, daß Aristoteles, was er hier in bezug auf die immateriellen Dinge im allgemeinen ausspricht, anderwärts auch noch speziell sowohl von den immateriellen Gestirnen (Met. E, 1. 1026, a, 16. Vgl. Met. Λ, 10. 1075, b, 26) als auch von unkörperlich Immateriellem (Met. Λ, 10. 1075, b, 37) lehrt. Und wenn es mißlich ist, auch nur an einer einzigen Stelle seine Worte so zu deuten, als sprächen sie nur von einer Verursachung per accidens, so noch mißlicher, wieder und wieder zu dieser Ausflucht seine Zuflucht zu nehmen.

Dann aber habe ich sogar auch noch gezeigt, daß in gewissen Fällen das Ordnen in einer Verleihung des Seins selbst besteht. So ganz unverkennbar, wenn gelehrt wird, daß die Sphären da sind, um die Gestirne zu bewegen und durch sie jenen Einfluß zu üben, welchem der ewige periodische Wechsel in der niederen Welt zu danken ist, und daß auch die Sphärengeister in ihrem Sein selbst zu dem Weltganzen hingeordnet sind. Aristoteles wagt daraufhin sogar ihre Zahl zu bestimmen. Sie soll der Zahl der Sphären genau entsprechend sein aus dem angegebenen teleologischen Grund. Daß dieser teleologischen Forderung aber nur bei der Verleihung des Seins selbst Rechnung getragen werden kann, ist klar; denn Aristoteles ist weit davon entfernt, es für möglich zu halten, eine Zahl anders als durch das Sein der betreffenden Einheiten zu bedingen.

Auch hier stand uns aber noch vieles zu weiterer Bestätigung zu Gebot, und ich habe es in einer jüngeren Schrift *Aristoteles und seine Weltanschauung* tatsächlich geltend gemacht. Fragen wir z. B. hinsichtlich der Ordnung der Himmelssphären, die auch nach Zeller auf die Gottheit als Ursache sich zurückführen soll, ob dieselbe ihnen einmal gegeben worden sei oder immer gegeben werde, so erweist sich das eine wie andere sofort als unmöglich, wenn die Ordnung nicht in einer Schöpfung, sondern nur in einer Verbindung be-

---

und durch ein ἔτι δ' deutlich von ihm geschiedene, dem ich die betreffenden Worte entnehme. Dann aber, wenn auch ein engerer Zusammenhang bestünde, so würde dieser doch nicht den Schluß gestatten, daß Aristoteles, wenn er sagt, Gott sei die *μία ἀρχὴ τῶν ἀϊδίων καὶ φθαρτῶν*, habe sagen wollen, er ordne gleichmäßig das Ewige und das Zeitliche, denn dies gäbe keinen Grund ab, sich zu verwundern, warum, da doch beide von demselben Prinzip geordnet seien, das eine ewig und das andere korruptibel sei. Nur wenn es sich um das handelt, was einerseits das ewige Sein, andererseits das korruptible Sein verleiht, mag dies als ein Paradoxon hervorgehoben werden. Wir werden aber sofort auch noch sehen, daß in gewissen Fällen die Verleihung der Ordnung in gar nichts anderem, als in einem schöpferischen Hervorbringen der zusammengeordneten Teile bestehen kann. So wenig ist es wahr, daß die Beschränkung des Einflusses der Gottheit auf die Ordnung von unabhängig von ihr Gegebenem in dem aristotelischen System „folgerichtig" hätte genannt werden können.

steht, in welche schon Gegebenes, aber ohne sie Bestehendes, gebracht wird. Denn, wenn sie einmal verliehen worden wäre, so müßte die Ordnung einen Anfang gehabt haben und ein Zustand der Unordnung vorhergegangen sein. Das aber wird von Aristoteles geleugnet. Wenn aber die Überführung von Unordnung zu Ordnung immer stattfände, so würde, wie Aristoteles selbst De caelo I, 10. 280, a, 6 hervorhebt, die Unordnung ebenso wie die Ordnung fort und fort bestehen müssen, was, wie er bemerkt, widerspricht. Auch wäre, wenn die Sphären nicht schöpferisch, sondern nur durch ein Ordnen von dem ungeordnet bereits Gegebenen in ihre geordnete Lage gebracht würden, dies nur in der Art denkbar, daß man die kleineren Sphären durch die größeren sich hindurch bewegen ließe; was doch unmöglich ist, da nach Aristoteles alle Körper undurchdringlich, die Körper der Sphären aber, wie inkorruptibel, so auch der Gestalt und Größe nach unveränderlich sind,[91] also auch nicht durchbrochen werden können. Auch die Masse der korruptiblen Körper kann darum nicht durch bloße Transposition, sondern nur schöpferisch an die Stelle im Zentrum der Welt hingeordnet sein. Und so liegt für den, der nur einigermaßen sich klar macht, um was für ein Ordnen es sich denn eigentlich handle, schon in der Erklärung, daß alle Ordnung sich auf die Gottheit als erste Ursache zurückführe, ein unverkennbares Zeugnis dafür vor, daß nach Aristoteles Gott auch den immateriellen körperlichen Substanzen ihre Existenz verleiht.

Und mit derselben Klarheit ergibt sich dies auch daraus, daß Gott als Ursache der Bewegung eines immateriellen Himmelskörpers gelehrt wird. Denn die rotierende Bewegung eines Himmelskörpers wird von Aristoteles ausdrücklich nicht als eine gewaltsame, sondern als eine natürliche bezeichnet, und dieser Begriff durch den Vergleich mit den natürlichen Bewegungen der Elemente erläutert. Was gilt nun aber nach Aristoteles hinsichtlich der Ursachen der natürlichen Bewegung? – Es ist dies ein Punkt, über den er sich mit aller nur wünschenswerten Klarheit ausspricht. Nichts anderes ist als Ursache der natürlichen Bewegung zu betrachten, als das, was als Ursache die Natur des Körpers selber gibt. Wenn ein Erdklumpen, der am Fallen gehindert war, infolge der Beseitigung des Hindernisses zu fallen beginnt, so soll doch nicht das, was das Hindernis beseitigte, sondern das, was den Erdklumpen erzeugte, als die Ursache seines Fallens bezeichnet werden. Was könnte klarer zeigen, wie unrichtig man verfährt, wenn man in der oben zitierten Stelle aus Met. E, 1. die Worte des Aristoteles, daß geistige Substanzen die Ursache für die sichtbaren göttlichen Substanzen seien, künstelnd dahin deuten will, daß geistige Substanzen ihnen nicht Ursache der Existenz, wohl aber Ursache der Bewe-

91 Vgl. De caelo I, 3. 270, a, 12.

gung seien? Das eine ist, wie wir sehen, soweit die Bewegung natürlich ist, von dem anderen untrennbar.

Wir erkennen hieraus zugleich, daß Aristoteles nicht bloß der Gottheit im engeren Sinn, sondern auch seinen sekundären Göttern es zuschrieb, daß sie Ursachen von immateriellen Substanzen seien. Jeder Sphärengeist bringt nach ihm seine Sphäre auch der Substanz nach hervor. Indem er dies aber tut, tut er es als sekundäre Ursache, da ja die niederen Sphärengeister selbst von der Gottheit ihrer Substanz nach verursacht sind. Und daraus allein erklärt sich die von Aristoteles aufs nachdrücklichste betonte Einheit der Ordnung des Ganzen.[92]

Und wenn wir eben besondere Gründe beibrachten, welche zeigten, daß die Verursachung durch die Gottheit sich bei den immateriellen Substanzen nicht bloß auf die Bewegung und andere Akzidenzien, sondern zugleich auf die Substanz selbst als solche beziehen müsse, so kann auch hinsichtlich der Substanz der Sphärengeister, und viel einfacher noch, im besonderen gezeigt werden, daß etwas Derartiges gänzlich ausgeschlossen ist. Sind sie doch unbeweglich und überhaupt in jeder Beziehung unveränderlich wie die Gottheit.[93] Sie sind nichts als reine substanzielle Energien. Und darum ist es gänzlich ausgeschlossen, daß, wenn die Gottheit ihnen nicht diese substanzielle Natur selbst verleiht, sie auch nur irgend einen Einfluß auf sie übt. Wie aber könnte dann noch von dem *εἷς κοίρανος* {Met. Λ, 10. 1076, a, 4} gesprochen werden? wie auch nur von einem einheitlichen letzten Zwecke? Jeder Sphärengeist bedingt als Zweck die Bewegung seiner Sphäre (Met. Λ, 8), und jeder erschiene nunmehr als ein letzter Zweck. Wir hätten also statt der von Aristoteles so stark betonten Monarchie eine Oligarchie und den entschiedensten Polytheismus.

Wird einer, der alle diese Argumente überblickt, noch immer zu sagen wagen, daß ich keine Beweise dafür erbracht habe, daß die Gottheit nach Aristoteles nicht bloß erster Grund für alle Bewegung und Ordnung, sondern auch erste Ursache aller Substanzen, der immateriellen nicht minder als der materiellen, sei? – Ich kann es kaum glauben, obwohl ich, wie ich auch schon an früherer Stelle bemerkte, nicht verkenne, daß es zweierlei ist, einen Beweis erbringen und durch einen Beweis den, welchem Vorurteile entgegenstehen, überzeugen.

2. Doch Zeller hat nicht bloß gesagt, ich habe keine Beweise erbracht, sondern er will auch seinerseits den Beweis für das Gegenteil liefern. Sehen wir

92 Vgl. Met. Λ, 10.

93 Vgl. Met. Λ, 8.

also, wie wir die hieraus sich ergebenden Einwände widerlegen; wodurch dann zugleich mit der Ansicht Zellers auch die Meinung derer widerlegt sein wird, welche dafür halten, daß man aus Aristoteles, je nachdem man auf diese oder jene Aussprüche blicke, ganz entgegengesetzte Lehren entnehmen könne, indem er in auffälligster Weise sich selbst widerspreche.[94]

Die angeblichen Gegenbeweise Zellers bezogen sich einerseits auf solches, was Aristoteles über die immateriellen Dinge, andererseits auf das, was er über die Tätigkeit Gottes und sein Verhältnis zur Welt lehrt. In der ersten Beziehung verweist Zeller neuerdings auf Aussprüche des Aristoteles, wonach dem Immateriellen keine Fähigkeit zu sein und nicht zu sein und keine Möglichkeit des Entstehens und Vergehens zukommt. Wir haben ihn Stellen, die solches besagen, schon früheren Ortes[95] vorführen sehen, und die, auf welche er jetzt verweist, sind als Nachträge zu dem damals Gesagten zu betrachten. Sie erscheinen als überflüssige Zugabe, denn schon damals war die Zahl mehr als genügend. Dagegen vermißten wir jede genaue Analyse der einzelnen, welche erkennen ließe, in welchem Sinn vieldeutige Ausdrücke betreffendenfalls zu nehmen sind. Zeller hat auch an dieser Stelle nichts getan, um das Versäumte nachzuholen. Wir selbst aber sind schon damals auf diese Erörterung eingegangen und haben gesehen, wie sie zu einem Ergebnis führt, welches Zellers Einwand ganz entkräftet. Zudem sei bemerkt, daß er in unstatthafter Weise die uns jetzt vorliegende Frage, ob die zur Welt gehörigen immateriellen Substanzen nach Aristoteles eine Ursache haben, mit der, ob sie ein Entstehen aus nichts haben oder haben können, identifiziert. So entschieden ich Zeller widerspreche, wenn er behauptet, keine immaterielle Substanz sei nach Aristoteles von Gott verursacht, so sehr bin ich doch darin mit ihm einig, daß nach dem Philosophen keine rein immaterielle Substanz jemals aus nichts entstanden ist oder aus nichts entstehen kann, sowie auch darin, daß nach ihm die Sphären und Sphärengeister nicht bloß niemals einen Anfang genommen haben, sondern auch keinen Anfang nehmen konnten.

Aber auch was den angeblichen Gegenbeweis Zellers betrifft, der sich auf seine allgemeine Lehre über die der Gottheit zuzuschreibende Art der Wirksamkeit stützt, kann ich mich zu seiner Widerlegung auf frühere Ausführungen berufen. Wenn er seine Behauptung, daß Gott nur Ursache sei, indem er als höchstes Gut von allem begehrt werde, erneuert und sagt, daß ich sie nicht widerlegt habe, so erinnere ich in dieser Beziehung vor allem an die vielen schon

---

94 Vgl. insbesondere Elser: *Die Lehre des Aristoteles über das Wirken Gottes*, Münster 1893.

95 Vgl. oben I, 3. S. 61 f.

in meiner Beilage zur *Psychologie des Aristoteles* und in meiner Schrift *Über den Kreatianismus des Aristoteles* erbrachten Stellen, worin Aristoteles in Ausdrücken spricht, welche schlechterdings zu einer solchen Weise der Verursachung nicht stimmen, und protestiere dagegen, wenn Zeller alle diese Aussprüche als solche behandelt, die nicht ernst zu nehmen seien, indem Aristoteles sich hier bloß populären Meinungen akkommodiere. Ferner verweise ich insbesondere auf drei Ausführungen in meiner Beilage zur *Psychologie des Aristoteles*. Die eine betrifft das, was Aristoteles Met. Λ, 6. 1071, b, 14 gegen Platon sagt, was alles ganz ebenso gegen eine Verursachung spricht, wie Zeller sie dem aristotelischen Gott zuschreibt. Auch der aristotelische Gott erschiene ja nach ihm wie eine bloße Idealursache, welcher die Dinge sich zu verähnlichen suchen, und Aristoteles verdammt also hier ebenso die von Zeller ihm selbst zugeschriebene Lehre wie die platonische als ein leeres Gerede (κενολογεῖν).[96] Die andere betrifft den Beifall, den Aristoteles Anaxagoras spendet, wo er den Nus als weltordnendes Prinzip aufstellt. Anaxagoras tut dies ganz sichtlich in Analogie zu unserm verstandesmäßigen Wirken. Aristoteles aber billigt hier nicht allein die Lehre, sondern ausgesprochenermaßen auch ihre Begründung, die ihm so augenscheinlich dünkt, daß er sich über die Blindheit der Früheren wundert, die nicht schon ebenso wie Anaxagoras geurteilt haben. Die dritte endlich bezieht sich auf die Stellen, welche von einem Vierfachen sprechen, worauf etwas als wirkende Ursache zurückgeführt wird: Natur (φύσις), Verstand (νοῦς), wofür auch manchmal Vernunft (διάνοια) und manchmal Kunst (τέχνη) steht, Zufall (αὐτόματον) und Glück (τύχη). Dabei wird der Nus, welcher Ursache der Welt ist, gelegentlich ausdrücklich, ganz ebenso wie unser Verstand, dem zweiten Gliede zugeordnet; und beiden erscheint also in gleichem Sinne eine Werktätigkeit zugeschrieben.

Ebenso deutlich wie aus jeder der beiden letzten Stellen läßt sich aber auch aus Phys. II, 8. und Met. Λ, 7. 1072, a, 26 erkennen, daß Aristoteles die Tätigkeit seines weltordnenden Verstandes unserer Vernunfttätigkeit analog denkt. Weil die Zweckordnung bei der Tätigkeit der Pflanzen und der Tiere nicht auf deren eigene Vernunft, muß sie, lehrt unter anderem Phys. II, 8., auf eine andere zweckordnende Ursache zurückgeführt werden, offenbar also auf eine solche, die vernünftig ordnend tätig ist. Und weil in uns ein Gedachtes und ein Begehrtes, von denen eines mit dem anderen identisch ist, erfahrungsgemäß unbewegt bewegen, sollen wir nach Met. Λ, 7. 1072, a, 26 schließen, daß auch ein Gedachtes und ein Begehrtes im göttlichen Verstande das unbewegte Prinzip der Bewegung des Weltalls seien. Was ist nun aber, wo es sich um uns

96 Vgl. Met. A, 9.

handelt, das das Gedachte Denkende und das Begehrte Begehrende? Offenbar sind wir es selbst. Und wenn also die Annahme in Analogie zu dem gemacht wird, was wir in uns erfahren, so muß von Aristoteles in der göttlichen Tätigkeit selbst das Analogon unseres Denkens und Begehrens erblickt werden.[97]

Inzwischen habe ich aber zu diesen Argumenten, von denen jedes für sich als ein voller Beweis gelten kann, in meiner Schrift *Aristoteles und seine Weltanschauung* noch eine neue Weise der Begründung gefügt, welche von einer anderen Seite her zeigt, wie Zellers Auffassung des Einflusses, den der aristotelische Gott übt, schlechterdings unmöglich ist. Ich verwies darauf, daß nach Aristoteles weder die unorganische Welt, noch die Pflanzenwelt an dem Vermögen des Begehrens teil hat, daß sich vielmehr ein solches erst auf der Stufe des tierischen Lebens findet. Somit ist es auch nicht richtig, daß es, so wie Zeller meint, bei ihnen schon zu einem wahren und eigentlichen Begehren nach der Gottheit komme. Ferner lehrt Aristoteles, daß es unmöglich sei, etwas zu begehren, ohne es zu denken. Somit müßte er den Pflanzen und den unorganischen Körpern, wenn er sie wahrhaft nach der Gottheit begehren ließe, auch ein Denken der Gottheit zuschreiben. Es ist augenscheinlich, daß er dies nicht getan hat. Ja, nichts Körperlichem konnte nach ihm ein Denken der Gottheit zukommen, da er nachdrücklich betont, daß nichts Ausgedehntes etwas Unausgedehntes zu denken vermöge. Und somit ist es nicht richtig, daß er auch nur die Himmelssphären nach der Gottheit oder nach dem betreffenden Sphärengeist, den er als Ziel ihrer Bewegung bezeichnet, begehren läßt.

Und dagegen kann man nicht geltend machen, daß Aristoteles ja doch geradezu sage, alle diese Dinge, ja sogar die erste Materie, begehrten nach der Gottheit, da ja auch wir sagen, ein vom Schützen abgesandter Pfeil strebe nach dem Ziel, oder auch, er wolle das Ziel treffen, ohne dem Pfeil selbst ein Begehrungsvermögen und Willensvermögen zuzuschreiben. Wir sprechen hier in einem übertragenen Sinn; und Alexander von Aphrodisias, in seinem unzweifelhaft echten Kommentar zu Met. Λ, 9. {Alexander von Aphrodisias 1891} macht bereits darauf aufmerksam, daß Aristoteles in den betreffenden Stellen dasselbe tue, wie denn auch schon Theophrast in seinem metaphysischen Fragment {Theophrastus 1890, VIa.1} bemerkt, daß dieser metaphorische Sinn des Wortes „begehren" bei der Auslegung des Aristoteles zu berücksichtigen sei. Erklärt man die Metapher, so findet man, daß die Natur hier begehrend genannt wird zur Bezeichnung ihrer Hinordnung durch den Willen des göttlichen

97 Das *νοητόν* in Wirklichkeit soll mit dem *νοεῖν* zusammenfallen und daraus geht hervor, daß auch das *ὀρεκτόν* in Wirklichkeit mit dem *ὀρέγεσθαι* identisch ist. Wie aber ginge es dann an, das *ὀρεκτόν* in Gott, das entsprechende *ὀρέγεσθαι* aber, um das es sich hier handelt, in etwas außer ihm bestehen zu lassen?

Werkmeisters, wie der Pfeil nach dem Ziele strebend, wegen der Hinordnung seines Fluges zu dem Ziel durch den Schützen, der ihn entsendet. Und so zeigt sich denn, daß alle die Stellen, auf welche sich Zeller zugunsten seiner Meinung beruft, sobald man es nicht unterläßt, sich ihren wahren Sinn verständlich zu machen, geradezu gegen ihn zeugen. Wenn Aristoteles Met. Λ, 10. sagt, die Dinge wollten nicht schlecht regiert werden, so ist der Sinn kein anderer als der, daß Gott dies nicht wolle. Und wenn er sagt, alles strebe nach dem Besten, so drückt dies dasselbe aus, was Theophrast in eigentlicherer Redeweise ausspricht, wenn er „das erste Göttlichste" als das „alle besten Dinge Wollende" bezeichnet (τὸ πρῶτον θειότατον πάντα τὰ ἄριστα βουλόμενον {II. 4}).

Wie gedankenlos die Interpreten hier bei der Auslegung des Aristoteles verfahren sind, erkennt man auch sofort, wenn man die Frage aufwirft, ob das der ersten Materie zugeschriebene Begehren, welches nach ihnen nicht im übertragenen, sondern im eigentlichen Sinn ein Begehren sein soll, eine substanzielle Aktualität sei oder nicht. Wenn es etwas Aktuelles, und sein unmittelbares Subjekt die substanzielle Materie ist, muß es unzweifelhaft eine solche sein; und doch ist dies ausgeschlossen, da die nach der Form strebende Materie, insofern sie danach strebt, reine Möglichkeit ist. Wenn das Begehren der Materie aber nicht eine Aktualität in der Materie ist, was ist es? Etwa die Materie selbst? – Wer dies annimmt, gesteht schon ein, daß es sich um kein Begehren im eigentlichen Sinn handelt, da dieses keine Potenz, sondern ein Akt ist. Um was also, wenn nicht, wie wir mit Alexander von Aphrodisias sagen, um ein Hingeordnetsein zum Ziele durch den göttlichen weltordnenden Verstand?

Nun haben wir auch noch gesehen, daß Aristoteles nicht bloß solches, was an der Materie teil hat, sondern auch Immaterielles von Gott verursacht sein läßt, wo dann mit dem Entfall der Materie alles entfällt, dem man versucht sein könnte, das Begehren nach der Gottheit zuzuschreiben, welches zur Wirklichkeit führt. Und so ist denn, wie mir scheint, die Widerlegung der Zellerschen Auffassung der Weise, wie der aristotelische Gott Ursache ist, nicht bloß geliefert, sondern durch eine solche Überfülle von zwingenden Beweisen erbracht, daß man den Leser um Entschuldigung bitten möchte, ihn überflüssig so lange dabei aufgehalten zu haben. Doch die weite Verbreitung, welche der Irrtum hier gefunden, schien es mir zu fordern, keines von den Momenten, die gegen ihn sprechen, unerwähnt zu lassen. Und eben darum müssen wir auch noch im einzelnen auf jede der Äußerungen des Aristoteles eingehen, in welchen Zeller seinerseits für die entgegengesetzte Auffassung einen Anhalt zu finden glaubt.

Er behauptet, daß Aristoteles den göttlichen Nus in seinem Denken auf sich selbst beschränke, und daß er dies nicht bloß ausspreche, sondern auch damit begründe, daß es der Vollkommenheit Gottes widerstreiten würde, etwas Geringeres zu denken als sich selbst.[98]

Beides beruht auf Mißverständnis. Es ist wahr, daß Aristoteles im zwölften Buch der Metaphysik, Kapitel 9 lehrt, daß nur Gott selbst Gegenstand des göttlichen Denkens sei, und daß er dort sagt, die göttliche *νόησις* sei *νοήσεως νόησις*. Seine noetische Tätigkeit (*νοεῖν*) gehe auf ihn selbst. Allein wäre Zeller so vorsichtig gewesen zu untersuchen, erstens, ob es bei Aristoteles dasselbe sei, etwas erkennen und etwas zum Gegenstand des Erkennens haben, und zweitens, ob der Ausdruck *νοεῖν* bei ihm immer gleichbedeutend sei mit „Denken" oder oft in einem engeren Sinn gebraucht werde, so hätte er sofort erkannt, daß, was er Aristoteles hier sagen läßt, nicht wirklich von ihm ausgesprochen wird. Denn nach des Aristoteles ausdrücklicher Bestimmung wird vieles erkannt, ohne selbst Gegenstand der Erkenntnis zu sein, wie denn z. B. De an. III, 6. gegen Ende zwischen solchem, was durch sich und solchem, was durch ein anderes erkannt werde, ausdrücklich unterschieden wird. Das Negative soll von uns erkannt werden, ohne Gegenstand des Erkennens zu sein. Wir erkennen es nach Aristoteles gewissermaßen durch das Entgegengesetzte. Auch wenn wir erkennen, daß etwas geschehen wird, weil wir die Macht und den Willen dazu haben, erkennen wir es, ohne daß es selbst Gegenstand für unser Erkennen ist. Denn wie Aristoteles wiederholt bemerkt, kann der Gegenstand des Erkennens nicht später sein als das Erkennen. Und wenn also Aristoteles leugnet, daß etwas anderes als das göttliche Erkennen selbst Gegenstand des göttlichen Erkennens sei, so widerspricht dies doch gar nicht der Annahme, daß er nichts von der Erkenntnis der Gottheit ausschließe, sondern nur sie aller übrigen Erkenntnis durch die Erkenntnis ihrer selbst teilhaft sein lasse. Ferner sehen wir Aristoteles den Ausdruck *νοεῖν* in der Tat oft in engerem Sinn gebrauchen, wo er dann die Erkenntnis eines ersten Prinzipes bedeutet. Von dem ersten Prinzip haben wir kein Wissen (*ἐπιστήμη*), sondern ein Einsehen (*νοῦς*). Somit steht nichts im Wege, daß Aristoteles Gott für allwissend hält und ihm doch nur ein *νοεῖν* seiner selbst zuschreibt, indem er dann als Begriff mit dem *νοεῖν* den des Erfassens des ersten Prinzipes verbindet. Es würde damit gesagt sein, daß, obwohl Gott alles erkenne, er doch nur sich allein als erstes Prinzip erfasse, was aufs schönste dazu stimmt, daß er selbst das erste Prinzip aller Dinge ist, die Wahrheit, in der alle andere Wahrheit gründet. Und auch was eben gesagt wurde, daß nur er Gegenstand seines Erkennens sei, ist damit im Einklang.[99]

98 a. a. O. S. 1052.

99 Auch das ist beachtenswert und stimmt aufs beste zu den von uns hier gegebenen Erklärungen, daß die Mag. Mor. II, 15. 1212, b, 39 jenes Denken der Gottheit,

Wenn nun diese Interpretation, die ich im wesentlichen schon in meiner Beilage zur *Psychologie des Aristoteles* empfohlen, nach dem Gesagten als eine mögliche erscheint, so erweist sie sich alsbald zugleich als die einzig mögliche, wenn wir an einer anderen Stelle das göttliche Denken von Aristoteles nicht allein als Nus, sondern als *σοφία*, Weisheit bezeichnen hören,[100] welche nach des Aristoteles ausdrücklicher Bestimmung (Eth. Nic. VI, 7. 1141, a, 18) ein mit Wissen verbundenes Einsehen ist. Aristoteles hätte nicht, so wie er es tut, sagen können, daß Gott die *σοφία*, ja daß ihm allein die *σοφία* in vollkommenster Weise zukomme, wenn er ihm nicht mit und in dem Einsehen des Prinzipes die Erkenntnis aller Konsequenzen, die sich daran knüpfen, zugeschrieben, sondern ihn, wie es nach Zeller der Fall wäre, einem Dummkopf analog gedacht hätte, der, obwohl er die Erkenntnis des Prinzipes hat, nichts von alledem zu erkennen vermag, was mit diesem Prinzip als Konsequenz notwendig zusammenhängt.

Doch Zeller behauptet, Aristoteles habe die Lehre von der Einschränkung des göttlichen Erkennens, die er bei ihm finden will, nicht bloß ausgesprochen, sondern auch begründet, denn etwas Geringeres zu erkennen als sich selbst, sage er, sei des Gottes nicht würdig. Und darum sei es schlechterdings geboten, an ihr als etwas Wesentlichem festzuhalten.

Ich antworte: gewiß ist die Welt, obwohl sie nach Aristoteles tadellos vollkommen ist, für sich allein betrachtet, weniger vollkommen als Gott selbst; und wenn darum Gott die Welt, nicht aber sich selbst erkennen würde, so würde er, indem er etwas minder Gutes erkännte, seinem Erkennen nach minder vollkommen sein. Aber darum handelt es sich ja nicht, vielmehr nur darum, ob er nur sich allein oder, indem er sich erkennt, auch die Welt erkenne. Und in bezug auf diese Frage ist es nach der ausdrücklichen Lehre des Aristoteles,[101] daß, wo Gutes zu Gutem hinzukommt, die Summe immer besser sei als der einzelne Summand, und daß dies ganz ausnahmslos gelte, wie groß auch immer einer der Summanden für sich gedacht werden möge, klar, daß, wenn die Erkenntnis Gottes überhaupt von der der Welt getrennt bestehen könnte, ein auf die Gottheit allein beschränktes Denken der Gottheit als ein geringeres Gut bezeichnet werden müßte als ein Erkennen ihrer selbst, welches auch die Erkenntnis der Welt in sich beschließt.

---

welches auf sie selbst gerichtet ist, nicht mit dem Ausdruck *νοεῖν*, sondern mit *ϑεᾶσϑαι* bezeichnen. Wenn Gott alles erkennt, so schaut er doch nur sich selbst. Auch der Vergleich mit dem Sehenden darf als ein Hinweis darauf gedeutet werden. Met. Λ, 9. 1074, b, 32.

100 Vgl. Met. A, 2.

101 In Ethik, Topik und Rhetorik.

Doch man stößt sich hier an dem Ausspruch des Aristoteles, daß es besser sei, einiges nicht zu sehen als zu sehen.[102] Das, meint man, müsse doch von allem Schlechten in der Welt gelten. Und in der Tat hat sich schon Alexander von Aphrodisias in Rücksicht darauf verführen lassen, nicht zwar die Erkenntnis Gottes ganz auf Gott zu beschränken, aber sie doch auch nicht auf jede Einzelheit auszudehnen. Aber die Lösung der Schwierigkeit ergibt sich sofort, wenn man erwägt, daß, was in der Welt, wenn man es isoliert für sich betrachtet, als schlecht, sobald man es im Zusammenhang des Ganzen erfaßt, in jeder Beziehung als gerechtfertigt erscheint. Aristoteles ist ausgesprochenermaßen ein so entschiedener Optimist wie Leibnitz. Keine andere Weltordnung, behauptet er, könnte besser oder auch nur gleich vollkommen sein.[103] Die partiellen Mängel erweisen sich als Vorzüge im Hinblick auf das Ganze, und wenn sie bei isolierter Betrachtung als etwas Unliebsames erscheinen müßten, so doch nicht mehr, wenn man sie in das Ganze eingeordnet erfaßt. So aber erkennt sie Gott und heißt sie gut, wie er sie erkennt. Die Vollkommenheit Gottes verlangt also keineswegs nach den aristotelischen Prinzipien der Bevorzugung, daß Gott irgend etwas nicht erkenne,[104] aber allerdings, daß nichts anderes als er selbst Gegenstand seiner Erkenntnis sei.

Und warum dies? – Ich antworte: aus einem doppelten Grunde. Erstens, weil, wenn etwas anderes Gegenstand seiner Erkenntnis wäre, Gottes Erkennen durch etwas anderes bedingt erscheinen würde; denn, wo der Gegenstand von dem Erkennen verschieden ist, ist er, wie Aristoteles lehrt, Vorbedingung des Erkennens. Und zweitens, weil bei dem, was in etwas anderem seinen Grund hat, die Erkenntnis aus dem Grunde vollkommener ist als die einfache Wahrnehmung des Dinges in sich selbst,[105] welche zunächst nur das Daß, nicht aber das Warum offenbart.[106] Auch wir erkennen manches aus dem Grunde, und es ist dann die Erkenntnis des Warum vollkommener, als die des bloßen Daß; aber dabei besteht noch die Unvollkommenheit, daß, was der Natur nach das früher, für uns das später zu Erkennende ist. Bei Gott dagegen, dessen

102 Met. Λ, 9.

103 Vgl. dazu besonders De caelo II, 5.

104 Wie sehr ihr dies vielmehr widerspräche, zeigt die Weise, wie Aristoteles die Erkenntnislehre des Empedokles, aus der sich solches ergeben würde, daraufhin durch diesen Nachweis ins Lächerliche ziehen will. De an. I, 5. 410, b, 4 u. Met. B, 4. 1000, b, 3.

105 Anal. post. I, 31. 88, a, 5. Met. A, 1. 981, a, 30.

106 Man vgl. dafür z. B. die Erörterungen in dem ersten Kapitel des I. Buches der Metaphysik.

Gegenstand das erste Prinzip aller Dinge ist, ist das an und für sich Erste von dem für ihn Ersten nicht verschieden; er erkennt das Bedingte, indem er das Bedingende schaut.

Wie nun aber hier der ganze Einwand Zellers sich als Folge mehrfacher Mißverständnisse herausgestellt hat, so gilt dasselbe da, wo er behauptet, daß dem aristotelischen Gott jede Werktätigkeit abgesprochen werden müsse,[107] weil für ihn, den sich selbst Genügenden, kein Grund bestehe, etwas anderes zu begehren. Zeller spricht hier, als ob er mit den Ausführungen der Nikomachischen Ethik ganz unbekannt sei, welche von dem Freunde verlangen, daß er nicht um des eigenen Vorteils willen, sondern selbstlos das Glück des Freundes anstrebe. Aus eben diesen Stellen erklärt sich auch, warum Aristoteles, wenn er von Gott leugnen zu müssen glaubt, daß er einer Handlung bedürfe, ihm doch zugleich eine die ganze Natur und das ganze Schicksal der Menschen beherrschende Vorsehung zuschreiben kann. Wie gröblich hier die Lehre von Aristoteles, wonach Gott nur ein theoretisches Leben führt, mißdeutet worden ist, muß jedem offenbar werden, der darauf achtet, daß Aristoteles aus dem Satze selbst, daß Gottes Leben ein rein theoretisches ist, den Schluß zieht, daß er, ähnlich wie auch wir die uns Ähnlichen am meisten lieben, für jene Menschen, die durch ein rein theoretisches Leben sich ihm verähnlichen, durch ein besonders gütiges Walten Fürsorge tragen werde. Was Aristoteles wirklich damit sagen wollte, habe ich anderwärts und insbesondere in meiner Schrift *Aristoteles und seine Weltanschauung* ausführlich dargelegt, so daß es eine nutzlose Wiederholung wäre, wenn ich hier abermals dabei verweilte. Genügt es doch zu unserem Zweck, daß es jedenfalls nicht die Bedeutung, die Zeller ihm geben will, und überhaupt keine Bedeutung hat, welche ein bewußtes Schaffen und Ordnen ausschließt.

Und mit ähnlich kurzem Worte können wir auch den Einwand Zellers zurückweisen, welcher sich auf die von Aristoteles Gott zugeschriebene Unbeweglichkeit gründet.[108] Sie soll mit einem Handeln Gottes unvereinbar sein, da, wie Met. B, 2. hervorhebe, jeder, der handle, einer Bewegung unterliege. – Dieses Buch stellt zur Vorbereitung späterer Untersuchungen Aporien zusammen, ohne sie zu lösen. Und so enthält denn auch diese Stelle nur eine Aporie gegen die Lehre, daß das erste Prinzip völlig unbewegt sei. Würde Aristoteles die Lösung der Aporie in eingehender Erörterung beigefügt haben, so hätte er wohl vor allem darauf hingewiesen, daß, wie er ja wieder und wieder lehrt, keine Bewegung in dem Bewegenden, sondern jede in dem Bewegten

107 a. a. O. S. 1052.

108 a. a. O. S. 1053.

sei und ferner darauf, daß das Wirken des göttlichen Verstandes auf die Welt nicht ähnlichen Bedingungen unterliege wie das unseres Verstandes, wenn er etwas außer uns beeinflußt. Denn dieser tut dies nur mittels des dem sensitiven Teil zugehörigen Vermögens zur willkürlichen Bewegung, die wir selbst an unserem Leibe erfahren, während Gott als reiner Geist die Welt mit seiner Tätigkeit beeinflußt. Und wenn bei uns in einem weiteren Sinne auch insofern schon von einer Art Bewegung (*κίνησις*)[109] gesprochen werden kann, als unser Denken unser Bevorzugen und Wollen determiniert, so kann auch hievon bei Gott keine Rede sein. Nicht als ob nicht auch in ihm, wie ein Analogon des Denkens, auch ein Analogon des Bevorzugens sich fände,[110] sondern weil das Analogon des Bevorzugens mit dem Analogon des Denkens in ihm identisch ist. Und dies darf nicht befremden, da ja Aristoteles auch das Analogon der Lust am Denken mit dem Analogon des Denkens, ja sogar auch das Analogon des Denkens mit dem Analogon der Substanz in Gott identifiziert. Bei uns, wo das alles auseinander fällt,[111] ist das Denken selbst schon eine Art Leiden; und von der Lust an ihm und der durch das Denken determinierten Bevorzugung gilt dasselbe. In Gott aber ist Sein und Denken und seliger Genuß seiner Vollkommenheit und allmächtig bestimmendes Wollen der bestmöglichen Welt, alles einfach und unteilbar eins. Und so ist denn, wie die Dependenz eines Teiles vom anderen Teil, auch jedes Leiden und jede Bewegung, selbst in jenem weiteren Sinne, wonach es unser Denken und Lieben mitumfaßt, ausgeschlossen.

Würde einer den Einwand, den das Buch Met. B dagegen aufwirft, daß ein durch sich selbst in vollkommener Weise Gutes das Prinzip der Bewegung sei, nur insofern erheben, als jedes Handeln um eines Guten willen auf ein zu wirkendes Gut, nicht aber auf ein schon bestehendes und ewig notwendig gegebenes als Ziel gerichtet sei, so wäre die Antwort durch das, was Aristoteles im Anfang von Met. Λ, 10. sagt, vorgezeichnet. Es wird dort gefragt: „Wie besteht das Gute, zu dem die Welt als Ziel geordnet ist? Ist es in ihr oder außer ihr wirklich?" Und Aristoteles antwortet: in beiderlei Weise, wie ja auch von dem

109 Vgl. De an. III, 7. 431, a, 6, wo über die Empfindung gesagt wird, sie sei entweder keine Bewegung oder eine Bewegung in anderem Sinne als dem, in welchem das Wort eine unvollendete Energie bedeute.

110 Im Gegensatz zur Natur wirkt der Verstand, je nachdem er will, Entgegengesetztes. Der Arzt, vermöge desselben Begriffs der Gesundheit, macht, je nachdem er will, gesund oder krank. Und so sagt Aristoteles in der Topik, auch vom Tugendhaften und vom Gott gelte, daß sie die Macht hätten, das Böse zu tun, aber daß sie nicht von der Art seien, daß sie es wirklich täten.

111 In bezug auf die geistige *ἡδονή* zum Denken vgl. Eth. Nic. X, 5. 1175, b, 34.

Gute, zu dem ein Heer geordnet ist, gesagt werden kann, daß es in ihm und außer ihm bestehe. In ihm sei es die Ordnung des Heeres, welche die Kunst des Feldherrn ihm gibt, außer ihm die Feldherrnkunst, die als Gedanke seiner Ordnung gewissermaßen selbst seine Ordnung ist und von der mit noch mehr Recht gesagt werden kann, daß sie, als Ziel erstrebt, einen Einfluß übe. In der ersten Weise nun kann das Gut, zu welchem alles als Ziel geordnet ist, nicht etwas ewig durch sich selbst Notwendiges sein, wohl aber in der letzteren. Es ist offenbar, daß diese ganze Ausführung des Aristoteles eher als Argument für als gegen die Auffassung geltend gemacht werden kann, die seine Gottheit ihr Wirken unbewegt aber trotzdem mit Bewußtsein und Willen üben läßt.[112]

So haben sich denn die Angriffe Zellers auch gegen meine vierte These als völlig kraftlos erwiesen. Sowohl das ist nicht richtig, daß ich keine Beweise dafür erbracht, als auch, daß ich Zellers angebliche Gegenbeweise nicht zu widerlegen vermocht habe. Wenden wir uns also jetzt zu dem, was er sagt, um den Eindruck, den meine fünfte These machen konnte, zu paralysieren.

112 Auch die Stelle Met. Λ, 7. 1072, b, 1 bezieht sich auf die Frage, wie das Weswegen in etwas Unbewegtem sich finden könne. In meiner *Psychologie des Aristoteles* hielt ich mich bei ihrer Besprechung an die damals durch Schwegler {Aristoteles 1847–1848} und Bonitz {1848–1849} empfohlene Lesart, die einen Sinn ergibt, welcher ganz mit dem, was Aristoteles Met. Λ, 10. am Anfang, und wieder ebendaselbst 1075, b, 10 sagt, zusammenstimmt. Jetzt gibt man, namentlich seit der Entdeckung einer interpretierenden Stelle von Alexander von Aphrodisias, die sich in den Kommentaren des Averroes erhalten hat, einer anderen Lesart den Vorzug. Hienach würde Aristoteles sagen, das Weswegen im Sinne dessen, wofür etwas geschieht, könne nicht in dem Unbewegten sein, wohl aber das Weswegen im Sinne dessen, wonach begehrt werde. In dem von Aristoteles in Met. Λ 10. am Anfang gebrauchten Beispiel erscheint als das Weswegen im Sinne des Wofür das Heer, dem die gute Ordnung gegeben wird, als das Weswegen im Sinne des Wonach die gute Ordnung, die in dem Verstande des Feldherrn vorbesteht, während nicht er, sondern nur das Heer es ist, auf dessen Förderung das Streben abzielt, wie auch Platon im ersten Buch der Republik sagt, der Hirt gehe als Hirt nicht auf das eigne Wohl, sondern auf das der Herde aus, und so auch der Regent als Regent nur auf das der Untertanen. Es ist seltsam, wie Zeller a. a. O. S. 1052, Anm. 2 ein großes Wesen daraus macht, daß ich mich hier an eine falsche Lesart gehalten, da sichtlich die eine wie die andere mit meiner Auffassung des Aristoteles gleichmäßig im Einklang ist. Auch nach mir wirkt ja der aristotelische Gott nicht, um selbst etwas zu gewinnen, sondern um in selbstloser Liebe auch anderes nach Möglichkeit an seiner Vollkommenheit teilnehmen zu lassen.

V.

Ich hatte gesagt:

„Aristoteles zeigt da, wo er den Menschen seiner intellektiven Seele nach unmittelbar von Gott geschaffen werden läßt, ähnlich wie anderwärts, eine nahe Verwandtschaft seiner Lehre mit der des Platon."[113]

Es handelt sich hier, wenn auch nicht um ein neues zwingendes Argument, doch um etwas, was unleugbare Bedeutung hat; denn der Einfluß, den Platon als Lehrer geübt, macht sich bei Aristoteles auch noch in der reifsten Zeit seines Philosophierens mächtig geltend. So finden wir sogar in der Politik trotz aller Ablehnung eines Kommunismus, der selbst vor der Zerstörung der Familienbande nicht zurückschreckt, das aristotelische Staatsideal dem platonischen noch aufs innigste verwandt. Zeller begreift auch die Wichtigkeit dieses Momentes recht wohl und hält es darum für nötig,[114] auch seinerseits bei dem Vergleich der platonischen und der aristotelischen Lehre von der Beseelung zu verweilen, um zu zeigen, daß er, in entsprechender Weise angestellt, zu einem nicht sowohl meiner als seiner Auffassung günstigen Ergebnis führe.

Nicht als ob er leugnen könnte, daß bei Platon die Seele ihrem höchsten Teile nach unmittelbar von Gott hervorgebracht wird, während dies nach dem Zellerschen Aristoteles nicht der Fall sein würde; allein diese Differenz selbst wird von ihm als notwendige Folge einer allgemeineren Fortbildung der platonischen Lehre dargestellt. Wie Platon stehe es auch Aristoteles fest, daß die noetische Seele unsterblich und nicht aus den Elementen der niederen Körperwelt gebildet sei.[115] Er denke sie aber eben darum auch als immateriell und ihrer Natur nach notwendig; wenn aber dies, auch als ursachlos von Ewigkeit bestehend. So halte denn Aristoteles zwar allerdings nicht wie im Falle der Richtigkeit meiner Auffassung an der Erzeugung der noetischen Seele durch die Gottheit, dafür aber um so mehr an der Präexistenz fest und lasse sie aus einer bloß zeitlichen zu einer ewigen Präexistenz werden. Ja, nicht bloß in der Lehre von

113 Hinsichtlich einer Ungenauigkeit in der Fassung dieser These verweise ich auf das zur dritten These Gesagte. Statt „wo er die menschliche Seele ihrem intellektiven Teile nach von Gott schaffen läßt", sollte es heißen „wo er den Menschen durch eine schöpferische Mitwirkung Gottes seiner intellektiven Seele nach entstehen läßt" {s. oben, S. 88}. Ich bringe dies nicht ohne guten Grund in Erinnerung, da der Ersatz der minder genauen Ausdrucksweise durch die genauere auch für die hier folgende Untersuchung vorteilhaft ist.

114 a. a. O. S. 1049 f.

115 a. a. O. S. 1050.

der Unsterblichkeit, der höheren Natur und der Präexistenz zeigten sich bei der aristotelischen Lehre von der Beseelung noch Anklänge an Platon und Spuren seines Einflusses, sondern in bedeutsamer Weise trete ein solcher auch noch in dem Umstand zutage, daß schon Platon die Seele zunächst in den Samen des Vaters und mit ihm erst in die Katamenien eingehen lasse, um zur Bildung des neuen Menschen verwendet zu werden, was ebenfalls nach meiner Darstellung des Aristoteles nicht der Fall ist.[116] Er beruft sich dabei auf eine Stelle des Phädrus: „Es ist ein Gesetz der Adrastea, daß eine Seele, die aus der übersinnlichen Welt auf die Erde herabsinkt, bei ihrer ersten Geburt in kein Tier eintrete, *ἀλλὰ τὴν μὲν πλεῖστα ἰδοῦσαν εἰς γονὴν ἀνδρὸς γενησομένου φιλοσόφου* usw. {248cd} (die *γονή*, aus der ein Mann entsteht, der Philosoph usf. werden wird)".

Doch was Zeller hier sagt, läßt sich in allen Punkten widerlegen, in welchen es den Zellerschen Aristoteles Platon verwandter zeigen würde, als er es nach unserer Darstellung wahrhaft ist.

Daß von Aristoteles der Nus, weil nicht aus den niederen körperlichen Elementen gebildet, für immateriell gehalten wird, ist ein Punkt, in dem ich mit Zeller einig bin, und ich gebe zu, daß daraufhin Aristoteles, wenn er ihn ursprünglich für sich bestehend gedacht hätte, ihn als von Ewigkeit bestehend hätte denken müssen wie die Sphären und Sphärengeister. Nur wenn er nach ihm zunächst als Teil des Menschen seinen Anfang nahm, war die Annahme seiner Existenz von Ewigkeit, die Platon nicht gelehrt hatte, auch für Aristoteles vermeidlich. Fragen wir nun, welche Abweichung Aristoteles leichter zulässig erscheinen mußte, die Leugnung seines Anfangs oder die Leugnung seiner Präexistenz, so hängt die Antwort davon ab, ob im Falle der Annahme der Präexistenz irgend etwas von dem, was Platon daraus erklären wollte, sich für Aristoteles noch daraus erklärbar zeigte oder nicht. Und darauf ist zu antworten, daß dies in keinem Stücke der Fall ist. Die Seelenwanderung wird aufgegeben. Auch die Wiedererinnerung an das in der Ideenwelt Erfahrene entfällt. Alle allgemeinen Begriffe werden den Phantasmen entnommen und in ihnen erfaßt. Die noetische Seele kommt als tabula rasa ins irdische Dasein, und ihr Lernen, nicht bloß das durch Unterricht, sondern auch das durch eigene Überlegung, ist ein Neuerwerben von Erkenntnissen. Auch gilt der Gedanke Platons nicht, die intellektive Seele müsse, weil höher als der Leib, um dieser ihrer höheren Würde willen früher bestanden haben. Ihre Würde läßt sie nach Aristoteles der Ordnung der Zwecke nach als das Frühere erscheinen, aber die Ordnung der Ausführung ist nach ihm entgegengesetzt der Ordnung der Zwecke. Es ist

116 a. a. O. S. 1053, Anm. 3.

also klar, daß die Annahme, die Seele habe präexistiert, Aristoteles auch nicht einen einzigen von den Vorteilen gewährt haben würde, die Platon aus ihr zu ziehen hoffte; daß sie vielmehr nur eine Schwierigkeit hätte bestehen lassen, die Platon selber gar sehr empfindet und der er anders im Phädrus, anders in dem später geschriebenen Timäus zu begegnen sucht. Sie liegt darin, daß nach Platon und, wenn er ihm verwandt dachte, auch nach Aristoteles der körperfreie Zustand der Seele vollkommener ist als der ihrer Verbindung mit dem Leibe, und sich darum die Frage aufdrängt, warum die intellektive Seele, wenn sie früher für sich bestand, den vollkommeneren Zustand mit dem unvollkommeneren vertauscht habe. Es stand Aristoteles frei, sich diese Verlegenheit zu ersparen, wenn er die intellektive Seele nicht präexistieren ließ. Wenn nicht, so mußte er ähnlich wie Platon im Phädrus und Timäus nach einer Erklärung suchen oder eine der beiden von Platon gegebenen beibehalten. Daß er dies letztere nicht getan, ist, was den Erklärungsversuch des Phädrus anlangt, leicht erweislich. In diesem Dialog hatte Platon die Trennbarkeit noch nicht auf den noetischen Teil beschränkt, sondern auch die konkubiszible und iraszible Seele daran Anteil nehmen lassen. Und so war denn auch die Seele schon im Zustand der Präexistenz nicht frei von niederen Neigungen gewesen, so daß es zu einer Art Sündenfall kommen konnte, der dann der Anlaß zu der für sie so erniedrigenden Verbindung mit dem Leib geworden ist. Nicht bloß für Aristoteles, auch für Platon, als er den Timäus schrieb und in ihm die Trennbarkeit dem noetischen Teil allein zusprach, war dieser Erklärungsversuch nicht mehr brauchbar. Die körperfreie Seele erscheint nunmehr als keinerlei Versuchungen unterworfen. Platon muß ihn darum durch einen anderen ersetzen, dessen Annahme aber für den Zellerschen Aristoteles noch ebenso unmöglich wäre. Platon stellt nämlich die Einkörperung der Seele als eine Verfügung des Demiurgen dar, den er, nachdem er die intellektiven Seelen erzeugt hat, ihnen erklären läßt, daß er dieselbe, so nachteilig sie für die Seelen selbst sei, zum Besten des Weltalls treffen müsse, indem diese zu seiner Vollständigkeit auch der beseelten Organismen als Mittelglieder bedürfe. Und nachdem er ihnen zum Trost im Falle eines guten Verhaltens und tapferen Widerstandes gegen die im irdischen Leben ihnen zuwachsenden Affekte eine Erlösung und Rückkehr zum körperfreien Bestand in Aussicht gestellt, säet er sie, die einen auf der Erde, die anderen auf dem Monde und anderwärts selber aus, wo dann die erzeugten Götter sie als einen überirdischen Bestandteil einem Gebilde, das sie aus irdischen Elementen herstellen, einfügen.

War nun diese Erklärung im Timäus für Aristoteles annehmbar? – Nach der Auffassung Zellers jedenfalls nicht, da nach ihm die Gottheit ja gar nichts verfügt. Und auch davon abgesehen, wäre sie mit dem Gedanken, daß in der noetischen Seele der Zweck liegt, dem alles andere im Menschen untergeordnet ist, unvereinbar. Allerdings erscheinen auch die Sphärengeister zum Besten des Weltalls hingeordnet und um seinetwillen mit dem gestirnten Himmel in Verbindung gebracht, nicht aber so, daß sie infolge davon selbst etwas von ihrer Vollkommenheit einbüßen. So hätte denn Aristoteles, selbst nach unserer Auffassung seiner Gotteslehre, auch den späteren Erklärungsversuch Platons sich nicht eigen machen können, dann aber sich doch wohl dringlich aufgefordert sehen müssen, ihn durch einen anderen zu ersetzen. Wenn nun von einem solchen niemand, und auch Zeller selbst nicht, eine Spur bei ihm aufzuweisen vermag, muß dies alles nicht dazu drängen anzunehmen, daß Aristoteles nach dem Entfall aller platonischen Motive für eine Präexistenz die Präexistenzlehre selbst und damit die ganze Quelle der Schwierigkeiten entfallen ließ? Der Entfall der Schwierigkeit ersetzte dann ohne weiteres die so mißlichen und sich selbst nicht gleichbleibenden platonischen Lösungsversuche.[117]

Wenn ich aber zugebe, daß Aristoteles, wenn er die platonische Präexistenzlehre beibehalten hätte, eine ewige Präexistenz an die Stelle einer bloß zeitlichen hätte setzen müssen, so gebe ich dagegen nicht zu, daß er in solchem Falle zugleich einen so wichtigen Lehrsatz wie den, daß der Nus von Gott verursacht sei, aufzugeben genötigt gewesen wäre. Sahen wir doch, daß auch die Ewigkeit

117 Nach der Zellerschen Auffassung der aristotelischen Lehre bliebe nichts übrig als anzunehmen, daß, was den getrennt bestehenden Nus zur Verbindung mit dem Leibe geführt habe, ein ihm inwohnendes Begehren nach der Gottheit gewesen sei; ein Streben, ihrer durch Verähnlichung teilhaft zu werden. Allein das wäre denn doch eine seltsame Verähnlichung, die in einer Vertauschung eines rein theoretischen Lebens mit einem vielfach praktischen bestände, den früher Wechsellosen dem Wechsel unterwürfe, den von den Affekten Freien und Unangefochtenen in den heftigsten Kampf mit ihnen verstrickte, den Irrtumslosen dem Irrtum zugänglich machte und dem sittlich Unbefleckten auch zu argem moralischen Verderben den Anlaß gäbe. Glaubt doch auch Zeller, Theophrast habe recht, wenn er im Sinne des Aristoteles jede Täuschung, welcher der Nus in diesem Leben verfällt, mit seiner Verbindung mit dem Leibe in Zusammenhang bringt; und Aristoteles selbst spricht in der Nikomachischen Ethik in klarem Worte aus, daß beim Ausschluß jeder Täuschung auch jede moralische Verirrung ausgeschlossen sei. Die Verlegenheit, die Aristoteles durch Aufgeben der für ihn ganz nutzlos gewordenen Präexistenzlehre sich ersparte, war also keine geringe, ja hätte sich, man darf sagen, zu einer für ihn geradezu unüberwindlichen gesteigert, während bei der Annahme, der Mensch sei bei seiner Erzeugung auch seiner noetischen Seele nach neu entstanden (wenn, wie ich sowohl in dieser Schrift, als in der {Schrift} *Aristoteles und seine Weltanschauung* nachgewiesen, ein unabhängiges Entstehen für den Nus gar nicht möglich war), seine zeitweilige Verbindung mit dem Leibe ohne alle Schwierigkeit teleologisch sich rechtfertigt.

der Sphären und Sphärengeister Aristoteles nicht hindert, sie verursacht zu denken. Und gerade auch hiefür hatte ihm Platon das Beispiel gegeben, indem er ebenso wie die göttliche niedere Welt auch die ewige Welt der Ideen durch die Gottheit, welche als unendlich vollkommen mit der höchsten Idee, der des Guten, zusammenfällt, bedingt sein läßt.[118] Ja, sie hätte nicht bloß nicht dazu führen *müssen*, sondern nach dem, was wir dargelegt, nicht einmal dazu führen können, wenn anders die Einheit der Weltordnung, welche Materielles und Immaterielles gleichmäßig umfaßt, noch möglich bleiben sollte. Die Abweichung von Platon wäre also hier von geradezu unermeßlicher Bedeutung. Und wir werden uns in dem Maß, in welchem uns eine Verwandtschaft der Lehren des einen und anderen Philosophen in den allerwichtigsten Beziehungen wahrscheinlich dünkt, von vornherein gegen eine solche Annahme sträuben.

Doch alles dieses Widerstreben müßte ein Ende haben, wenn es wahr wäre, daß, wie Zeller behauptet, der Nus schon im Samen des Vaters vorbestanden hätte; denn dann wäre wirklich eine Präexistenz, und somit, wie wir eben zugaben, auch eine ewige Präexistenz von Aristoteles gelehrt worden. Gerade diesen Punkt aber glaubt Zeller im Hinblick auf die platonische Lehre aufs neue wahrscheinlich machen zu können, indem schon Platon die noetische Seele zunächst in den Samen des Vaters habe eingehen lassen.

Lehrt aber Platon wirklich in den von Zeller zitierten Worten, was Zeller ihn hier lehren läßt? – Bei dieser Frage kommt alles darauf an, ob das Wort *γονή*, das bei Aristoteles zu einer Art terminus technicus für den männlichen Samen geworden ist, von anderen griechischen Schriftstellern aber gewöhnlich in anderer Bedeutung gebraucht wird, an dieser Stelle, die bei Aristoteles übliche Bedeutung habe oder nicht. Es wäre in der Tat, glaube ich, das einzige Mal, daß es in einem der echtplatonischen oder Platon imitierenden Dialoge in diesem Sinne verwendet wäre. In den Gesetzen (967d) gebraucht es Platon im Sinne von Erzeugung, und der pseudoplatonische Axiochus (371c) verwendet es zur Bezeichnung sprossender junger Pflanzen.

Der Verdacht, daß Zeller hier Platon mißverstanden habe, der schon hiedurch geweckt wird, zeigt sich aber auch, wenn wir auf den Zusammenhang achten, aufs vollkommenste bestätigt. So vor allem dadurch, daß im Phädrus *γονὴ ἀνδρός* und *φύσις θηρεία* einander gegenübergestellt werden; *γονή* und

---

118 Instruktiv ist hier auch die Stelle De caelo I, 10. 279, b, 84, wo Aristoteles sich mit jenen Anhängern Platons auseinandersetzt, welche nicht zugeben wollten, daß Platon auch nur die der körperlichen Welt von der Gottheit gegebene Ordnung in Wahrheit einen Anfang habe nehmen lassen. Nur der Übergang von Unordnung zu Ordnung wird hier als mit der Anfangslosigkeit unvereinbar verurteilt.

φύσις erscheinen hier wie gleichbedeutende Ausdrücke. Es wird ja doch einer nicht sagen wollen, Platon habe die Seele beim Eingang in einen Tierleib direkt in die tierische Leibesfrucht, bei der eines Menschen aber in den väterlichen Samen eingehen lassen. Und gerade auch da, wo er im Timäus vom Eingang der Seele in den menschlichen Leib spricht, wendet er den Ausdruck φύσις an, indem er nicht bloß wieder von φύσις ϑήρειος spricht, sondern dieser eine φύσις γυναικός zur Seite stellt. Daß der Ausdruck φύσις mit dem Ausdruck γονή nur, wenn dieser für Erzeugung oder Erzeugnis steht, nicht aber wenn er den männlichen Samen bezeichnet, gleichbedeutend sein kann, ist offenbar.

Noch mehr. Sowohl die Stelle des Phädrus als die des Timäus zeigt, daß das, worein die Seele zunächst gepflanzt wird, ein Körper ist, für den es nicht bloß bereits entschieden ist, ob er zur Bildung eines Menschen oder Pferdes oder anderen Tieres, sondern auch, ob er zu der eines Mannes oder Weibes führen werde. Schon das erstere hätte Platon nicht wohl annehmen können, wenn er mit γονή den männlichen Samen gemeint hätte, da der Same des Hengstes manchmal zur Erzeugung eines Maulesels führt. Noch viel unwahrscheinlicher aber ist es, daß er zwei besondere Arten von männlichem Samen, von denen der eine zur Erzeugung von Knaben, der andere zur Erzeugung von Mädchen diene, angenommen habe. Und jedenfalls würde ihn dies zu Aristoteles, dessen Lehre hier der platonischen verwandt erscheinen sollte, in den ausgesprochensten Gegensatz bringen. Nichts ist deutlicher, als daß dieser sich den Geschlechtsunterschied in eben dem Momente aussprechen läßt, in welchem die reifende Leibesfrucht ihre definitive substanzielle Form, die menschliche also die sie vollendende menschliche Natur erhält.[119] Vor diesem Augenblick ist die Verbindung der Seele mit dem Keime auch nach Platon nicht eingetreten; natürlich aber auch nicht später. Und so fällt denn schon nach Platon die Einpflanzung der noetischen Seele mit dem Augenblick zusammen, wo die menschliche Leibesfrucht zum wirklichen Menschen wird.

Will man dafür noch eine weitere Bestätigung, so kann sie der Vergleich mit der Weise, wie Platon die Weltseele in die Welt eingehen läßt, bieten. Auch hier hatte die Seele nach ihm schon bestanden, ehe irgend etwas von der Ordnung der sinnlichen Welt begann. Allein darum läßt sie Platon doch nicht in den chaotischen Zustand eintreten. Erst mußte die Wohnung für sie entsprechend hergerichtet sein, dann sollte sie von ihr bezogen werden. Sie

---

119 Vgl. De gen. anim. I, 18. 723, a, 33; II, 4. Anf. des Kap. Dafür, daß er im Samen nicht gegeben, vgl. auch noch Met. I, 9. 1058, b, 23.

wird recht eigentlich wie in einen für sie schon bestellten Garten eingepflanzt. Dem ist es nun ganz analog, wenn Platon, obwohl er die Seele des einzelnen irdischen Lebewesens dem Leibe präexistierend denkt, zu ihrer Aufnahme erst den Zeitpunkt abwartet, in welchem derselbe zur passenden Wohnung für sie eingerichtet ist; also daß sie nach ihm nicht schon in die Samenflüssigkeit, sondern erst in den vollendeten Fötus eintritt.

Und so kommen wir denn zu dem für Zeller, wenn er die Veröffentlichung dieser Abhandlung erlebt hätte, gewiß sehr überraschenden Resultat, daß, je mehr man auch der Übereinstimmung in bezug auf den Zeitmoment des Eintritts der noetischen Seele und dem Umstand, ob sie direkt in den Embryo oder zunächst in den Samen eingehe, Bedeutung beilegt, um so mehr unsere Auffassung des Aristoteles im Vergleich mit der seinigen jenen Vorteil der größeren Wahrscheinlichkeit zeigt, welcher ihr aus einer Verwandtschaft mit der platonischen erwachsen kann.

Noch eins. Zeller hat sich aufs heftigste dagegen gesträubt, den Ausdruck „göttlicher Samen" im Sinn von „gottgegebener Samen" zu deuten, obwohl, selbst wenn der Nus mit dem Samen des Vaters in die Katamenien einginge, er doch diesem von irgendwelcher höheren Ursache gegeben sein müßte. Die vegetative Kraft des Vaters kann doch nicht eine Herrschaft über einen von Ewigkeit für sich bestehenden Nus ausgeübt und ihn in jenen Überschuß von Nahrungsstoff, als welchen Aristoteles den körperlichen Samen bezeichnet, einzugehen gezwungen haben. Wer anders also als ein höheres Wesen war dafür das wirkende Prinzip? Aber auch hier ist es bemerkenswert, daß schon Platon die noetische Seele geradezu als Saat Gottes bezeichnet. Wir hörten ja oben, wie er im Timäus (42d) von dem Demiurgen sagt, er habe einen Teil von ihnen auf der Erde, einen Teil auf dem Monde und anderwärts *ausgesäet* (ἔσπειρεν).

VI.

Es bleibt uns nun noch übrig, unsere sechste und letzte These gegenüber den kritischen Bemerkungen, mit denen Zeller auch sie nicht verschont, zu rechtfertigen. Ich hatte gesagt:

„Bei den unmittelbaren Schülern des Aristoteles, Theophrast und Eudemus, lassen sich deutlich noch die Spuren derselben Lehre erkennen."

Von dieser These gilt natürlich Ähnliches wie von der fünften. Die eine so wenig als die andere kann einen neuen zwingenden Beweis abgeben und nur, weil in unserem Falle der richtigen Auffassung große Vorurteile entgegenstehen, wollte ich neben den strengeren Beweisen auch auf diese Art der Empfehlung nicht verzichten. Da, wo es sich um Platon gehandelt hatte, schien Zeller meine Absicht auch wohl zu begreifen. Hier dagegen, wo ich auf eine Übereinstimmung hinweise, welche wegen des bekannten treuen Festhaltens jener beiden Schüler an allen wichtigeren Lehren des Meisters gewiß keine geringere bestätigende Kraft haben kann, verweilt er zunächst in längerer Erörterung[120] dabei, daß diese These, wenn auch richtig befunden, nicht eigentlich ausschlaggebend sein könne. Doch im Gegensatz zu dem, was man hienach erwarten möchte, will er dann auch in den Aussprüchen, die ich aus Theophrast und Eudemus erbringe, nur neue Bestätigungen seiner Auffassung finden.

1. Bezüglich des Theophrast bemerkt er:

> Was er bei Themistius über den Ursprung der menschlichen Vernunft sagt, stimmt mit der aristotelischen Ansicht, wie sich uns diese im obigen ergeben hat, überein. Theophrast wirft hier die Frage auf: *ὁ δὲ νοῦς πῶς ποτε ἔξωθεν ὢν καὶ ὥσπερ ἐπίθετος ὅμως συμφυής*; und er antwortete darauf: *ἀλλὰ τὸ ἔξωθεν ἄρα οὐχ ὡς ἐπίθετον, ἀλλ' ὡς ἐν τῇ πρώτῃ γενέσει συμπεριλαμβανόμενον θετέον* {Themistius 1899, 107.31, 35}; das heißt: der Nus komme nicht erst zu dem fertigen Menschen hinzu, sondern trete schon beim ersten Beginn seiner Entstehung unter die Elemente ein, aus denen er sich bildet; und diese Äußerung beweist, daß Theophrast die oben (S. 1042 u. 1053) als aristotelisch und platonisch nachgewiesene Annahme teilt, nach der er gleich mit dem Samen in den Fötus übergeht [...] und wie Brentano ({1883,} S. 34) behaupten kann, die Präexistenz des Nus werde von ihm „deutlich geleugnet", ist mir unverständlich.[121]

Ich stimme Zeller darin bei, daß er die Gründe, die mich zu dieser Behauptung führen, nicht zu verstehen fähig ist. Er hat eben Theophrast selbst, sowohl hinsichtlich des Sinnes einzelner Ausdrücke, als auch hinsichtlich der Bedeutung der ganzen von ihm aufgeworfenen Aporie und des Gedankens, in dem er die Lösung der Schwierigkeit findet, mißverstanden, obwohl ich das alles deutlich zu machen Sorge getragen hatte.

Vor allem ist bei ihm die Übersetzung von *συμπεριλαμβανόμενον* zu beanstanden. Dasselbe heißt „mitbegriffen", „mitbeschlossen", ähnlich wie das bei Aristoteles De gen. anim. II, 3. u. ö. gebrauchte *ἐμπεριλαμβανόμενον* „inbegriffen", „darin beschlossen" bedeutet.[122] Um die Bedeutung zu haben,

120 a. a. O. S. 1053 f.

121 a. a. O. S. 1054.

122 Das *συμπεριλαμβανόμενον* unterscheidet sich von jenem *ἐμπεριλαμβανόμενον*

die Zeller ihm gibt, müßte es vielmehr *συμπαραλαμβανόμενον* heißen, welchen Ausdruck wir De an. I, 2. 403, b, 22 in diesem Sinne gebraucht finden. Auch die Ausdrücke *ἐπίθετος* und *ἐν τῇ πρώτῃ γενέσει* mißdeutet er, indem er in dem *ἐπί* und *πρώτῃ* eine Beziehung auf die Zeit des Eintretens erblicken will. In dem *ἐπεισιέναι* De gen. anim. II, 3. finden wir dasselbe *ἐπί*; dort aber hütet sich Zeller selbst sehr wohl, es auf die Zeit zu beziehen, indem es dann seine Auffassung geradezu widerlegen würde. Und unter *πρώτη γένεσις* versteht Platon im Phädrus nicht den Anfang der *γένεσις*, sondern die erste *γένεσις* im Gegensatz zu einer zweiten Erzeugung, welche die schon früher einmal mit einem Leibe verbundene Seele abermals erfährt. Namentlich das *συμπεριλαμβανόμενον* im Sinne von *συμπαραλαμβανόμενον* zu deuten, dürfte schlechterdings unstatthaft sein.

Doch viel wichtiger ist es, daß die ganze Argumentation des Theophrast durch die Weise, wie Zeller die Worte deuten will, alle ihre Kraft verlöre. Denn was die von mir beanstandete Übersetzung des *συμπεριλαμβανόμενον* anlangt, könnte einer, da es selbst durch eine Korrektur an die Stelle des uns überlieferten *συμπεριλαμβάνον* getreten ist, sich schließlich zu einer noch weiter gehenden Abänderung des Textes entschließen und es durch *συμπαραλαμβανόμενον* ersetzen. Aber man beachte doch, um was es sich handelt! Theophrast hebt hervor, daß der Nus des Menschen zu seiner Natur gehörig, daß er dem menschlichen Leibe *συμφυής* sei, und er fragt, wie dies damit sich vereinigen lasse, daß er von außen (*ἔξωθεν*) und wie hinzugesetzt (*ὥσπερ ἐπίθετος*) sei, d. h. wie etwas, was zu einem anderen hinzugefügt worden ist, ohne zu ihm irgend welche verwandtschaftliche Beziehung zu haben. Und die Lösung der Schwierigkeit soll darin liegen, daß zwar an dem „von außen", dem *ἔξωθεν*, festgehalten, aber das *ἐπίθετον* geleugnet wird. So weit ist auch Zeller mit mir einig; er meint aber, zu dieser Leugnung komme man bereits, wenn man annehme, der Nus habe zwar von Ewigkeit als ein Ding für sich vorbestanden, sei aber statt im Augenblick, in welchem sich die embryonale Entwicklung vollendete, in dem, in welchem sich der Same bildete, aufgenommen worden. Ich frage nun, konnte hierin wirklich Theophrast eine Lösung der Aporie sehen? – Eines ist doch wohl jedenfalls klar, nämlich daß der Nus in den Samen wenigstens als ein *ἐπίθετον* und darum durchaus nicht als ihm *συμφυής* hineingekommen wäre. Und wie sollte dann seine vorgängige Anwesenheit in ihm irgendwie dazu dienen, begreiflich zu machen, daß er, der unabhängig von Ewigkeit bestehende und von dem Samen in gar keiner Weise modifizierte, wie auch um-

---

nur dadurch, daß es auch das Verhältnis zu anderem, was inbegriffen ist und nicht bloß das zu dem, worin es begriffen ist, andeutet.

gekehrt keinen Einfluß auf ihn übende, zur Natur des durch den Samen und das in ihm enthaltene πνεῦμα in den Katamenien aufzubauenden Gebildes gehören werde?[123] Als etwas ganz Fremdes ist er in den Samen gekommen, und was er damals gewesen, ist er geblieben, während nur der Samen, nachdem er sich vegetativ betätigt hat, in dem Neugebilde eine Auflösung erfährt. Der körperliche Samen wie die Katamenien stammten auch von etwas, was selbst die menschliche Natur hatte, und so begreift sich leicht, daß, was durch sie entsteht, so weit es sich aus ihnen entwickelt, zur gleichen menschlichen Natur gehörig ist, und so denn auch bei der vegetativen und sensitiven Seele des Erzeugten, welche durch die Fortentwicklung des Embryo selbst ihren Anfang nehmen. Aber nicht so beim Nus, der nicht durch Entwicklung aus der Materie in den Fötus hineinkommt; und das eben ist, was Aristoteles De gen. anim. II, 3. als θύραθεν hineinkommend bezeichnet hatte und Theophrast hier als ἔξωθεν ὢν bezeichnet. Aber ein doppeltes ἔξωθεν war nach dem, was wir früher erörterten,[124] denkbar; eines, welches ein schon früher ohne jede Beziehung zum Leib Bestehendes in die Verbindung mit der Leibesfrucht brachte, und ein anderes, welches den Menschen durch schöpferische Mitwirkung der Gottheit den Nus als Teil der menschlichen Seele seinen Anfang nehmen ließ. Er war dann nicht durch Entwicklung aus der Materie hervorgegangen, aber doch für das Produkt dieser Entwicklung von vornherein bestimmt; und seine Zugehörigkeit zur selben Natur erscheint darum noch ebenso begreiflich, als wenn er, wie die vegetative und sensitive Seele, von innen stammte. So ist es denn aus inneren Gründen geboten, das συμπεριλαμβανόμενον, welches sagt, daß der Nus in der Erzeugung des Menschen mitbegriffen sei, d. h. daß der Mensch bei seinem Entstehen nicht bloß seinen leiblichen Gliedern und seiner vegetativen und sensitiven Seele nach, welche durch die Entwicklung aus der Materie ihren Anfang nehmen, sondern auch seinem noetischen Teile nach, von welchem dies nicht gilt, neu entstehe, daß also der Nus nicht minder als die anderen in dem Werdeprozeß begriffen sei, festzuhalten.

Es ist hier der Ort, nachträglich auf eine an früherer Stelle gemachte Bemerkung Zellers Rücksicht zu nehmen, die ich, da sie nicht polemisch gegen mich gerichtet war, zunächst hatte übergehen können. S. 1050 sagt er von Aristoteles zur Zeit seines reiferen Philosophierens: „Seine Auffassung der Seele und ihres Verhältnisses zum Leibe verbot ihm die Vorstellung, daß die Seele, welche die Entelechie eines Leibes von dieser bestimmten Beschaffenheit ist, die eines anders beschaffenen werden könnte: die Seelenwanderung mußte aufgegeben

123 Vgl. dazu das oben S. 56 Gesagte.

124 Vgl. oben S. 50 f.

werden." Zeller will es also hier als eine Unmöglichkeit darstellen, daß ein Nus, welcher einmal mit einem menschlichen Leibe von individuell bestimmter Beschaffenheit zur selben Natur gehört hat, auch mit einem menschlichen Leibe von anderer Beschaffenheit in ein gleich inniges Verhältnis trete. Warum aber dies? Hat die frühere Verbindung eine bleibende Veränderung in ihm zurückgelassen? Oder ist ein Nus von Ewigkeit her gerade nur *einer* individuell bestimmten Leibesbeschaffenheit angepaßt? – Das erste erscheint ausgeschlossen; in dem zweiten dagegen läge doch gewiß eine ganz merkwürdige Zusammenstimmung eines von Ewigkeit bestehenden reinen Geistes mit einer gewissen im Lauf der Zeit nur einmal auftretenden Kombination der Elemente. Nicht durch die Aufnahme im Samen wäre dieselbe ja dem Nus gegeben worden und nicht durch den Aufenthalt in den Katamenien während der Entwicklung des Fötus; denn in solchem Falle würde der Nus kein Hindernis finden, in andere Samen und in andere Katamenien eingehend, die Fähigkeit zur natürlichen Zugehörigkeit zu einem anderen Leibe zu erwerben. Doch es finden sich bei Zeller Äußerungen, aus welchen es sich ersehen läßt, daß er hierauf erwidern würde, der Nus eines Menschen habe nach Aristoteles zwar von Ewigkeit vorbestanden, sei aber damals noch gar kein individueller Nus, sondern nur als etwas Allgemeines für sich bestehend gewesen. Seine Individualität empfange dieses Allgemeine erst bei seiner Verbindung mit der Natur eines Menschen. Aber welche Ungeheuerlichkeit läge hierin! Welcher Widerspruch, insbesondere auch gerade gegen die überzeugtesten Überzeugungen eines Philosophen, der nichts heftiger als den realen Bestand eines Universale als Universale bekämpft! Doch das Verkennen der schöpferischen Kraft, welche Aristoteles seiner Gottheit zweifelsohne zuschrieb, läßt Zeller ja nicht bloß an dieser Stelle das System des Philosophen zu einem Konglomerat von Widersprüchen werden.[125]

125 Es ist klar, daß, da der Mensch im Augenblick des Todes nur dem Leibe nach korrumpiert, der noetischen Seele nach aber keine substanzielle Umwandlung erfährt, der Nus des einzelnen Menschen noch ferner jene individuelle Besonderheit behält, welche ihn im Unterschied von allen anderen zur Vereinigung mit diesem individuellen Menschenleibe tauglich macht. So zeigen sich denn die abgeschiedenen menschlichen Nus noch individuell verschieden in Rücksicht auf die individuelle Verschiedenheit der Leiber, mit denen sie vereinigt waren und denen sie bei ihrer Schöpfung selbst zugeordnet worden sind. Zugleich aber zeichnet sie gemeinsam das vor anderen reinen Geistern aus, daß sie eine natürliche Hinordnung zu irgendwelchem menschlichen Leibe besitzen. Und in Rücksicht auf die spezifische Übereinstimmung dieser menschlichen Leiber kann man in gewissem Sinne von einer ihnen auch nach dem Tode verbleibenden Gleichheit der Spezies sprechen, während sonst von ihnen wie von allen reinen Geistern, die keine natürliche Hinordnung zur Verbindung mit einem

So haben wir denn gesehen, wie Zeller nur durch eine vollständige Mißdeutung der Worte Theophrasts sie als im Einklang mit seiner Auffassung der aristotelischen Lehre von der intellektiven Beseelung darstellen konnte, da sie, richtig verstanden, nicht für, sondern gegen den Vorbestand des Nus sprechen.

Befremdlicher noch ist die Weise, wie er in seiner *Philosophie der Griechen* bei der Besprechung des metaphysischen Fragments von Theophrast zu dem Ergebnis kommt, daß derselbe ganz mit Aristoteles (und natürlich mit dem, wie Zeller ihn darstellt), im Einklang sei. Denn da finden sich Stellen, die noch unverkennbarer gegen seine Auffassung zeugen, wie denn z. B. Theophrast dort die Gottheit als *τὸ πρῶτον θειότατον πάντα τὰ ἄριστα βουλόμενον* {Theophrastus 1890, II. 4} bezeichnet. Gewiß war sie also nach Theophrast nicht etwas, was keine Vielheit von Dingen denkt noch will. Wie also kommt Zeller unter solchen Umständen dennoch zu jenem Ergebnis? – Ich bedaure, es sagen zu müssen: nur dadurch, daß er bei seinem Referate die betreffenden Stellen einfach ausschaltet.[126]

Soviel über die Übereinstimmung mit Theophrast.

2. Was Eudemus anlangt, hatte ich mich auf eine Stelle der Eudemischen Ethik bezogen, welche meiner Erklärung des fünften Kapitels im dritten Buche von der Seele zur Bestätigung dient. Hier und dort wird von dem wirkenden Prinzip unseres Erkennens gesprochen, und da im fünften Kapitel des dritten Buches von der Seele der *νοῦς ποιητικός*, im vierzehnten Kapitel des siebenten Buches der Eudemischen Ethik aber Gott als solches bezeichnet wird, so haben dies manche Ausleger als einen Beweis dafür betrachtet, daß diejenigen Recht gehabt hätten, welche schon in älteren Zeiten den *νοῦς ποιητικός* mit der Gottheit identifizierten. Bei genauerer Beachtung findet man aber, daß dies unmöglich ist. Der *νοῦς ποιητικός* wird ja De an. III, 5.

Leibe haben, gesagt werden müßte, daß nicht mehrere von einer Spezies existieren könnten, vielmehr jeder vom anderen der Art nach verschieden sei. Hiedurch erledigt sich ein, wenn nicht von Zeller, doch von anderer Seite, neuerlich erhobenes Bedenken dagegen, daß nach Aristoteles der Nus des Menschen bei seinem Tode anders als in bloßer Allgemeinheit erhalten werde. Es sei zugleich auch noch bemerkt, daß, wenn Aristoteles von den reinen Geistern, welche die Sphären bewegen, glaubt, daß jeder von anderer Spezies sei, er auch hier nicht der Meinung ist, sie seien nicht wahrhaft Individuen, sondern nur, sie seien, weil vollkommen und bis zur letzten Differenz intelligibel, durch ihre letzte Differenz nicht bloß individualisiert, sondern auch spezifiziert.

126 Ich machte darauf aufmerksam, daß *ἐν τῇ πρώτῃ γενέσει* bei Platon auf die erstmalige Verbindung der Seele mit dem Leibe geht. Von Theophrast ist nicht anzunehmen, daß er an eine mehrmalige Verbindung geglaubt habe. Doch da wir in dieser Stelle nur ein Fragment aus seiner Physik besitzen, so wäre es denkbar,

430, a, 15 als eine ἕξις, also als eine akzidentelle Form der Seele charakterisiert. Doch an einer späteren Stelle desselben Kapitels wird allerdings von einem wirkenden Prinzip gesprochen, welches, ewig wirklich erkennend, allem Wissen, das bald in Möglichkeit bald in Wirklichkeit ist, als erstes wirkendes Prinzip vorangehe. So schwer es sich verkennen läßt, daß mit diesen Worten auf die Gottheit hingewiesen wird, so hatte Zeller diese Deutung doch nicht recht gelten lassen wollen. Und da ist es denn eine willkommene Bestätigung, daß Eudemus, indem er das erste Prinzip einfach mit Namen nennt, jede Ausflucht kurz abschneidet. Es war auch leicht zu zeigen, daß, wenn der *νοῦς ποιητικός* als nähere, die Gottheit aber als erste wirkende Ursache unseres Erkennens dargestellt wird, Gott als die Ursache für den *νοῦς ποιητικός* und die Natur unseres intellektiven Teiles überhaupt erscheint, und daß er, da dieser immateriell ist, als schöpferische Ursache dafür gedacht werden muß.

Hören wir nun, was Zeller dagegen bemerkt. Nach einem kurzen, nicht eben sehr lichtvollen Bericht über meine Argumentation fährt er S. 1054 fort: bei Eudemus „handelt es sich nicht um den Ursprung des Nus, sondern um die Frage nach dem Prinzip, durch welches die Seele in Bewegung gesetzt wird.“ Doch

> wenn Eudemus sagt, in letzter Beziehung sei es Gott, der unsere Seele bewegt, so soll dies (nach Brentano) nur bedeuten können: er bewege die Seele, wiefern er den Nus geschaffen habe, der sie bewege. Aber warum denn gerade dieses und nur dieses? Bewegen heißt doch nicht hervorbringen. Gott bewegt unsere Seele, wenn er ihre Tätigkeit hervorruft. Dies würde er aber dadurch, daß er ihren vernünftigen Teil geschaffen hat, noch nicht tun; damit hätte

---

daß in dem, was der Stelle vorausgeht, über die Frage nach dem Vorkommen einer Palingenese noch nichts entschieden war. Sie könnte ja nach Aristoteles, wenn es je wieder zu derselben materiellen Vorbereitung käme, für welche der Nus, als er den Anfang nahm, bestimmt war, an und für sich recht wohl stattfinden, und außer der Unwahrscheinlichkeit, die in der Wiederkehr einer so genau übereinstimmenden Kombination erblickt werden müßte, spricht dagegen nur die zuvor von uns berührte Erniedrigung, die er, nach Aristoteles ganz ebenso wie nach Platon, bei seiner Rückkehr in die Körperwelt erfahren würde. Doch Theophrast konnte auch ohne Rücksicht auf eine denkbare zweite Geburt von der Erzeugung im engeren Sinne als einer ersten sprechen, nicht bloß an und für sich, weil ihr keine vorhergeht, sondern auch im Hinblick auf jene Art von Regeneration, welche der menschliche Leib, wie schon Platon öfter hervorhebt, während des Lebens fort und fort erfährt. In dieser Regeneration, welche auch Aristoteles einmal als *γένεσις* bezeichnet (vgl. Hist. anim. VII, 1. 581, a, 1), haben wir natürlich, so wenig als es bei der eigentlichen Palingenese der Fall sein würde, eine Erzeugung, welche den Nus mitbetrifft.

er ihr die Bedingungen ihrer Tätigkeit gegeben, aber diese selbst noch nicht bewirkt. Daß er die Seele bewege, kann Eudemus nur dann sagen, wenn er der Meinung ist, sie erhalte durch ihn den Anstoß zu ihrer Tätigkeit. {Ebd., S. 1055}

Ich antworte: das Bedenken, das Zeller hier erhebt, erledigt sich ohne weiteres, sobald man nur nicht aus dem Auge verliert, was Aristoteles über die wirkende Ursache natürlicher Bewegungen lehrt, und sich klar macht, daß es sich gerade auch in unserem Falle um eine natürliche Bewegung handelt. Eine natürliche Bewegung soll nach Aristoteles die des Feuers nach oben, die der Erde nach unten sein; als wirkende Ursache derselben gilt ihm aber, wenn man nach der eigentlichen Ursache (der Ursache per se, nicht per accidens) fragt, das, was dem betreffenden Körper die Natur gibt, indem es ihn erzeugt. Wir haben davon schon im früheren gesprochen und haben es dazu benutzt zu zeigen, daß, da auch die rotierende Bewegung einer Himmelssphäre nach des Aristoteles ausdrücklicher Erklärung ihr ebenso natürlich ist wie dem Element des Feuers die Bewegung nach oben und dem Element der Erde die Bewegung nach unten, hieraus aufs klarste hervorgeht, daß der Geist, der nach ihm für die Sphäre die Ursache der rotierenden Bewegung ist, von ihm auch als die Ursache ihrer Substanz angesehen wird. Dem Begriff der Bewegung wird nun hier von Eudemus, wie öfter (wir haben es gesehen) auch schon von Aristoteles, das Erkennen untergeordnet und gewiß nicht, um sie zu gewaltsamen, sondern zu den natürlichen Bewegungen zu zählen. Erklärt doch Aristoteles in den Anfangsworten der Metaphysik, daß alle Menschen von Natur nach dem Wissen begehren (*πάντες ἄνθρωποι τοῦ εἰδέναι ὀρέγονται φύσει*) und vergleicht im achten Buch der Physik (Kap. 4. 255, b, 2 ff.) den Vorgang beim Erkennen mit dem Vorgang bei der natürlichen Bewegung der Elemente. An jeden intellektuellen Habitus, sagt er, knüpfe sich als Folge die Bewegung des betreffenden Erkennens, wie an die Natur der Elemente die betreffende örtliche Bewegung, und so trete denn auch die eine wie die andere ohne weiteres ein, sobald (was durch eine Ursache der Bewegung per accidens geschieht) die etwa vorhandenen Hindernisse beseitigt werden. Wie dies von den erworbenen Habitus gilt, so von der nicht erworbenen, sondern von Anfang an inwohnenden *ἕξις* des *νοῦς ποιητικός*. Daher denn auch die von Aristoteles De an. III, 4. 430, a, 5 und von Theophrast in dem schon erwähnten auf den *νοῦς ποιητικός* bezüglichen Bruchstück der Physik erhobene Frage, welchen Hindernissen es denn zuzuschreiben sei, daß wir nicht immer denken. Ist es nun aber gewiß, daß Aristoteles das Erkennen nicht minder als die Bewegung der Elemente und die Rotation der Sphären zu den natürlichen Bewegungen gerechnet hat, so zeigt sich, daß die Gottheit, indem sie für das wirkende Prinzip des Erkennens des Nus, eben dadurch auch für seine Ursache der Substanz nach erklärt wird; und an der Berechtigung dessen, was ich gesagt habe, ist darum nicht mehr zu zweifeln.

Doch Zeller will seine Behauptung, daß Eudemus hier nichts gesagt habe, was darauf hindeute, daß Gott den Menschen seinem intellektiven Teile nach schöpferisch hervorgebracht hat, auch noch durch den Vergleich mit einer anderen Stelle der Eudemischen Ethik bestätigen. Geben wir ihm also nochmals das Wort. „Und daß dies seine Meinung ist", sagt er,

> läßt sich um so weniger bezweifeln, da er uns c. 15. 1249, b, 7 ff. auch sagt, in welcher Weise Gott die Seele bewege. Wie alles, lesen wir hier, so müsse auch der Mensch seiner *ἀρχή*, dem ihn Beherrschenden nachleben. Diese sei aber ein doppeltes: wie der Kranke teils von der Heilkunst beherrscht werde, die ihm gebietet, was er zu tun hat, teils von der Gesundheit, als dem Zwecke, dem die Heilkunst dient, so verhalte es sich auch beim Erkennen. Gott beherrsche den Menschen nicht, indem er ihm Befehle erteile, sondern indem er das sei, um dessen willen die Vernunft befiehlt (*οὐ γὰρ ἐπιτακτικῶς ἄρχων ὁ θεός, ἀλλ' οὗ ἕνεκα ἡ φρόνησις ἐπιτάττει* {b, 13}). Gott bewegt also den Nus und durch ihn die Seele, wiefern er als der höchste Gegenstand des Erkennens die Tätigkeit der Vernunft hervorruft, welche ihrerseits unser ganzes Verhalten beherrscht, indem sie (nach 1249, b, 16 f.) den Wert oder Unwert unserer Handlungen nach ihrem Verhältnis zur Gotteserkenntnis beurteilt. Dies stimmt aufs beste zu dem aristotelischen Satze, daß das Denkende von dem Gedachten bewegt werde; wie es auch mit der aristotelischen Lehre über die Bewegung der Welt durch die Gottheit (s. o. S. 1051, Anm. 2) übereinstimmt, daß Gott die Seele nach Eudemus ebenso bewegt wie das Weltganze, denn in beiden Fällen bewegt er, indem er als das *οὗ ἕνεκα* die Bewegung hervorruft. Aber von einer Erschaffung des menschlichen Geistes durch die Gottheit findet sich hier so wenig wie dort eine Spur. {a. a. O., S. 1055}

Ich antworte: hier reiht sich Mißverständnis an Mißverständnis, und wenn wir diese, eines um das andere, nachgewiesen und behoben haben werden, so wird jeder leicht erkennen, daß die Weise, wie Zeller diese Stelle zu der vorigen, beträchtlich davon abstehenden in Beziehung bringen will, ganz unstatthaft ist.

Vor allem hat Zeller unrecht, wenn er sagt, Eudemus lehre hier, es „müsse der Mensch seiner *ἀρχή*, dem ihn Beherrschenden, nachleben". {Ebd.} Nicht von einem *Müssen*, von einem *Sollen* ist die Rede. Ist es doch kein Muß, sondern nur ein Soll, den Vorschriften der Ethik nachzuleben, und so denn auch nicht ein Muß, sondern ein Soll, das theoretische Leben und insbesondere die Betrachtung des Göttlichen über alles wert zu halten und sein ganzes Leben zur bestmöglichen Erreichung dieses Zieles einzurichten. Das aber ist es, worum es sich im fünfzehnten Kapitel des siebenten Buches der Eudemischen Ethik handelt. Eudemus verweilt hier nämlich, ähnlich wie es auch die Magna Moralia I, 35. 1198, b, 8–20 tun, bei einer Frage, die Aristoteles selbst im sechsten Buche der Nikomachischen Ethik, wo er die intellektiven Tugenden und insbesondere die *φρόνησις* und die *σοφία* in bezug auf ihre Würde vergleicht, bespricht. Es könnte einer meinen, die *φρόνησις* sei höher zu stellen, weil sie durch ihre Vorschriften all unser Tun zu regeln hat. Doch wenn sie in dieser, so ist in einer anderen Weise die *σοφία* das, was in letztem Betracht maßgebend sein soll. Lehrt uns doch die *φρόνησις* die Weisheit über alles lieben, sie in allem zum letzten Ziel unserer Bestrebungen machen. So ist denn, wo die *φρόνησις* als etwas, was Vorschriften gibt, die Weisheit als das, zu dessen Erreichung sie gegeben werden, maßgebend. Das aber ist die Glückseligkeit selbst, während die Erkenntnis der Vorschriften nur als ein Mittel zur Erreichung der Glückseligkeit erscheint. Und so ist denn die Frage nach dem relativ höheren Wert zugunsten der Weisheit zu entscheiden.

Diese Lehre, die bei Aristoteles und auch in den Magna Moralia in einer Weise ausgesprochen wird, die jedes Mißverständnis ausschließt, gibt uns nun Eudemus in einer Fassung, die, wie das Beispiel von Zeller zeigt, zu Mißdeutungen führen kann. Weil die Weisheit darin besteht, Gott als erstes Prinzip aller Dinge zu erkennen und sie aus ihm als letztem Grunde zu begreifen, so sagt er im selben Sinne, wie Aristoteles lehrt, daß die Weisheit als letztes Ziel maßgebend sein solle, Gott habe als *οὗ ἕνεκα* unser ganzes Leben zu beherrschen. Zeller bemerkt nicht, daß es sich hier um ein Beherrschen handelt, das nur bei den Edelsten und Besten und auch bei diesen vielleicht nicht durchwegs gefunden wird, und konfundiert es daraufhin mit einem Einfluß, den die Gottheit durch ihre Vollkommenheit auf alle Dinge in jener unbewußten Weise üben soll, die Zeller dem aristotelischen Gotte zuschreibt, während Aristoteles selbst, wie wir sahen, sie als ein leeres Gerede verdammt. Jenes Begehren der ganzen Natur nach Gott, zu welchem gewiß auch das natürliche Begehren des Menschen nach dem Wissen gehört, von dem der Anfang der Metaphysik spricht, ist ja nichts anderes als ein Hingeordnetsein durch den Verstand und Willen des göttlichen Werkmeisters. Wir sehen in dem neuen Mißgriff, den Zeller bei der Interpretation des Eudemus macht, vor dem freilich ein Vergleich mit den Parallelstellen ihn noch hätte schützen können, zu was für weiteren Verwirrungen eine falsche Auffassung dieses allgemein maßgebenden Gedankens zu führen droht.

Und was bekommen wir nicht auch sonst noch Erstaunliches zu hören! Zeller sagt: „Gott bewegt also den Nus und durch ihn die Seele, wiefern er als der höchste Gegenstand des Erkennens die Tätigkeit der Vernunft hervorruft [...].“ {a. a. O. S. 1055} Dies ist so wenig richtig, daß vielmehr nach Aristoteles die Gottheit für unsere Vernunft, so lange wir das irdische Leben führen, niemals Gegenstand wird; vielmehr läßt er den Verstand alle νοητά, die er außer sich erfaßt, in den Phantasmen erfassen, und es ist klar, daß von diesen der Gottesgedanke nicht abstrahiert werden kam. Würde es zu einer Tätigkeit der Vernunft erst dadurch kommen, daß Gott für sie Gegenstand wird, so könnte dieselbe in diesem Leben niemals einen Anfang nehmen. Und wenn es auch nach Aristoteles, wie wir gesehen haben, etwas anderes ist, nicht Gegenstand der Erkenntnis und gar nicht erkannt zu sein, so ist es doch klar, daß auch jenes Erkennen Gottes, zu dem wir schon auf Erden gelangen können, wenn auch ein Erkennen der an sich ersten Wahrheit, keineswegs für uns das erste Erkennen ist, da es vielmehr nach dem Satze, daß die Ordnung der Erkenntnis des an sich und des für uns Früheren und Späteren sich umgekehrt zueinander verhalten, relativ spät eintritt. Und so müssen wir uns denn auch wohl hüten, seinen Einfluß mit dem, welcher im fünften Kapitel des dritten Buches von der Seele der Gottheit als wirkendem Prinzip alles Erkennens zugeschrieben wird, zu konfundieren.

Noch eines. Zeller trägt, wie wir sehen, die ganze Lehre von dem Wirken Gottes, das unbewußt stattfinden und eigentlich nur darin bestehen soll, daß anderes sich begehrend ihm zuwendet, zum Behufe der Erklärung von Eth. Eudem. VII, 14. auch in Eudemus hinein. Dem gegenüber darf ich nicht unerwähnt lassen, daß auch außer der von mir zu besonderem Zwecke angezogenen Stelle noch vieles andere in der Eudemischen Ethik sich findet, was im allgemeinen mit der Gotteslehre des Zellerschen Aristoteles nicht stimmt. Vor allem muß schon das auffallen, daß gerade solche Stellen, welche, da sie expressis verbis von einer Providenz Gottes sprechen, nach Zeller von Aristoteles nicht ernst gemeint sein sollen, bei Eudemus wiederkehren. Nimmt auch dieser sie nicht ernst? – Dies annehmen, hieße nicht bloß eine Übereinstimmung in den Lehren, sondern auch in den schriftstellerischen Unarten dem Schüler in bezug auf den Meister zuschreiben. Ich füge hinzu, daß dieselbe Seltsamkeit auch dem Verfasser der Magna Moralia eigen genannt werden müßte. Nehmen aber diese beiden treuen Anhänger die Lehre ernst, so spricht dies gewiß aufs neue dagegen, daß sie bei Aristoteles selbst nicht der treue Ausdruck seiner Überzeugung war.

Ferner finden wir Eudemus von einer θεία εὐτυχία sprechen; was aber ist unter dieser von Gott empfangenen und doch zufälligen Glücksgabe zu denken? – Damit, daß sie zufällig genannt wird, ist gesagt, daß sie nicht aus einem eigenen natürlichen Begehren nach der Gottheit stammt. Wenn sie nun trotzdem als gottentstammt bezeichnet wird, so ist unter dem „von der Gottheit empfangen werden" notwendig etwas anderes zu denken als „ein durch natürliches Begehren nach der Gottheit dazu Gelangen".

Endlich verrät sich bei Eudemus noch ganz besonders eine Neigung, außerordentliche und wunderbare Eingriffe Gottes in unser Seelenleben anzunehmen, worauf man oft als auf eine Eigenheit, die ihn von Aristoteles scheide, aufmerksam gemacht hat. Der Umstand, daß solche angebliche wundersame Auszeichnungen gerade Minderwertigen in besonders reicher Zahl zuteil werden würden, der Aristoteles (De divinat.) abhält, den Berichten zu glauben, beirrt ihn nicht. Die Differenz, die hier bestehen mag, würde aber zu einem klaffenden Abgrund vertieft und erweitert, wenn Aristoteles nicht bloß nicht an jene besonderen wunderbaren Eingriffe, sondern überhaupt nicht an eine Werktätigkeit Gottes geglaubt hätte. Und so haben wir denn in Eudemus wie in Theophrast nicht bloß im besonderen, was die Entstehung des Nus anlangt, sondern auch im allgemeinen eine Bestätigung dafür, daß die ganze Auffassung Zellers vom Denken und Wirken des aristotelischen Gottes falsch ist.

Ich habe aufs neue in eingehendster Untersuchung bei der Sicherung des aristotelischen Kreatianismus verweilt. Es geschah dies im Bewußtsein der Wichtigkeit der Aufgabe. Wer hier die Lehre des Aristoteles mißversteht, der ist so wenig imstande, sich von seiner Weltanschauung in ihren wesentlichsten Zügen eine auch nur annähernd entsprechende Vorstellung zu bilden als von der Platons, wenn er bei diesem die Lehre von der Präexistenz der Seele aus dem Systeme ausschaltet. Wie man jetzt gewöhnlich die Metaphysik des Aristoteles darstellt, erscheint sie als ein verworrener Knäuel von Widersprüchen. Wer aber in unserer Frage das richtige Verständnis gewonnen hat, der wird wohl vorbereitet sein, seinen ganzen großartig angelegten Optimismus, der hinter dem unseres Leibnitz an Konsequenz und Schönheit keineswegs zurücksteht, sich anschaulich zu machen. Und er wird dann auch vielleicht begreifen, wie Aristoteles sich durch diese Erkenntnis der höchsten Glückseligkeit, deren das menschliche Leben überhaupt fähig ist, teilhaft glauben konnte.

Im Gegensatz zu denen, welche den Ergebnissen meiner Forschungen auf dem Gebiete der aristotelischen Metaphysik Beifall spendeten oder sie als Gegner einer ernsten Beachtung wert hielten, hat jüngst ein vielgelesener historisch-philosophischer Schriftsteller ihnen „Methodenlosigkeit" zum Vorwurf gemacht. Wer indes jene früheren oder auch diese neue Arbeit mit Aufmerksamkeit liest, dürfte es ihnen zuerkennen, daß sie keines der Mittel, über welche die vorgeschrittenste historische Methode verfügt, vernachlässigt haben. Ja, ich schmeichle mir, in bezug auf Kritik der Texte, Erklärung vieldeutiger Ausdrücke, Berücksichtigung des Zusammenhangs, Vergleich der Parallelstellen sowie der Lehren von Vorgängern und unmittelbaren Schülern mehr Sorgfalt bewiesen zu haben als je ein anderer vor mir. Nur von *einem* Mittel habe ich keinen Gebrauch gemacht (und gerade in dieser Unterlassung will man das Tadelnswerte finden), nämlich von dem, die scheinbaren Widersprüche des Aristoteles dadurch beheben zu wollen, daß ich zwischen solchen Stellen unterschied, in welchen er seine wahre Meinung ausspricht, und solchen, in welchen er in der gewissenlosesten Weise, sei es, um ein dialektisches Spiel zu treiben, sei es, um einer gegnerischen Meinung gegenüber bestehende Vorurteile auszunützen, sie verschleierte und fälschte. Ich glaube aber, daß der Erfolg selbst mich rechtfertigt, wenn ich dieses Mittel verschmähte, indem ich ohne die absonderliche Hypothese, die einem solchen Verfahren zugrunde liegt, den Einklang herzustellen vermocht habe. Freilich kann es, wenn man die Rätsel, an welchen die aristotelischen Schriften so reich sind, lösen will, ohne die Bildung von Hypothesen nicht abgehen, und wie bei der Forschung auf anderen Gebieten der Wissenschaft wird dabei die Kühnheit der Hypothese kein Vorwurf sein, wenn nur dann bei ihrer Verifikation eine Behutsamkeit angewandt wird, die ebenso ängstlich genau ist, wie der erste Gedanke als ein mutiges Wagnis erschienen war. Ein bloß handwerksmäßiges Verfahren genügt nicht. Man muß möglichst dem Geist zu gleichen suchen, dessen unvollkommen ausgesprochene Gedanken man begreifen will. Mit anderem Worte, man muß das Verständnis anbahnen, indem man, ehe man als Historiker abschließt, zunächst selbst philosophierend dem Philosophen entgegenkommt.

Sachregister

https://doi.org/10.1515/9783110761054-005

Personenregister

https://doi.org/10.1515/9783110761054-006

www.ingramcontent.com/pod-product-compliance
Lightning Source LLC
La Vergne TN
LVHW092114300926
849161LV00002B/133